"十四五"普通高等学校规划教材

大数据可视化实战

徐新爱　主编

中国铁道出版社有限公司
CHINA RAILWAY PUBLISHING HOUSE CO., LTD.

内 容 简 介

本书涵盖了“大数据可视化实战”的主流内容，完全按照大数据可视化的完整流程进行讲解，内容包括大数据可视化的基本概念、技术和工具，使用集搜客软件和八爪鱼软件实现网络大数据获取和运用 Excel 软件进行大数据预处理，介绍了三种不同可视化工具 Tableau、Xcelsius 和 Python 进行大数据可视化的基本用法。

本书遵循“理论够用”的原则，重实践、重实用；每章末有一定数量的习题供读者检测，便于读者掌握和巩固所学知识。

本书适合作为普通高等学校理工科专业的学生学习数据分析的入门教材，也可作为其他专业的通识选修课程教材，以及学习数据分析的入门者或爱好者的参考用书。

图书在版编目（CIP）数据

大数据可视化实战/徐新爱主编. —北京：中国铁道出版社有限公司，2021.3
“十四五”普通高等学校规划教材
ISBN 978-7-113-27601-0

Ⅰ.①大… Ⅱ.①徐… Ⅲ.①数据处理-高等学校-教材 Ⅳ.①TP274

中国版本图书馆 CIP 数据核字(2020)第 273204 号

书　　名：大数据可视化实战
作　　者：徐新爱

策　　划：彭立辉　　**编辑部电话：**（010）63551006
责任编辑：彭立辉
封面设计：郑春鹏
责任校对：焦桂荣
责任印制：樊启鹏

出版发行：中国铁道出版社有限公司（100054，北京市西城区右安门西街 8 号）
网　　址：http://www.tdpress.com/51eds/
印　　刷：三河市兴博印务有限公司
版　　次：2021 年 3 月第 1 版　2021 年 3 月第 1 次印刷
开　　本：787 mm×1 092 mm 1/16　**印张：**13.25　**字数：**305 千
书　　号：ISBN 978-7-113-27601-0
定　　价：39.00 元

前　言

本书是在当前大数据应用、可视化分析研究和应用的新形势下，为普及大数据思维，体验数据之美，为数据科学与大数据技术、智能科学与技术、计算机、数据处理等专业本科生开设数据可视化课程而编写的一本教材。本书全面诠释了大数据可视化的内涵与外延，详细介绍了大数据可视化的概念、大数据可视化的常用方法、大数据可视化的核心技术，以及大数据处理过程中各种常见工具的使用方法。

本书内容

遵循"人人看得懂，人人都会用"的原则和理念，根据大数据可视化的基本流程进行讲解，注重实践性和实用性。全书共分6章：

第1章　大数据可视化概述，主要介绍了大数据可视化的相关概念。

第2章　大数据可视化的常用方法，主要介绍了图表可视化方法、图可视化方法以及可视化分析方法的常用算法。

第3章　大数据可视化的核心技术，主要介绍了数据采集、数据预处理、数据存储、数据处理、数据分析过程中的核心技术。

第4章　大数据获取工具，主要介绍了非编程语言网络爬取数据软件——集搜客和八爪鱼的使用。

第5章　大数据预处理，主要介绍了数据预处理过程中用到的预备知识以及使用 Microsoft Excel 365 进行数据预处理，包括清洗数据、转换数据、数据计算、数据抽样等。

第6章　大数据可视化工具，主要介绍了3种可视化工具 Tableau、水晶易表和 Python 的使用。

前面3章的目标是让每一位读者了解大数据可视化是什么，描述性与理论性相结合；后面3章是全书的重点，重点解决3个问题：可视化的大数据如何得到（源材料），如何提高可视化大数据的质量（加工）以及大数据可视化的结果如何呈现（作品）。

本书特点

本书详细介绍了大数据获取、预处理及可视化的全过程，凸显应用性、创新性，融理论研究与实践教学于一体。

1.结构新颖，创新性强

本书摒弃了纯技术性体系，先阐述了大数据的基本理论和核心技术，然后按照数据获取、数据处理、数据可视化的逻辑顺序去展开，最终落脚于行业数据的分析和展示，形成了一个完整的知识结构体系。

2.素材恰当，针对性强

本书呈现的行业数据主要有教育、电商、金融、新闻媒体和自媒体、旅游等平时经常可见的数据，目的是培养大学生的数据思维素养，因此，素材选取具有极强的针对性。

3.案例实效性、实用性强

本书选用的数据来自于电商、新闻媒体和自媒体，这些数据都是即时产生的，具有很强的真实性、实效性和实用性，分析结果可以得到及时验证。

为了使读者能轻松入门和理解，介绍过程中尽量简单直观，读者只需要具备基本的计算机操作能力。因此，本书适用于具有一定计算机操作基础的学生使用，同时，也适用于对数据可视化感兴趣的学生和教师以及其他人员使用。

在编写过程中，中国铁道出版社有限公司的领导和编辑对我们的编写工作给予了大量的指导，在此向他们表示衷心的感谢！同时，对书中引用和参考文献的作者一并致谢。

本书由徐新爱任主编，卢昕、王丽娜、万里勇、秦春影、钟福连和叶寒晓参与编写。编写分工如下：徐新爱编写了第1章、第3章、第4章、第5章和第6章，卢昕、秦春影、叶寒晓编写了第2章，王丽娜、万里勇和钟福连参与了校对。全书由徐新爱负责顶层设计、质量监控和统稿定稿。

由于时间仓促，编者水平有限，书中疏漏与不妥之处在所难免，欢迎各领域的专家和广大读者批评指正。

编　者

2020年12月

目　录

第1章 大数据可视化概述

"得数据者得天下"，大数据时代已悄然而至。大数据时代改变着人们的思维、生活、学习和工作的方式。从原始数据至其产生价值，需要经过获取数据、数据预处理、数据可视化、数据挖掘等一系列工作。而大数据可视化在这一流程中的地位日益凸显。本章主要对大数据可视化相关的概念进行介绍。

1.1 大数据可视化的概念

1.1.1 数据

1. 数据的概念

数据是一种未经加工的原始资料，是客观对象的表示。例如，90就是一个数据，可以表示小明这次语文考试得了90分，也可表示今天小王充了90元话费。借助数据来表示一定的含义，传递一定的信息。因此，信息是数据内涵的意义，是数据的内容和解释。

信息与数据是不可分离的，数据是信息的表达，信息是数据的内涵。数据本身并没有意义，数据只有对实体行为产生影响时才成为信息。

2. 数据的分类

（1）结构化数据

结构化数据是指信息经过分析后分解成多个互相关联的组成部分，各组成部分间有明确的层次结构，其使用和维护通过数据库进行管理，并有一定的操作规范。可以用二维表结构来逻辑表达需要实现的结构化数据。

（2）非结构化数据

非结构化数据是指数据的变长记录由若干不可重复和可重复的字段组成，而每个字段又可由若干不可重复和可重复的子字段组成。非结构化数据不方便用数据的二维表逻辑表现。例如，所有格式的办公文档、文本、图片、XML（Extensible Markup Language，可扩展标记语言）、HTML（Hypertext Markup Language，超文本标记语言）、各类报表、图像和音频/视频信息等。

（3）半结构化数据

半结构化数据是指介于完全结构化数据（如关系型数据库、面向对象数据库中的数据）和完全非结构化数据（如声音、图像文件等）之间的数据，HTML 文档就属于半结构化数据。

3. 数据的存储单位

计算机中的数据存储在存储器中，存储器存储数据的最小基本单位是 bit，按照从小到大的顺序表示数据的大小单位有 bit、B、KB、MB、GB、TB、PB、EB、ZB、YB、BB、NB、DB。它们之间的换算关系如下：

1 B(Byte，字节)= 8 bit（位）

1 KB(Kilobyte ,千字节)=1 024 B

1 MB(Megabyte，兆字节)=1024KB

1 GB(Gigabyte，吉字节)=1 024 MB

1 TB(Trillionbyte，太字节)=1 024 GB ≈ 10^3 GB

1 PB(Petabyte，拍字节）=1 024 TB ≈ 10^6 GB

1 EB(Exabyte，艾字节）=1 024 PB ≈ 10^9 GB

1 ZB(Zettabyte，泽字节）=1 024 EB ≈ 10^{12} GB

1 YB (Yottabyte，尧字节)= 1 024 ZB

1 BB (Brontobyte)= 1 024 YB

1 NB(Nonabyte) = 1 024 BB

1 DB (Doggabyte)= 1 024 NB

为了更直观地体会以上单位的大小关系，下面举一个例子。如《红楼梦》是中国古典四大名著之一，该书含标点共有 87 万字（不含标点约 85 万字）。计算机存储每个汉字需要占 2 字节，则 1 个汉字=2 B。根据以上单位之间的换算关系得到 1 GB 约等于 671 部红楼梦，1 TB 约等于 631 903 部，依此类推，1 PB 约等于 647 068 911 部。从这个描述过程中，可以感受到这些单位的大小程度。

1.1.2 大数据

1. 大数据的产生背景

20 世纪 90 年代，数据仓库之父 Bill Inmon 就经常提及大数据。2011 年 5 月，在“云计算相遇大数据”为主题的 EMC World 2011 会议中，EMC（易安信）抛出了大数据概念。2013 年被许多国外媒体和专家称为“大数据元年”。

全球知名咨询公司麦肯锡最早提出大数据时代已经到来。麦肯锡称：“数据，已经渗透到当今每一个行业和业务职能领域，成为重要的生产因素。人们对于海量数据的挖掘和运用，预示着新一波生产率增长和消费者盈余浪潮的到来。”

其实，“大数据”在物理学、生物学、环境生态学等领域，以及军事、金融、通信等行业已存在很久，并随着近年来互联网和信息行业的发展而再次引起人们大规模的关注。

大数据在互联网行业是在日常运营中生成、累积的用户网络行为数据。这些数据的规模非常庞大，不能用 GB 或 TB 来衡量，大数据的起始计量单位至少是 PB、EB 或 ZB。

2. 大数据的定义

根据维基百科的定义，大数据是一个体量巨大、数据类别庞大的数据集，无法在可承受的时间范围内用传统数据库工具对其内容进行爬取、管理和处理的数据集合。

对于“大数据”，研究机构 Gartner 给出了这样的定义：“大数据”是需要新处理模式才能使其具有更强的决策力、洞察发现力和流程优化能力的海量、高增长率和多样化的信息资产。下面列出不同学者对大数据的定义：

定义一：“大数据”指的是那些大小超过标准数据库工具软件能够收集、存储、管理和分析的数据集。

——摘自麦肯锡

定义二：在信息技术中，“大数据”是指一些使用目前现有数据库管理工具或传统数据处理应用很难处理的大型而复杂的数据集。其挑战包括采集、管理、存储、搜索、共享、分析和可视化。

——摘自 WIKI

定义三：“大数据”本质上是数据交叉、方法交叉、知识交叉、领域交叉、学科交叉，从而产生新的科学研究方法、新的管理决策方法、新的经济增长方式、新的社会发展方式等等。

——摘自复旦大学朱扬勇教授

3. 大数据的分类

按照数据分析的实时性，大数据分为实时数据和离线数据两种。

① 实时数据：随着时间、事件变化而快速更新的线上数据，一般存在于金融、移动和互联网 B2C 等产品，往往要求在数秒内返回上亿行数据的分析，从而达到不影响用户体验的目的。实时分析工具有 EMC 的 Greenplum，SAP 的 HANA 等。

② 离线数据：对于大多数反馈时间要求不是那么严苛的应用，如离线统计分析、机器学习、搜索引擎的反向索引计算、推荐引擎的计算等，通过数据采集工具将日志数据导入专用的分析平台。

按照大数据的数据量，大数据分为内存级别、海量级别、商业智能（Business Intelligence，BI）级别。

① 内存级别：数据量不超过集群的内存最大值。

② 海量级别：对于数据库和商业智能产品已经完全失效或者成本过高的数据量。

③ 商业智能（BI）级别：对于内存来说太大的数据量，但一般可以将其放入传统的BI产品和专门设计的 BI 数据库之中进行分析。目前主流的 BI 产品都有支持 TB 级以上的数据分析方案。

4. 大数据的特征

大数据的特征从最初的 4V 特征到 5V，直到现在的 6V 特征。4V 特征是指大体量（Volume）、多样性（Variety）、快速化（Velocity）、价值密度低（Value）。5V 特征是 IBM 提出来的，在 4V 特征基础上增加了真实性（Veracity）。6V 特征是在 5V 特征基础上增加了连接性（Valence）。下面详细介绍一下 6V 特征。

① Volume：数据体量巨大，一般在 10 TB 左右，但在实际应用中，很多企业用户把多个数据集放在一起，已经形成了 PB 级的数据量。

② Variety：数据类型多样。数据来自多种数据源，数据种类和格式日渐丰富，打破了以前所限定的结构化数据范畴，囊括了半结构化和非结构化数据。

③ Value：价值真实性高和密度低，即商业价值高，但价值密度低。

④ Velocity：处理速度快，实时在线。

⑤ Veracity：数据的准确性和可信赖度，即数据的质量。

⑥ Valence：数据的连接性。

5. 大数据的技术

大数据是继云计算、物联网之后 IT（Internet Technology）产业又一次颠覆性的技术变革。适用于大数据的技术包括大规模并行处理（Massively Parallel Processing，MPP）数据库、数据挖掘、分布式文件系统、分布式数据库、云计算平台、互联网和可扩展的存储系统。

按照大数据处理流程中使用的技术，可将大数据技术归纳为五大类，如表 1-1 所示。

表 1-1 大数据技术分类

大数据处理流程	大数据技术与工具
基础架构支持	• 云计算平台、云存储、虚拟化技术； • 网络技术、资源监控技术
数据采集	数据总线、ETL（Extract-Transform-Load）工具
数据存储	• 分布式文件系统； • 关系型数据库； • NoSQL 技术； • 关系型数据库与非关系型数据库融合； • 内存数据库
数据计算	• 数据查询、统计与分析； • 数据预测与挖掘； • 图谱处理、商业智能
展现与交互	图形与报表、可视化工具、增强现实技术

在这个过程中云存储技术、数据采集技术、数据可视化技术这三大技术推动了大数据分析平台的发展，出现了一系列大数据分析平台。

6. 大数据的价值

现在的社会是一个高速发展的社会，科技发达、信息流通，人们之间的交流越来越密切，生活越来越方便，大数据就是这个高科技时代的产物。大数据最核心的价值在于对海量数据进行存储和分析。阿里巴巴创办人马云在演讲中提到，未来的时代将不是 IT 时代，而是 DT 时代，DT 就是数据科技（Data Technology）。

有人把数据比喻为蕴藏能量的煤矿。对于很多行业而言，如何利用好这些大规模数据成为赢得竞争的关键。大数据的价值体现在以下几个方面：

① 对大量消费者提供产品或服务的企业可以利用大数据进行精准营销。

② 做小而美模式的中小型企业可以利用大数据做服务转型。

③ 面临互联网压力之下必须转型的传统企业需要与时俱进充分利用大数据的价值。

当然，有了大数据，也不是说什么都可以做。利用大数据，可以做诊断分析、预测分析，在未知元素间寻找关联、规范的分析和监控发生的事件，但不可以 100%预测未来，只是对找到一个商业问题的创新解决方案，或者找到定义不是很明确的问题的解决方法等提供参考和依据。

1.1.3 大数据可视化

狭义上的数据可视化指用统计图表的方式呈现数据，用于传递信息；广义上的数据可视化则是数据可视化、信息可视化以及科学可视化等多个领域的统称，涉及信息技术、自然科学、统计分析、图形学、交互、地理信息等多种学科。其中，科学可视化、信息可视化和可视分析学三个学科方向通常被看成可视化的三个主要分支，整合在一起形成新学科“数据可视化”，这是可视化研究领域的新起点。图 1-1 所示为数据可视化示意图。

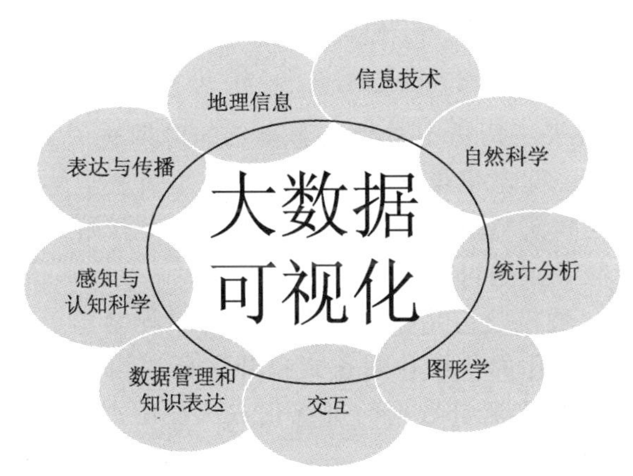

图 1-1 数据可视化示意图

1. 科学可视化

科学可视化（Scientific Visualization）是可视化领域最早、最成熟的一个跨学科研究与应用领域。面向的领域主要是自然科学，如物理、化学、气象气候、航空航天、医学、生物学等各个学科，这些学科通常需要对数据和模型进行解释、操作与处理，旨在寻找其中的模式、特点、关系和异常情况。

2. 信息可视化

信息可视化（Information Visualization）处理的对象是抽象数据集合，起源于统计图形学，又与信息图形、视觉设计等现代技术相关。其表现形式通常在二维空间，因此关键问题是在有限的展现空间中以直观的方式传达大量的抽象信息。

相比来说，科学可视化处理的数据具有天然几何结构（如磁感线、流体分布等），信息可视化更关注抽象、高维数据，柱形图、趋势图、流程图、树状图等都属于信息可视化最常用的可视方式，这些图形的设计都将抽象的数据概念转化成为可视化信息。

3. 可视分析学

可视分析学（Visual Analytics）定义为一门以可视交互为基础的分析推理科学。它综合了图形学、数据挖掘和人机交互等技术，以可视交互界面为通道，将人感知和认知能力以可视的方式融入数据处理过程，形成人脑智能和机器智能优势互补和相互提升，建立螺旋式信息交流与知识提炼途径，完成有效的分析推理和决策等。

1.2 大数据可视化发展历程

当前，整个世界已经步入了大数据时代，伴随着互联网、云计算、物联网等信息技术的飞速发展，信息技术正在与世界的各行各业深入融合，产生海量级数据。数据专家们一直在对海量级数据深入研究，并挖掘出蕴含的潜在价值。在当前大数据背景下，海量的数据只有在被合理地采集、解读、表达后才可完美地呈现出它们的价值，而数据可视化使得数据从枯燥变得更加形象、直观，也更容易理解。事实上，数据可视化是伴随着统计学的出现而出现的，从人们开始观察世界开始，就在利用图形图像记录、描绘信息。数据可视化发展历程分为以下 6 个阶段。

1. 可视化思想的起源（14—17 世纪）

从 14 世纪起，欧洲进入了历史上最为光彩夺目的时期——文艺复兴。这是一个伟大的时期，科学家、艺术家、文学家依次登场，如笛卡儿创造了解析几何和坐标系、数学家费马和哲学家帕斯卡共同研究出了概率论，和 J.格兰特开始了人口统计的研究等，这些科学的发展，正式开辟了数据可视化的发展之路。

16 世纪，数据可视化被广泛应用于地图、科学与工程制图、统计图表等。由此，可视化思想的诞生使数据可视化的早期探索正式拉开序幕。

17 世纪，产生的基于真实测量数据的可视化方法使制图学被迅速完善和发展。

2. 数据可视化的孕育时期（18 世纪）

18 世纪进入统计图形学的繁荣时期，数据可视化初步得到了发展。

随着统计学在日常生产生活中的广泛深入应用，人们逐渐意识到数据的价值，人口、商业等经验数据开始被系统地收集，天文、测量、医学等学科的实践也有大量的数据被记录下来。人们开始有意识地探索数据表达的形式，抽象图形以及图形的功能被大幅扩展，这个世纪诞生了许多崭新的数据可视化形式。

（1）等值线和等高线地图

Edmond Halley（1656—1742）是哈雷彗星的轨迹计算者，著名的天文学家，在数据可视化领域有诸多贡献。在 1701 年（WIKI 说是 1702 年）绘制了等值线地图，在坐标网格上用等值线表示了等值的磁偏角。

法国人 Marcellin Du Carla 绘制了等高线地图，用一条曲线表示相同的高度，在测绘工程和军事方面有着重大意义，成为了地图的标准形式之一。

（2）基础图表

William Playfair 被称为“可视化基础图表之父”，创造了最常使用的折线图、柱形图和饼图。在 1786 年，他写的 *The Commercial and Political Atlas* 一书中，用折线图展示了英格兰自 1700 年至 1780 年间的进出口数据，用条形图表示了苏格兰在 1780 年圣诞节到 1781 年圣诞节一年间的进出口贸易情况。

在 *The Statistical Breviary*（Playfair，1801）一书中，Playfair 第一次使用了饼图来展示一些欧洲国家的领土与税收比例，这是史上第一例饼图案例。

3．可视化的快速发展时期（19 世纪前半叶）

19 世纪前半叶，科技迅速发展使得工业革命从英国扩散到欧洲大陆和北美。科技的发展带动数据的大量积累和广泛应用，现代数据可视化进入高速发展阶段，散点图、直方图、极坐标图、时间序列图等常用的当代统计图形悉数出现。作为展示数据信息的方式，主题地图和地图集被广泛应用，应用领域涵盖社会、经济、政府、自然等各个方面。

（1）主题地图

1801 年，英国地质学家 William Smith（1769—1839）绘制了第一幅地质图，1815 年出版后引领了一场在地图上表现量化信息的潮流。

1826 年，法国 Charles Dupin 发明了使用连续的黑白底纹来显示法国识字分布情况，这可能是第一张现代形式的主题统计地图。

1830 年，法国 Frère de Montizon 绘制了法国人口的点密度地图，这是第一张点图。

1833 年，法国 Andr′e-Michel Guerry 使用法国司法部建立的国家犯罪报告系统数据并借鉴 Dupin 的地图绘法，绘制了分析法国各省“道德”统计数据的主题地图。他的工作（连同 Quetelet 的工作）被视为现代社会科学的奠基，部分地图在 1851 年的伦敦博览会展出，曾获得法国科学院的奖章奖励。

比利时学者 Adolphe Quetelet 是早期统计学的推动者，在可视化的历程中也占有一席之地。他研究了死亡率的曲线，并在 1846 年将 999 次二项分布的实验数据以直方图的方式给出了正态分布的曲线。

（2）霍乱地图

Robert Baker 医生在 1833 年绘制了英国利兹市 1832 年霍乱的分区分布图。当时，利兹的 76000 人口中发现了 1832 例霍乱感染者。Baker 在分区分布图中显示了疾病和居住条件的联系，即缺乏清洁用水和排水系统的居民点是疾病的高发区。英国医生 John Snow（1813—1858）在 1855 年对该图做了进一步补充和完备，显示了发病率等相关信息。

（3）玫瑰图

极坐标面积图（Polar Area Diagram）被视为饼图的一个变种，又因为每个扇区面积不同，又称玫瑰图（也称为风玫瑰图）。

法国律师 Guerry 最早使用这种图形，其用了 6 个极坐标图表示了一些日常现象，如每天 12 个小时中出生和死亡的频率。

南丁格尔（1820—1910）创造性地使用了玫瑰图，被尊称为“提灯女士”。她整理了战争期间英军的死亡人数，在 1858 年发表了著名的玫瑰图。

4．第一个黄金时期（19 世纪后半叶）

到 19 世纪中期，可视化快速增长的条件都已存在，可视化迎来了历史上第一个黄金时代。

1857 年，在维也纳召开的统计学国际会议上，学者们开始对可视化图形的分类和标准化进行讨论。随后，各种数据图形出现在书籍、报刊、研究报告和政府报告中。下面列出该时期的代表性人物来展现这场可视化的完美风暴。

（1）Charles Joseph Minard（1781—1870），法国工程师。1850 年后，Minard 创造了可视化历史的一个传奇，称为“法国的 Playfair”，是可视化黄金时代的大师。尤其是在

1850 年后 Minard 共绘制了 51 幅各种形式的可视化图形。Minard 的最大成就是于 1869 年出版的流地图作品——拿破仑 1812 远征图。这幅图被后世学者称为“有史以来最好的统计图表”。

1840 年，Minard 绘制了一幅表现罗纳河上桥梁倒塌前后的位置图形，形象地解释了桥梁倒塌的原因。

1844 年，Minard 绘制了一幅名为 Tableau Graphique 的图形，显示了运输货物和人员的不同成本。在这幅图中，他创新地使用了分块的条形图，条形图的宽度对应路程，高度对应旅客或货物种类的比例。这幅图是当代马赛克图的先驱。

后来，Minard 认识到基于地理的量化信息更适合表现在地图上。他创造了流地图这一表达方式，代表作品有反映美国内战对欧洲棉花贸易的影响（1856—1865）和法国的酒类出口情况（1864）。

1858 年，他在主题地图上的另一个创新是把饼图添加到地图上。

（2）Francis Galton（1822—1911），英国博物学家。Galton 的成就有指纹识别、数理统计、相关和回归、遗传学、优生学和心理学等。在可视化的历史上，Galton 也做出了创造性的贡献。

Galton 研究遗传学时提出了一个统计思想，这种思想是通过收集的数据平滑之后的大量可视化实验得到的结论。

Galton 在可视化领域的另一个主要贡献是天气图。Galton1861 年开始研究，1863 年发表了包括 600 多幅地图和图表的 *Meterographica*。利用这些图表，Galton 发现了一些新的气象现象，其中最著名的是反气旋（Anti-Cyclone）。

（3）统计地图集（Statistical Atlases）

这个时代出现了一批制图领域的专家，如 Georg von Mayr、Hermann Schwabe 和 Emile Cheysson 等，出现了由国家出版的统计地图集。代表性作品有“百年间法国旅行的进步“变形图”和 1890 年第 11 次人口普查的地图集”。

5．低潮期（20 世纪前期）

随着 19 世纪的终结，数据可视化创新的第一个黄金时代也随之结束。对数据可视化来说，20 世纪的开始五十年是一个创新低潮期，但数据可视化已经被广泛应用在天文、物理、生物和其他科学领域中的新发现、新思想和新理论的研究。造成低潮期的一个重要原因是数理统计诞生并确立为数学的一个分支。同时，黄金时代的大师们创造了很多的数据表现方式，足够日常工作之用，也出现了可视化的重要人物 Arthur Bowley 和 Beck。

Arthur Bowley（1869—1957），英国统计学家和经济学家。他的著作 *Elements of Statistics*（1901）中介绍了图形和图表。

Beck 设计了伦敦地铁图，并由此产生了 Tube Map 交通简图。

6．新的黄金时期（20 世纪中后期至今）

数据可视化新的黄金时期从 1960 年开始，20 世纪 70 年代以后，可视化的处理范围从简单的统计数据扩展为更复杂的网络、层次、文本等非结构化与高维数据，如 Fisher 鸢尾花数据 Andrews plot（1972）、Chernoff faces（1973）和多维标度法。

现代电子计算机的诞生和统计应用的发展是新的黄金时期的主要技术力量，而引领可视化进一步发展的人物是美国的 Tukey 和法国的 Bertin。

John W. Tukey（1915—2000），美国统计学家。Tukey 在统计上最大的成就是开创了探索性数据分析（Exploratory data analysis，EDA）。1962 年，Tukey 发表论文 *The Future of Data Analysis*，呼吁把实践性的数据分析作为数理统计的一个分支。随后，他创造了茎叶图（Stem-Leaf Plots）、盒形图（Box Plot）等。

Jacques Bertin（1918—2010），法国制图师和图形理论家。1967 年，Bertin 出版了著作 *Semiologie Graphique*，这部书根据数据的联系和特征来组织图形的视觉元素，为信息的可视化提供了一个坚实的理论基础。

1.3　大数据可视化的作用与意义

大数据技术的战略意义不在于掌握庞大的数据信息，而在于对这些含有意义的数据进行专业化处理。换言之，如果把大数据比作一种产业，那么这种产业实现盈利的关键，在于提高对数据的“加工能力”，通过“加工”实现数据的“增值”。

数据可视化的意义是帮助人类更好地分析数据，信息的质量很大程度上依赖于其表达方式，对数字罗列所组成的数据中所包含的意义进行分析，使分析结果可视化。其实，数据可视化的本质就是视觉对话。数据可视化将技术与艺术完美结合，借助图形化的手段，清晰有效地传达与沟通信息。一方面，数据赋予可视化价值；另一方面，数据可视化增加数据的灵性，两者相辅相成，帮助企业从信息中提取知识、从知识中收获价值。

相对于原始数据，数据可视化的优势体现在以下 4 个方面。

1. 传递速度快

人脑对视觉信息的处理要比文字信息快 10 倍。使用图表来总结复杂的数据，可以确保对关系的理解要比报告或电子表格更快。因此，提倡能用图表表达的信息就不用文字表达。

2. 数据显示的多维性

在可视化的分析下，数据将每一维的值分类、排序、组合和显示，这样就可以看到表示对象或事件的数据的多个属性或变量。

3. 更直观地展示信息

大数据可视化报告使人们能够用一些简短的图形就能体现那些复杂信息，甚至只需要单个图形。决策者可以轻松地解释各种不同的数据源，而且丰富又有意义的图形有助于让忙碌的主管和业务伙伴了解问题和未决的计划。

4. 大脑记忆能力的限制

实际上人们在观察物体的时候，大脑和计算机一样有长期的记忆区域（如计算机的存储器）和短期的记忆区域（如计算机的高速缓存）。例如，记忆文字、诗歌、物体，它们一遍一遍地在短期记忆区域中出现之后，才可能进入长期记忆区域。

很多研究已经表明，在进行理解和学习任务的时候，图文混合能够帮助读者更好地了解所要学习的内容，图像更容易理解、更有趣，也更容易让人们记住。

1.4 大数据可视化的应用领域

大数据可视化似乎成了“万灵药”，例如，从总统竞选到奥斯卡颁奖、从 Web 安全到灾难预测等等。

综合来看，未来几年大数据在商业智能、公共服务和市场营销 3 个领域的应用更多，大多数大数据案例和预算将发生在这 3 个领域。

1. 商业智能

过去几十年，分析师们都依赖来自 Hyperion、Microstrategy 和 Cognos 的 BI（Business Intelligence，商业智能）产品分析海量数据并生成报告。数据仓库和 BI 工具能够很好地回答类似这样的问题：“某某人本季度的销售业绩是多少？”，但如果涉及决策和规划方面的问题，由于不能快速处理非结构化数据，传统的 BI 会非常吃力和昂贵。

大数据技术最主要的功能是 ETL（Extract、Transform、Load），将近 80%的 Hadoop 应用都与 ETL 有关。例如，在导入 Vertica 这样的分析数据库之前对日志文件或传感器数据的处理。

目前，计算和存储硬件变得非常便宜，配合大量的开源大数据工具，人们可以非常方便地先爬取大量数据再考虑分析问题。可以说，低廉的计算资源正在改变人们使用数据的方式。此外，处理性能的大幅提高（如内存计算）使得实时互动分析更加容易实现，而“实时”和“预测”将 BI 带到了一个新的境界——未知的未知。这也是大数据分析与传统 BI 之间最大的区别。

目前，大数据技术还处于研发时期，未来几年，随着企业间的兼并和新产品的不断推出，BI 厂商将能推出更完善、让 CEO 感到满意的“大数据套件”。

2. 公共服务

大数据另外一个重大的应用领域是社会和政府。客观的市政数据是消除争端、维系公民与社会的最佳纽带。当然，前提是让公民能够访问这些数据。能够实现这个目标还需要更多的产品和技术让数据分析结果更容易被公众理解和接受。当前，智能手机的普及让人类社会首次实现了人与人之间的互联。应用程序商店实际上已经打通了政府和公民之间的应用层面的通道。

伴随着各国政务的数字化进程以及政务数据的透明化，公民将能准确了解政府的运作效率。这是大数据最具潜力的应用领域之一。

3. 市场营销

大数据的第三大应用领域是市场营销。市场营销分析提升了消费者与企业之间的关系。例如，最大的数据系统是 Web 分析、广告优化等。现代的数字化营销与传统营销最大的区别就是个性化和精准定位。

如今，企业与客户之间的接触点也发生了翻天覆地的变化，从过去的电话和邮件发展到网页、社交媒体账户、博客等。通过这些渠道跟踪客户，将他们的每一次点击、收藏、点赞、分享、加好友、转发等行为纳入企业的销售计划中并转化成收入，这是一个巨大的挑战，也就是所谓的“360 度客户视角”。

1.5　大数据可视化面临的挑战

伴随着大数据时代的到来，数据可视化日益受到关注，可视化技术也日益成熟。然而，数据可视化仍存在许多问题，且面临着巨大的挑战。

1. 视觉噪声

在数据集中，大多数数据具有极强的相关性，无法将其分离作为独立的对象显示。

2. 信息丢失

减少可视化数据集的方法可行，但会导致信息的丢失。

3. 大型图像感知

数据可视化不仅受限于设备的长度比及分辨率，也受限于现实世界的感受。

4. 高速图像变换

用户虽然能够观察数据，但不能对数据强度变化做出反应。

5. 高性能要求

静态可视化速度较低，对性能要求不高，而动态可视化对性能要求会比较高。

1.6　大数据可视化技术的发展方向

随着大数据可视化应用领域的不断扩大、不同领域对可视化技术的要求也将不断提升，尤其是需要得到更多有价值的信息。这就对大数据可视化技术提出了更高的要求。大数据可视化技术的发展方向主要集中在以下 3 点：

1. 可视化技术与数据挖掘的关联

数据可视化可以帮助人们洞察数据背后隐藏的潜在信息，提高了数据挖掘的效率。因此，可视化与数据挖掘紧密结合是可视化研究的一个重要发展方向。

2. 可视化技术与人机交互的关联

实现用户与数据的交互，方便用户控制数据，更好地实现人机交互是人们一直追求的目标。因此，可视化与人机交互相结合是可视化研究的一个重要发展方向。

3. 可视化与复杂性数据的关联

目前，大数据时代大规模、高维度、非结构化等复杂性数据层出不穷，将这样的数据以可视化形式完美地展示出来，并非是一件容易的事情。因此，可视化与大规模、高维度、非结构化等复杂性数据相结合是可视化研究的一个重要发展方向。

习　题

一、选择题

1. 大数据的起源是（　　）。

A. 金融　　B. 电信　　C. 互联网　　D. 公共管理

2.（　　）反映数据的精细化程度，越细化的数据，价值越高。

A. 规模　　B. 活性　　C. 关联度　　D. 颗粒度

3. 智能健康手环的应用开发，体现了（　　）的数据采集技术的应用。

A. 统计报表　　B. 网络爬虫　　C. API接口　　D. 传感器

4. 大数据的最显著特征是（　　）。

A. 数据规模大　　B. 数据类型多样

C. 数据处理速度快　　D. 数据价值密度高

5. 下列关于舍恩伯格对大数据特点的说法中，错误的是（　　）。

A. 数据规模大　　B. 数据类型多样

C. 数据处理速度快　　D. 数据价值密度高

6. 当前社会中，最为突出的大数据环境是（　　）。

A. 互联网　　B. 物联网　　C. 综合国力　　D. 自然资源

7. 下列关于计算机存储容量单位的说法中，错误的是（　　）。

A. 1KB < 1MB < 1GB

B. 基本单位是字节（Byte）

C. 一个汉字需要一个字节的存储空间

D. 一个字节能够容纳一个英文字符

8. 下列关于大数据分析理念的说法中，错误的是（　　）。

A. 在数据基础上倾向于全体数据而不是抽样数据

B. 在分析方法上更注重相关分析而不是因果分析

C. 在分析效果上更追究效率而不是绝对精确

D. 在数据规模上强调相对数据而不是绝对数据

9. 大数据时代，数据使用的关键是（　　）。

A. 数据收集　　B. 数据存储　　C. 数据分析　　D. 数据再利用

10. 下列论据中，能够支撑“大数据无所不能”的观点的是（　　）。

A. 互联网金融打破了传统的观念和行为

B. 大数据存在泡沫

C. 大数据具有非常高的成本

D. 个人隐私泄露与信息安全担忧

11. 当前，大数据产业发展的特点是（　　）。（多选题）

A. 规模较大　　B. 规模较小

C. 增速很快　　D. 增速缓慢　　E. 多产业交叉融合

12. 传统数据密集型行业积极探索和布局大数据应用的表现是（　　）。（多选题）

A. 投资入股互联网电商行业　　B. 打通多源跨域数据

C. 提高分析挖掘能力　　D. 自行开发数据产品

E. 实现科学决策与运营

13. 大数据人才整体上需要具备（　　）等核心知识。（多选题）

A. 数学与统计知识　　B. 计算机相关知识

C. 马克思主义哲学知识　　　D. 市场运营管理知识

E. 在特定业务领域的知识

14. 下列关于大数据的说法中，错误的是（　　）。（多选题）

A. 大数据具有体量大、结构单一、时效性强的特征

B. 处理大数据需采用新型计算架构和智能算法等新技术

C. 大数据的应用注重相关分析而不是因果分析

D. 大数据的应用注重因果分析而不是相关分析

E. 大数据的目的在于发现新的知识与洞察并进行科学决策

15. 当前，大数据产业发展的特点是（　　）。（多选题）

A. 规模较大　B. 规模较小　C. 增速很快

D. 增速缓慢　E. 多产业交叉融合

二、填空题

1. 数据分为__________、__________和__________。

2. 可视化的3个主要分支为__________、__________和__________。

3. 数据可视化的优势体现在以下4个方面__________、__________、__________和__________。

4. 存储器存储数据的最小基本单位是__________。

5. 大数据的起始计量单位至少__________。

6. 大多数大数据案例和预算将发生在__________、__________和__________3个领域。

7. __________年被许多国外媒体和专家称为“大数据元年”。

8. 最早提出大数据时代到来的是全球知名咨询公司__________。

9. 全球顶级的5个数据可视化案例是__________、__________、__________、__________和__________。

10. 1EB=__________PB=__________GB。

三、判断题

1. 对于大数据而言，最基本.最重要的要求就是减少错误、保证质量。因此，大数据收集的信息量要尽量精确。（　　）

2. 啤酒与尿布的经典案例，充分体现了实验思维在大数据分析理念中的重要性。（　　）

3. 大数据预测能够分析和挖掘出人们不知道或没有注意到的模式，确定判断事件必然会发生。（　　）

4. 人们关心大数据，最终是关心大数据的应用，关心如何从业务和应用出发让大数据真正实现其所蕴含的价值，从而为人们生产生活带来有益的改变。（　　）

5. 从经济社会视角来看，大数据的重点在于“数据量大”。（　　）

四、简答题

1. 什么是大数据可视化？大数据可视化的应用领域有哪些？

2. 谈谈大数据可视化的作用和意义。
3. 大数据的特征有哪些？
4. 通过网络搜索，列出两个通过大数据可视化带来价值的某行业方面的案例。
5. “大数据是万能的”这句话是否正确？并简述理由。
6. 通过查阅资料，简述全球顶级的5个大数据可视化案例。

第2章 大数据可视化的常用方法

大数据可视化是将数据转化为图表的形式呈现出来的过程。在这个过程中，不但会使用到常用的统计图表，还会用到图以及可视化过程中的常用算法。下面将分别介绍图表可视化方法、图可视化方法以及可视化分析的常用算法。

2.1 图表可视化方法

Microsoft Excel 2016 版本及更高版本提供了 17 大类的图表可视化方法，图表有柱形图、条形图、折线图、饼图、散点图、气泡图和雷达图、瀑布图、树状图、组合图等类型，如图 2-1 所示。下面依次介绍常用统计图表的类型和作用。

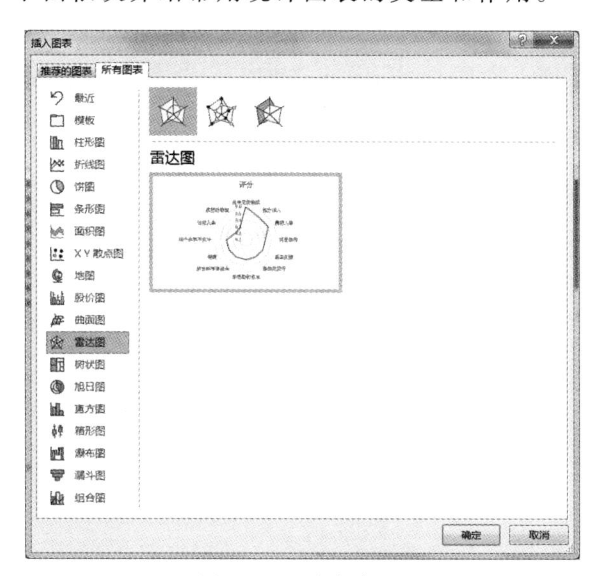

图 2-1 图表类型

2.1.1 柱形图

柱形图（Bar Chart）又称为柱状图，是一种以长方形的长度为变量的统计报告图，用于显示一段时间内的数据变化或显示各项之间的比较情况。它的优势是利用柱体的高度反映数据的差异，不足之处是只适用中小规模的数据集。柱形图有传统二维柱形图、三维柱形图等共 7 种，如图 2-2 所示。

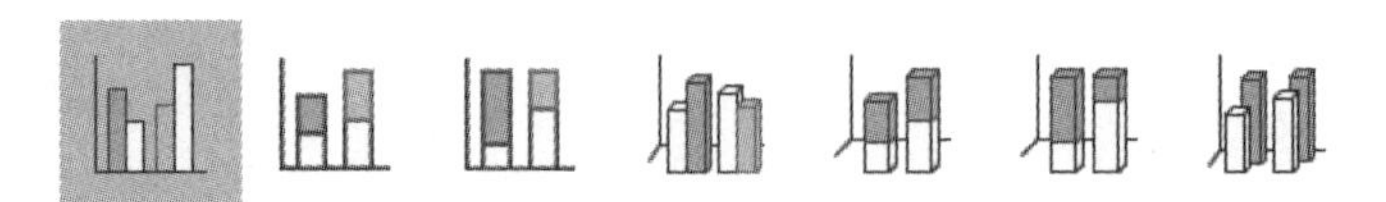

图 2-2　柱形图

1．传统二维柱形图

传统柱形图一般用于表示客观事物的绝对数量的比较或者变化规律，用于显示一段时间内数据的变化，或者显示不同项目之间的对比，分为二维簇状柱形图、二维堆积柱形图、二维百分比堆积柱形图。

2．三维柱形图

三维柱形图的可视化效果更加直观，而且能够在第三个坐标轴显示三维数据。三维柱形图采用柱体来量化数据，同时对柱体采用不同的颜色编码来表述不同的变量。当对均匀分布在各类别和各系列的数据进行比较时，使用三维柱形图。

2.1.2　条形图

排列在工作表的列或行中的数据可以绘制条形图（Bar Chart）。条形图显示各个项目之间的比较情况。条形图有二维条形图、三维条形图。二维条形图又分为簇状条形图、堆积条形图和百分比堆积条形图，三维条形图又分为三维簇状条形图、三维堆积条形图、三维百分比堆积条形图，总共 6 种，如图 2-3 所示。

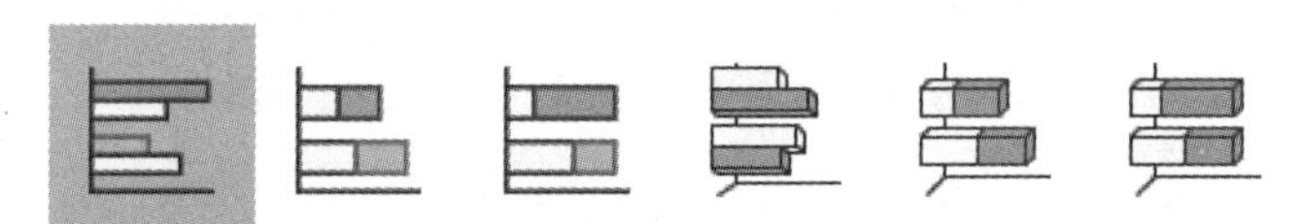

图 2-3　条形图

1．不同类型的条形图的比较

簇状条形图比较各个类别的值。在簇状条形图中，通常沿垂直轴组织类别，沿水平轴组织数值。三维簇状条形图以三维格式显示水平矩形，而不以三维格式显示数据。

堆积条形图显示单个项目与整体之间的关系。三维堆积条形图以三维格式显示水平矩形，而不以三维格式显示数据。

百分比堆积条形图比较各个类别的每一数值所占总数值的百分比大小。三维百分比堆积条形图以三维格式显示水平矩形，而不以三维格式显示数据。

2．条形图的绘制

绘制条形图有 3 个要素，分别是组数、组宽度和组限。

（1）组数

把数据分成几组的数目称为组数，指导性的组数是将数据分成 5~10 组。

（2）组宽度

通常来说，每组的宽度是一致的。组数和组宽度的选择不是独立决定的，指导标准为：

$$近似组宽度=(最大值-最小值)/组数$$

然后四舍五入确定初步的近似组宽度，最后根据数据的状况进行适当调整。

（3）组限

组限分为组下限（进入该组的最小可能数据）和组上限（进入该组的最大可能数据），并且一个数据只能在一个组限内。

3. 条形图与直方图的区别

绘制条形图时，不同组之间是有空隙的；而绘制直方图时，不同组之间是没有空隙的，如图 2-4 所示。

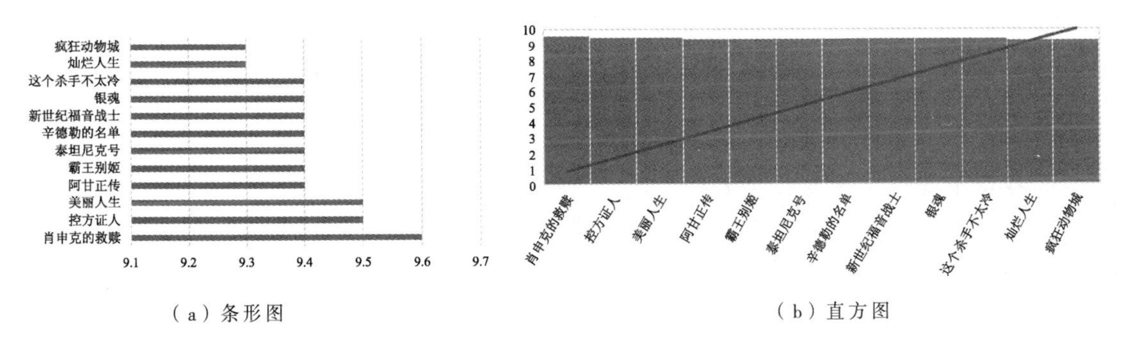

（a）条形图　　（b）直方图

图 2-4　条形图与直方图

2.1.3 折线图

折线图（Line Chart）适用于二维大数据集，尤其是显示随时间而变化的连续数据，因此非常适用于显示在相等时间间隔下数据的趋势。在折线图中，类别数据沿水平轴均匀分布，所有值数据沿垂直轴均匀分布。折线图分为普通折线图、带数据标记的折线图、堆积折线图、带数据标记的堆积折线图、百分比堆积折线图、带数据标记的百分比堆积折线图、三维折线图共 7 种，如图 2-5 所示。

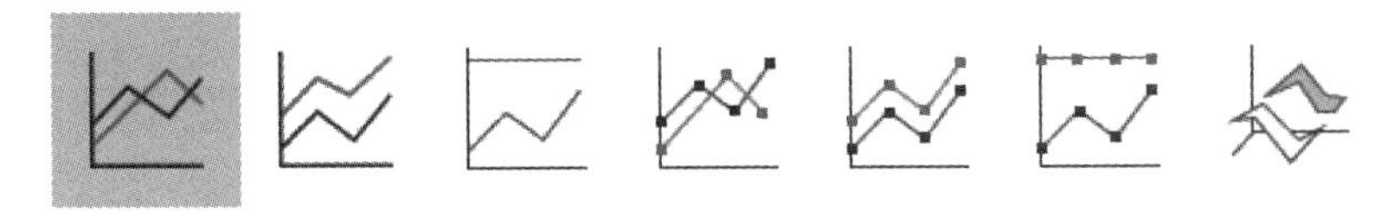

图 2-5　折线图

折线图用于显示随时间或有序类别而变化的趋势，可以显示数据点以表示单个数据值，也可以不显示这些数据点。

堆积折线图用于显示每一数值所占大小随时间或有序类别而变化的趋势，可以设置显示数据点以表示单个数据值，也可以设置不显示这些数据点。如果有很多类别或者数值是近似的，则应该使用无数据点堆积折线图。为更好地显示此类型的数据，也可以考虑改用堆积面积图。

百分比堆积折线图用于显示每一数值所占百分比随时间或有序类别而变化的趋势。

三维折线图将每一行或列的数据显示为三维标记。三维折线图具有可以修改的水平轴、垂直轴和深度轴。

2.1.4 饼图

饼图（Sector Graph，又名 Pie Graph）适用于显示一个数据系列中各项的大小占各项总和的比例。饼图中的数据点显示为占整个饼图的百分比。饼图分为普通饼图、三维饼图、复合饼图、复合条饼图、圆环图共 5 种，如图 2-6 所示。

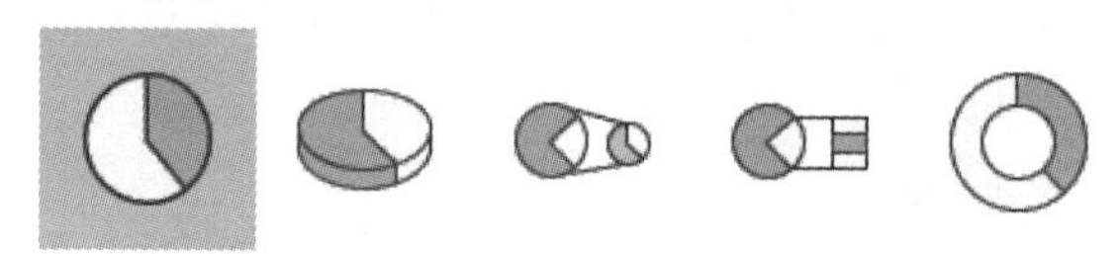

图 2-6 饼图

饼图以二维或三维格式显示每一数值相对于总数值的大小，可以手动拖出饼图的扇面来强调它们。复合饼图或复合条饼图还将显示从主饼图中提取用户定义的数值并组合到第二个饼图或堆积条形图的饼图。如果遇到以下情况，可考虑使用饼图：

① 只有一个数据系列。

② 数据中的值没有负数。

③ 数据中的值几乎没有零值。

④ 类别不超过 7 个，并且这些类别共同构成了整个饼图。

2.1.5 散点图

散点图（Scatter Plot）适用于三维数据集，但其中只有两维变量需要比较，判断两变量之间是否存在某种关联或总结坐标点的分布模式。散点图通常用于比较跨类别的聚合数据。默认情况下，散点图以圆圈显示数据点。如果在散点图中有多个序列，考虑将每个点的标记形状更改为方形、三角形、菱形或其他形状。散点图分为普通散点图、带平滑线和数据标记的散点图、带平滑线的散点图、带有直线和数据标记的散点图、带直线的散点图共 5 种，如图 2-7 所示。

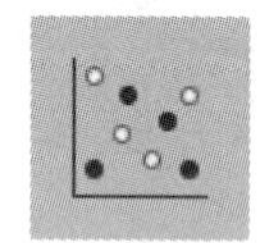 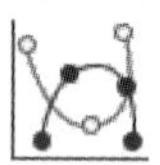 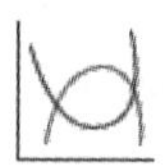 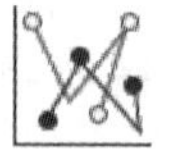 

图 2-7 散点图

散点图能够提供以下三类关键信息：

① 变量之间是否存在数量关联趋势。

② 如果存在关联趋势，会显示趋势是线性还是曲线。

③ 如果有某一个点或者某几个点偏离大多数点，这种点称为离群值，通过散点图就可以一目了然，从而进一步分析这些离群值是否在建模分析中对总体产生很大影响。

2.1.6 气泡图

气泡图（Bubble Chart）用于展示 3 个变量之间的关系。它与散点图类似，绘制时将一个变量放在横轴，另一个变量放在纵轴，而第三个变量则用气泡的大小来表示。排列在工作表的列中的数据（第一列中列出 x 值，在相邻列中列出相应的 y 值和气泡大小的值）绘制在气泡图中。气泡图分为普通气泡图和三维气泡图共 2 种，如图 2-8 所示。

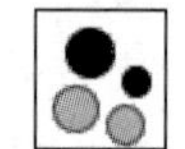 

图 2-8 气泡图

2.1.7　雷达图

雷达图（Radar Chart）是以从同一点开始的轴上表示 3 个或更多个定量变量的二维图表的形式显示多变量数据的图形方法。轴的相对位置和角度通常是无信息。雷达图也称网络图、蜘蛛图、星图、不规则多边形、极坐标图或 Kiviat 图。它相当于平行坐标图，轴径向排列。雷达图有雷达图、带数据标记的雷达图和填充雷达图共 3 种，如图 2-9 所示。

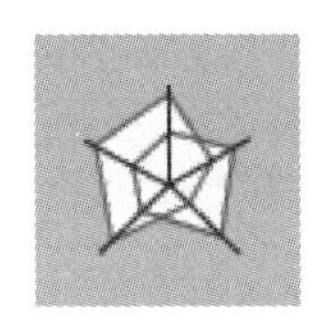 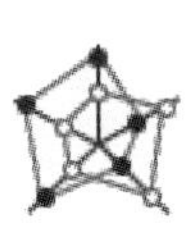 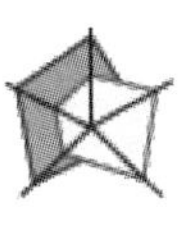

图 2-9　雷达图

2.1.8　瀑布图

瀑布图（Waterfall Chart）显示加上或减去值时的财务数据累计汇总。在理解一系列正值和负值对初始值的影响时，这种图表非常有用。瀑布图的列采用彩色编码，可以快速将正数与负数区分，如图 2-10 所示。

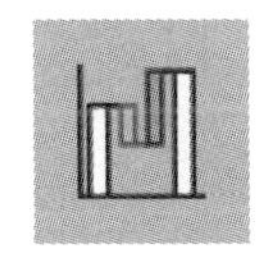

图 2-10　瀑布图

2.1.9　树状图

树状图（Dendrogram）是提供数据的分层视图，方便比较分类的不同级别。树状图按照颜色和接近度显示类别，并能够轻松显示大量数据，而其他图表类型却难以做到这一点。当层次结构内存在空单元格时也可以绘制树状图，树状图非常适合比较层次结构内的比例，如图 2-11 所示。

图 2-11　树状图

2.1.10　组合图

以列和行的形式排列的数据可以绘制为组合图（Combination Diagram）。组合图将两种或更多不同的图表类型组合在一起，以便让数据更容易理解。由于采用了次坐标轴，所以这种图表更容易看懂。组合图的类型有簇状柱形图-折线图、簇状柱形图-次坐标轴上的折线图、堆积面积图-簇状柱形图、自定义组合共 4 种，如图 2-12 所示。

 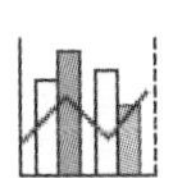  

图 2-12　组合图

2.1.11　选择不同图表的基本原则

前面介绍了常用的不同图表类型及作用，在实际使用过程中根据需要选择相应的图表将原始数据以图形方式表达出来。国外专家 Andrew Abela 整理总结了一份图表选择的基本原则，如图 2-13 所示。在这个基本原则中根据可视化目标将图表分成四大类型：比较、分布、构成（组合）和关系。

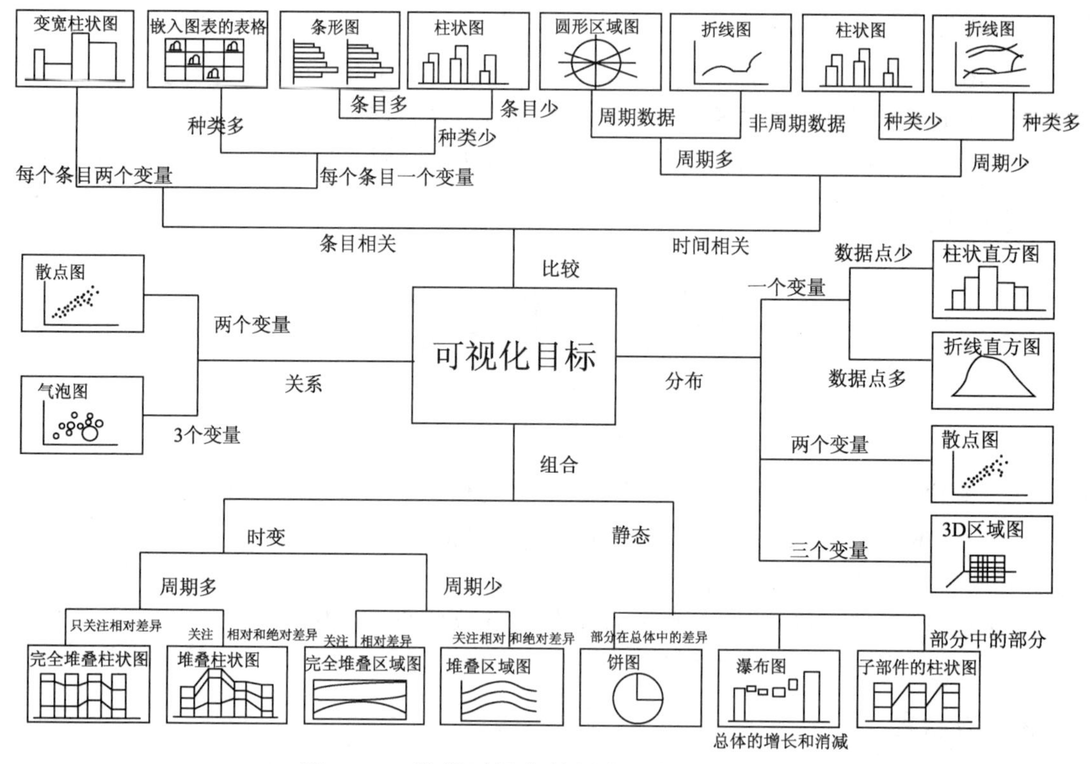

图 2-13 数据可视化的图表选择基本原则

根据 2-13 图示，选择图表的步骤描述如下：

① 根据可视化目标，确定是比较、分布、组合还是关系。

② 如果目标是分布，则根据变量数确定图表的类型，如两个变量，就选择散点图；如果目标是比较，则判断是时间相关还是条目相关，如果是时间相关，则继续选择周期少还是周期多，如果周期少和种类多则确定用折线图。

③ 确定了具体图表后，根据该图表的绘制方法绘制图表。

因此，到底选择哪一种图表进行可视化是由分析目标来决定的。

2.2 图可视化方法

在日常生活中，经常会用图来描述事物之间的关系和联系，如家族图谱和交通线路等，这其实是一种图可视化的方法。下面从图的类型、图的可视化和思维导图三个方面进行介绍。

2.2.1 图的类型

1. 关系

图可视化最重要的作用之一便是能够表达关系。这些关系组成了已经定义的世界或系统。图能够以一种非常容易理解的方式来描述和表达世界。

2. 分层

在分层数据中获取信息，图也是一个很好的选择。分层图常被称为树。树有一个根节点，其链接分支到第二级节点，第二级节点还可能再次分支，依此类推，直到到达没有子节点的叶子节点。根节点的每个后代节点都只有一个父节点。

2.2.2 图的可视化

图论（Graph Theory）是数学的一个分支。它以图为研究对象。图论中的图是由若干给定的点及连接两点的线所构成，这种图形通常用来描述某些事物之间的某种特定关系，用点代表事物，用连接两点的线表示相应的两个事物间具有这种关系。

2.2.3 思维导图

思维导图（Mind Map）是表达发散性思维的有效图形思维工具，它简单却又很有效，是一种实用性的思维工具。思维导图的创始人是英国的东尼·博赞（Tony Buzan）。

思维导图运用图文并重的技巧，把各级主题的关系用相互隶属与相关的层级图表现出来，把主题关键词与图像、颜色等建立记忆链接。思维导图充分运用左右脑的机能，利用记忆、阅读、思维的规律，协助人们在科学与艺术、逻辑与想象之间平衡发展，从而开启人类大脑的无限潜能。思维导图具有人类思维的强大功能，是一种将思维形象化的方法。

2.3 可视化分析的常用算法

可视化分析的算法有许多种，下面主要介绍主成分分析、因子分析、聚类分析和层次分析四种常用算法。

2.3.1 主成分分析

主成分分析（Principal Component Analysis，PCA）是一种统计方法，通过正交变换将一组可能存在相关性的变量转换为一组线性不相关的变量，转换后的这组变量称为主成分。

主成分分析首先是由K.皮尔森（Karl Pearson）对非随机变量引入的，然后H.霍特林将此方法推广到随机向量的情形。

主成分分析作为基础的数学分析方法，其实际应用十分广泛，如人口统计学、数量地理学、分子动力学模拟、数学建模、数理分析等学科中均有应用，是一种常用的多变量分析方法。

2.3.2 因子分析

因子分析（Factor Analysis）可以看作是主成分分析的一个扩充，也是一种降维、简化数据的技术。最早由英国心理学家C.E.斯皮尔曼提出。因子分析是在许多变量中找出隐藏的具有代表性的因子，通过研究众多变量之间的内部依赖关系，使用少数几个“抽象”的变量来表示其基本的数据结构。这几个抽象的变量称作“因子”，能反映原来众多变量的主要信息。原始的变量是可观测的显在变量，而因子一般是不可观测的潜在变量。

例如，商店的环境、商店的服务和商品的价格作为因子，这3个方面除了商品的价格外，商店的环境和服务质量都是客观存在的、抽象的影响因素，都不便于直接测量，只能通过其他具体指标进行间接反映。

因子分析的方法有两类：一类是探索性因子分析；另一类是验证性因子分析。探索性因子分析是指不事先假定因子与测度项之间的关系，而让数据“自己说话”。验证性因子分析是假定因子与测度项的关系是部分知道的，即哪个测度项对应于哪个因子，虽然尚且不知道具体的系数。

因子分析在市场调研中有着广泛的应用，主要有消费者习惯和态度研究（U&A）、品牌形象和特性研究、服务质量调查、个性测试、形象调查、市场划分识别及顾客、产品和行为分类等。

2.3.3 聚类分析

“物以类聚，人以群分”，科学研究在揭示对象特点及其相互作用的过程中，不惜花费时间和精力进行对象分类，以揭示其中相同和不相同的特征。

聚类分析（Cluster Analysis）指将物理或抽象对象的集合分组为由类似的对象组成的多个类的分析过程。它是一种重要的人类行为，是一种探索性的分析，在分类的过程中，人们不必事先给出一个分类的标准。聚类分析能够从样本数据出发，自动进行分类。聚类分析使用不同的方法，常常会得到不同的结论。不同研究者对于同一组数据进行聚类分析，所得到的聚类数未必一致。

聚类分析的目标就是在相似的基础上收集数据来分类。聚类源于很多领域，包括数学、计算机科学、统计学、生物学和经济学。在不同的应用领域，很多聚类技术都得到了发展，这些技术方法被用作描述数据，衡量不同数据源间的相似性，以及把数据源分类到不同的簇中。

聚类分析有层次聚类分析和非层次聚类分析。主要应用于以下三个方面。

① 商业：聚类分析被用来发现不同的客户群，并且通过购买模式刻画不同客户群的特征，也是细分市场的有效工具，同时也可用于研究消费者行为寻找新的潜在市场，选择实验的市场，并作为多元分析的预处理。

② 生物：聚类分析用于动植物分类和对基因进行分类，获取对种群固有结构的认识。

③ 电子商务：聚类分析在电子商务的网站建设数据挖掘中也是很重要的一个应用，通过分组聚类出具有相似浏览行为的客户，并分析客户的共同特征，更好地帮助电子商务的用户了解自己的客户，向客户提供更合适的服务。

2.3.4 层次分析法

人们面临各种各样的方案，在进行比较、判断、评价、决策的过程中主观因素占有相当的比重，这给用数学方法解决问题带来不便。美国运筹学家、匹兹堡大学教授 T.L.Saaty 等人在 20 世纪 70 年代提出了一种能有效处理这类问题的实用方法——层次分析法。

层次分析法（Analytic Hierarchy Process，AHP）是一种定性和定量相结合、系统化、层次化的分析方法。由于它在处理复杂决策问题上的实用性和有效性，很快得到重视。它的应用已遍及经济计划和管理、能源政策和分配、行为科学、军事指挥、运输、农业、教育、人才、医疗和环境等领域。

层次分析法具有系统性、实用性和简洁性等优点，但也有一定的局限性。

1. 系统性

层次分析法把研究对象作为一个系统，按照分解、比较判断、综合的思维方式进行决策，成为继机理分析、统计分析之后发展起来的系统分析的重要工具。

2. 实用性

层次分析法把定性和定量方法结合起来，能处理许多用传统的最优化技术无法着手的实际问题，应用范围很广。这种方法使决策者与决策分析者能够相互沟通，决策者甚至可以直接应用它，增加了决策的有效性。

3. 简洁性

层次分析法的基本原理简洁，计算也比较简便，并且所得结果简单明确，容易被决策者了解和掌握。

该方法的局限性主要表现在以下三方面：

① 只能从原有的方案中优选一个出来，没有办法得出更好的新方案。

② 方法中的比较、判断以及结果的计算过程都比较粗糙，不适用于精度较高的问题。

③ 从建立层次结构模型到给出比较矩阵，人为主观因素对整个过程的影响很大，使结果难以让所有的决策者接受。

习　　题

一、填空题

1. 柱形图有＿＿＿＿＿＿、＿＿＿＿＿＿2类。

2. 绘制条形图有3个要素，分别是＿＿＿＿＿＿、＿＿＿＿＿＿、＿＿＿＿＿＿。

3. 饼图分为＿＿＿＿＿＿和＿＿＿＿＿＿、复合饼图和复合条饼图、＿＿＿＿＿＿5种。

4. 气泡图可用于展示＿＿＿＿＿＿个变量之间的关系。

5. 国外专家Andrew Abela将图表类型分成4大类：＿＿＿＿＿＿、＿＿＿＿＿＿、＿＿＿＿＿＿和＿＿＿＿＿＿。

6. 思维导图的创始人是英国的＿＿＿＿＿＿。

7. PCA是指＿＿＿＿＿＿。

8. 层次分析法的具有＿＿＿＿＿＿、＿＿＿＿＿＿和＿＿＿＿＿＿等优点，也有一定的局限性。

9. 因子分析的方法有两类：一类是＿＿＿＿＿＿；另一类是＿＿＿＿＿＿。

10. 聚类分析指＿＿＿＿＿＿的分析过程。

11. 根据图表指出属于哪一种类型。

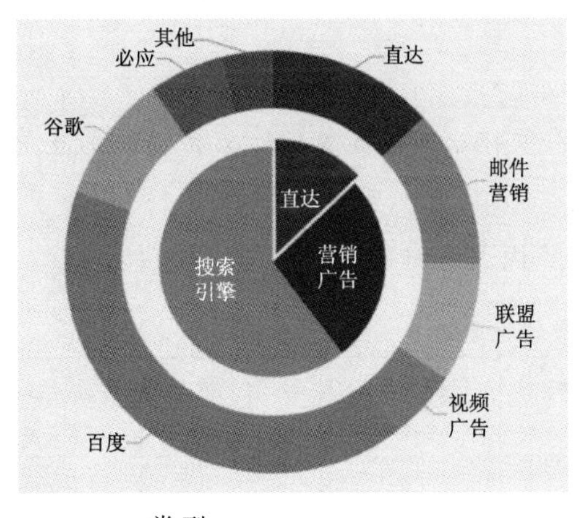

类型：＿＿＿＿＿＿

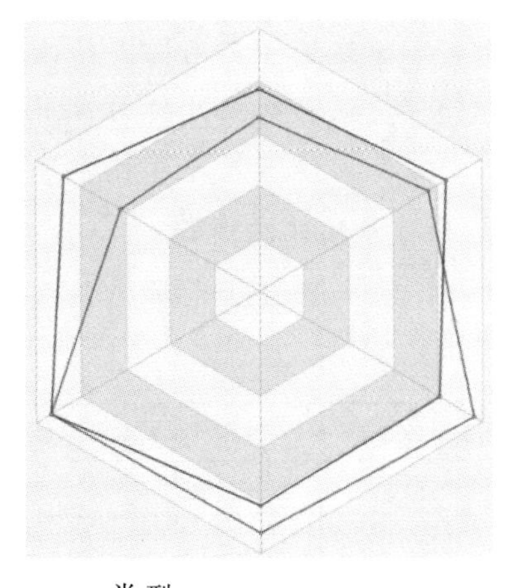

类型：＿＿＿＿＿＿

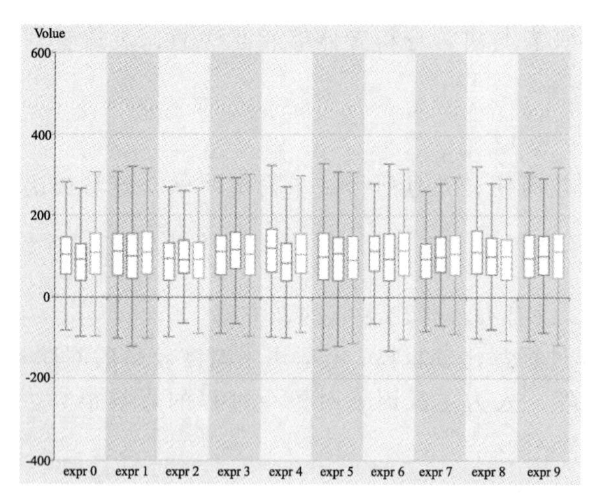

类型：__________

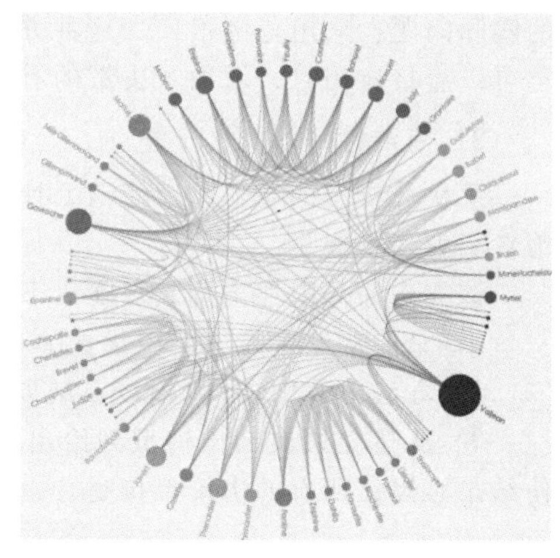

类型：__________

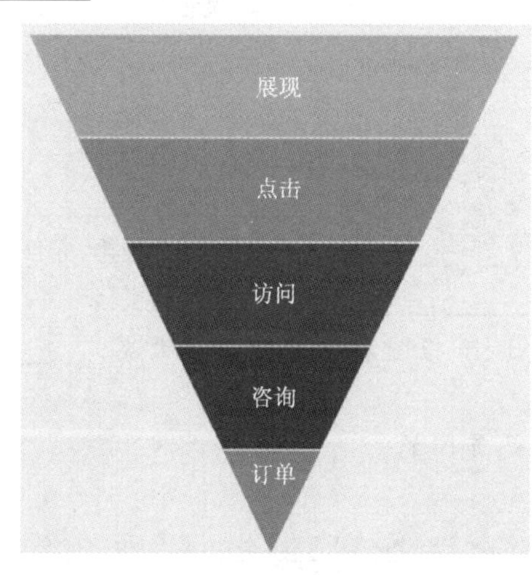

类型：__________

二、简答题

1. 创建思维导图的软件有哪些？选择一种，描述创建思维导图的基本步骤，并以图表可视方法为主题体验创建思维导图过程。

2. 简述选择不同图表的基本原则。

3. 简述可视化分析的常用算法。

4. 网上搜索优秀的数据可视化作品，列出 5 种你认为最美的作品并简述理由。

三、Excel 操作题

1. 有如表 2-1 所示的数据表，制作如图 2-14 所示效果图。

表 2-1　职员登记表

员工编号	部门	性别	年龄	籍贯	工龄	工资
K12	开发部	男	30	陕西	5	2 000
C24	测试部	男	32	江西	4	1 600
W24	文档部	女	24	河北	2	1 200

续表

员工编号	部　门	性　别	年　龄	籍　贯	工　龄	工　资
S21	市场部	男	26	山东	4	1 800
S20	市场部	女	25	江西	2	1 900
K01	开发部	女	26	湖南	2	1 400
W08	文档部	男	24	广东	1	1 200
C04	测试部	男	22	上海	5	1 800
K05	开发部	女	32	辽宁	6	2 200

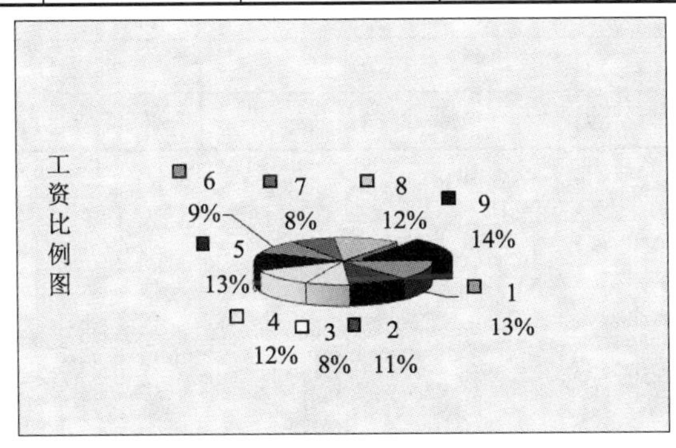

图 2-14　第 1 题效果图

2. 有如表 2-2 所示的数据表，制作如图 2-15 所示效果图。

表 2-2　营销决策分析

	第一年			第二年	
方　案	市场情况	概　率	利　润	概　率	利　润
乙方案	较好	0.1	5000	0.2	7000
	一般	0.6	3000	0.7	5000
	较差	0.3	1000	0.1	2000
甲方案	较好	0.3	6000	0.2	8000
	一般	0.5	5000	0.6	6000
	较差	0.2	4000	0.2	5000

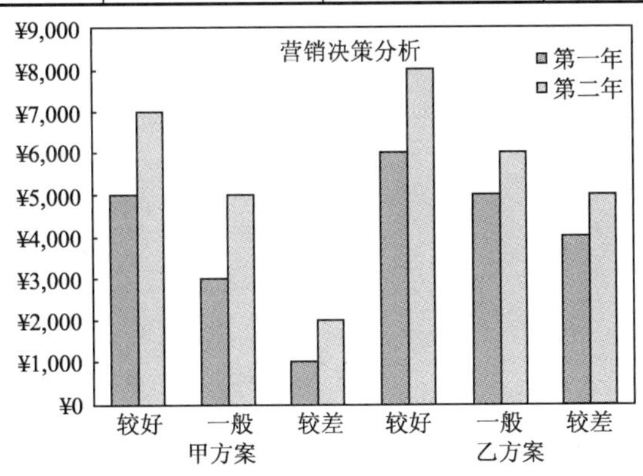

图 2-15　第 2 题效果图

3. 有如表 2-3 所示数据表，制作如图 2-16 所示效果图。

表 2-3　朝阳集团股票行情

日　　期	开 盘 价	最 高 价	最 低 价	收 盘 价
6	15.35	16.17	15.12	15.98
7	15.56	15.79	15.11	15.33
8	15.39	16.66	15.58	16.06
9	15.85	16.85	15.63	16.69
10	16.16	16.91	15.86	16.05
13	16.55	16.76	16.20	16.73
14	16.62	16.99	16.25	17.12

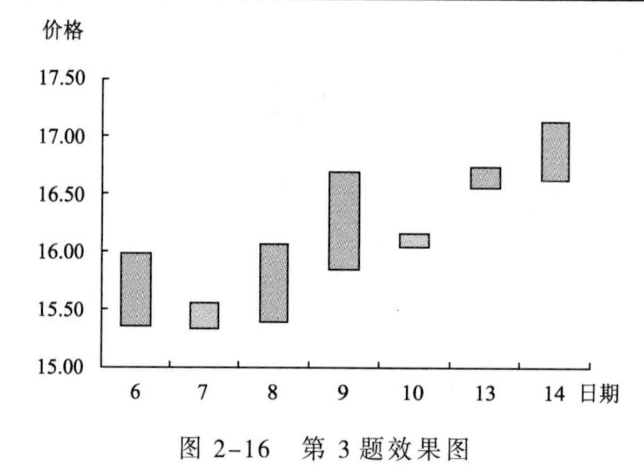

图 2-16　第 3 题效果图

第3章 大数据可视化的核心技术

大数据可视化是将数据变成价值的必备过程，也是进行大数据深度分析和挖掘的一个重要环节，起着承上启下的作用。这个过程包括数据采集、数据预处理、数据存储、数据处理、数据分析和数据挖掘，如图3-1所示。下面详细介绍每个环节的核心技术。

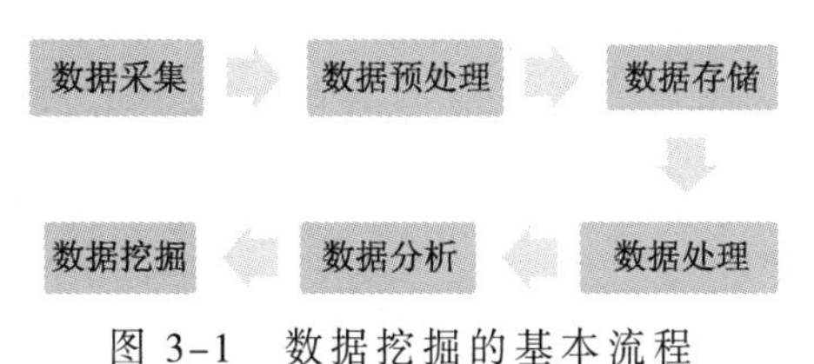

图3-1 数据挖掘的基本流程

3.1 数据采集

采集数据是大数据处理流程的第一步。数据是大数据处理的基础，数据的完整性和质量直接影响着大数据处理的结果。

1. 数据采集的定义

大数据采集是指从传感器和智能设备、企业在线系统、企业离线系统、社交网络和互联网平台等获取数据的过程。数据包括RFID（Radio Frequency Identification）射频数据、传感器数据、用户行为数据、社交网络交互数据及移动互联网数据等各种类型的结构化、半结构化及非结构化的海量数据。

数据采集是指利用多个数据库或存储系统接收来自客户端（Web、App或者传感器等）的数据。在大数据采集的过程中，主要特点和挑战是并发数高，因为同时有可能会有成千上万的用户来进行访问和操作，例如火车票售票网站和淘宝，它们并发的访问量在峰值时达到上百万，所以需要在采集端部署大量数据库才能支撑。

2. 数据采集的方法

根据数据源的不同，大数据采集方法也不相同。但是，为了能够满足大数据采集的需要，大数据采集方法都使用了大数据的处理模式，处理模式有MapReduce分布式并行处理模式或者基于内存的流式处理模式。大数据采集方法分为数据库采集、系统日志采集、网络数据采集和感知设备数据采集。

（1）数据库采集

传统企业会使用传统的关系型数据库 MySQL 和 Oracle 等存储数据。随着大数据时代的到来，HBase、Redis 和 MongoDB 这样的 NoSQL 数据库也常用于数据的采集。通过在采集端部署大量数据库，并在这些数据库之间进行负载均衡和分片来完成大数据采集工作。

（2）系统日志采集

系统日志采集主要是收集公司业务平台日常产生的大量日志数据，供离线和在线的大数据分析系统使用。高可用性、高可靠性、可扩展性是日志收集系统所具有的基本特征。系统日志采集工具均采用分布式架构，能够满足每秒数百兆字节的日志数据采集和传输需求。

目前使用最广泛的用于系统日志采集的海量数据采集工具有 Hadoop 的 Chukwa，Apache 的 Flume，Facebook 的 Scribe 和 LinkedIn 的 Kafka 等。

（3）网络数据采集

网络数据采集是指通过网络爬虫或网站公开 API 等方式从网站上获取数据信息的过程。网络爬虫（Web Crawler）会从一个或若干初始网页的 URL 开始，获得各个网页上的内容，并且在爬取网页的过程中，不断从当前页面上抽取新的 URL 放入队列，直到满足设置的停止条件为止。这样可将非结构化数据、半结构化数据从网页中提取出来，存储在本地的存储系统中。

网络爬虫工具分为 3 类：分布式网络爬虫工具（如 Nutch）、Java 网络爬虫工具（如 Crawler4j、WebMagic、WebCollector）、非 Java 网络爬虫工具（如 Scrapy，基于 Python 语言开发）。

（4）感知设备数据采集

感知设备数据采集是通过传感器、摄像头和其他智能终端自动采集信号、图片或录像来获取数据。大数据智能感知系统需要实现对结构化、半结构化、非结构化的海量数据的智能化识别、定位、跟踪、接入、传输、信号转换、监控、初步处理和管理等。关键技术包括大数据源的智能识别、感知、适配、传输、接入等。

3. 大数据采集的基本流程

大数据采集的基本流程如图 3-2 所示。在数据采集过程中，需要注意以下 5 个方面：

（1）目标用户的确定

根据信息用户类型的不同，将信息需求分为个人信息需求和单位信息需求。

（2）确定采集内容

通过与信息资源采集目标和需求具有一定相关性的信息的特征来确定采集内容，选择合适的信息源。

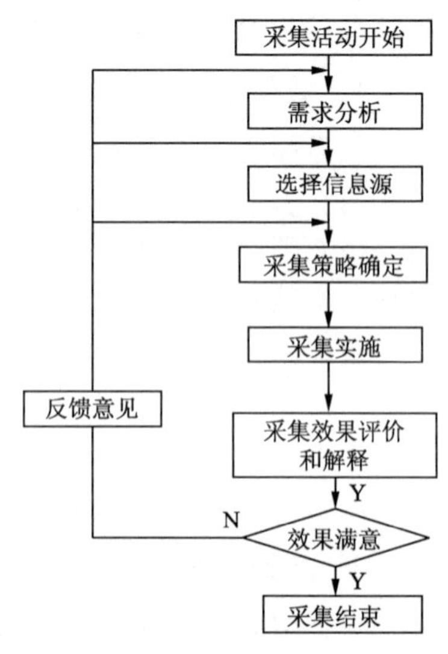

图 3-2 大数据采集流程

（3）确定采集的范围

采集的范围分为采集的时间范围和采集的空间范围。

采集的时间范围注重信息的时效性，根据信息的分布特性，选择适当的空间范围，能够提高信息的相关度和适应度。

（4）确定采集量

采集的信息数量决定了采集工作的人力、时间和费用。

（5）其他因素

在数据采集的过程中，还受其他因素的影响，如信息环境、信息的可获取性等。

4. 主流的大数据采集平台

（1）Apache Flume

Flume是Apache旗下的一款开源、高可靠、高扩展、容易管理、支持客户扩展的数据采集系统。Flume使用JRuby来构建，依赖Java运行环境。

（2）Fluentd

Fluentd是一个开源的数据收集框架，使用C/Ruby开发，使用JSON文件来统一日志数据。它的可插拔架构支持各种不同种类和格式的数据源和数据输出。最后，它也同时提供了高可靠性和很好的扩展性。

（3）Logstash

Logstash是著名的开源数据栈ELK（ElasticSearch, Logstash, Kibana）中的收集平台。Logstash用JRuby开发，所有运行时依赖JVM。

（4）Chukwa

Apache Chukwa也是Apache旗下一个开源的数据收集平台，Chukwa基于Hadoop的HDFS和Map Reduce来构建，提供扩展性和可靠性。Chukwa同时提供对数据的展示、分析和监视。

（5）Scribe

Scribe是Facebook开发的数据（日志）收集系统。

（6）Splunk Forwarder

在商业化的大数据平台产品中，Splunk提供完整的数据采集、数据存储、数据分析和处理以及数据展现能力。Splunk是一个分布式的机器数据平台。

3.2　数据预处理

数据预处理是提高数据质量的关键一步，也是进行高质量的数据分析的重要环节。

1. 数据预处理的定义

在真实世界中，数据通常是不完整的（如缺少某些属性值）、不一致的（如包含代码或者名称的差异）、极易受到噪声（如错误或异常值）的侵扰。因此，需要将采取的原始数据在进行数据分析和数据挖掘前进行处理，这项工作称为数据预处理。数据预处理就是根据数据分析目标，将获取到的原始数据进行合并、清洗、转换、计算和抽样等一系列过程。这个过程虽然可能会占用很长时间，但是必不可少且非常重要的一步。

2．数据预处理方法

基本数据预处理方法分为四类：数据清洗、数据集成、数据变换和数据规约。

（1）数据清洗

数据清洗主要针对数据数值上的各种异常情况进行处理，根据数值异常情况的不同，常见的数据清洗有以下几种：缺失值处理、离群和噪声值处理、异常范围及类型值处理。

① 缺失值处理。删除和估计是处理缺失值的常用方法。可以只删除缺失项处的值，也可以删除包含缺失项的整条数据记录。不想删除缺失值时，对缺失值进行估计是必要的。估计的方法有多种，最直接的方法是让有经验的人员手工填写，也可用替换、填充或基于统计模型的估计值来处理。

- 替换：用缺失值所处属性上全部值的平均值（也可以加权重）、某个分位值代替。对于时间序列，则可以用相邻数据记录处的值（或平均值）替代。
- 填充：用与缺失值记录"相似"记录上的值来填充缺失值，用 K 最邻近、聚类等方法估计缺失值就是这种思想。对于时间序列，则可以用插值的方法，包括线性插值和非线性插值。
- 基于统计模型的估计：基于非缺失的值构建统计模型，并对模型参数进行估计，然后再预测缺失处的值。

② 离群和噪声值处理。对计算过程无用或造成干扰的数据称为噪声，像上面所说的缺失值、后面的异常范围及类型值均属于噪声的范畴。噪声的处理针对具体情况进行。

个别与数据总体特征差别较大的点称为离群点，但如果有相当一部分与数据总体特征差别较大的点，此时就要考虑这些点能否称为离群点。识别离群点的方法有很多，如基于统计学的方法、基于距离的检测、基于密度的监测（如 DBSCAN 聚类法）等。

离群点处理前先要判断该点是否有用，若是无用点则可以当作噪声处理，若是有用点则保留。

③ 异常范围及类型值处理。异常范围类型是指记录数据超过了当前场景下属性可取值的范围，例如记录一个人的身高为 300 cm，或者月收入为负值，这显然也是不合理的。异常类型值是指属性取值类型记录错误，例如记录一个人的年龄为"胖"。

对于以上两种情况，如果数据记录异常是有规律的，则统一进行更改；如果异常值是随机的，则可以将这些异常值当作缺失值处理。

（2）数据集成

数据集成主要是增大样本数据量。数据集成的方法为数据拼接或合并。

数据拼接在数据库操作中较为常见，它将多个数据集成为一个数据集。数据拼接依赖的是不同数据集间，是否有相同的属性（或关键字或其他的特征），不同类型数据库下拼接的原则可能不同。

（3）数据变换

数据变换的目的是为了改变数据的特征，方便计算及发现新的信息。常见的数据变换有离散化、二元化、规范化、特征转换与创建、函数变换等方法。

① 离散化：一般来说，离散化是将排序数据划分为多个空间，例如将[0,10]离散为[0,2)、[2,4)、[4,6)、[6,8)、[8,10]，这样可以将一个连续取值的属性转换为离散取值的属

性来处理。

② 二元化：有些算法要求属性为二元属性（例如关联模式算法），即属性的取值只能为 0 或 1（当然其他二元取值形式都可以，如 Yes 和 No，只是都可以转化为 0 和 1 表示），此时就要用到属性二元化。

③ 规范化：数据规范化是调整属性取值的一些特征，如取值范围、均值或方差统计量等。常见的规范化方法有：最小–最大规范化、Z-score 规范化、小数定标规范化。

④ 特征转换与创建：对于一些时间序列，可以通过傅里叶变换、小波变换、EMD 分解等方法得到数据的频域或其他类型特征。

假如属性集中包含“质量”和“体积”这两种属性，那么可以利用“密度=质量/体积”的方法得到密度属性，这样就创建了一个新的属性。

⑤ 函数变换：依据需求，选择函数来处理数据，例如当属性取值比较大时，可以用对数函数来处理数据。

（4）数据规约

数据规约的目的是减少数据量，降低数据的维度，删除冗余信息，从而提升分析的准确性，减少计算量。数据规约方法有数据聚集、抽样、维规约。

① 数据聚集：将多个数据对象合并成一个数据对象，目的是为了减少数据及计算量，同时也可以得到更加稳定的特征。

② 数据抽样：获取数据样本中的一部分用于计算，从而减少计算负担。

③ 维规约：减少属性的个数，降低数据的维度。

3.3 数据存储

大数据存储采用分布式存储技术。分布式存储技术是指使用大量普通 PC 服务器通过 Internet 互联，对外作为一个整体提供存储服务，以较低的成本满足大规模的存储需求。常见的数据存储方法有分布式系统、NoSQL 数据库、云数据库和大数据存储技术。

1. 分布式系统

分布式系统包含多个自主的处理单元，通过计算机网络互联来协作完成分配的任务，其分而治之的策略能够更好地处理大规模数据分析问题。主要包含以下两类：

① 分布式文件系统：存储管理需要多种技术协同工作，其中文件系统为其提供最底层存储能力的支持。分布式文件系统（HDFS）是一个高度容错性系统，适用于批量处理，能够提供高吞吐量的数据访问系统。

② 分布式键值系统：用于存储关系简单的半结构化数据。典型的分布式键值系统有 Amazon Dynamo，获得广泛应用和关注的对象存储技术（Object Storage）也可以视为键值系统，其存储和管理的数据是对象而不是数据块。

2. NoSQL 数据库

关系型数据库已经无法满足 Web 2.0 的需求。主要表现为无法满足海量数据的管理需求、无法满足数据高并发的需求，其高可扩展性和高可用性的功能太低。

NoSQL 数据库的优势是可以支持超大规模数据存储，灵活的数据模型可以很好地支持 Web 2.0 应用，具有强大的横向扩展能力。典型的 NoSQL 数据库包含键值数据库、列族数据库、文档数据库和图形数据库。

3. 云数据库

云数据库是基于云计算技术发展的一种共享基础架构的方法，是部署和虚拟化在云计算环境中的数据库。云数据库并非一种全新的数据库技术，而只是以服务的方式提供数据库功能。云数据库所采用的数据模型可以是关系模型（微软的 SQLAzure 云数据库都采用了关系模型）。同一个公司也可能提供采用不同数据模型的多种云数据库服务。

4. 大数据存储技术

（1）MPP 架构的新型数据库集群

采用 MPP（Massive Parallel Processing，大规模并行处理）架构的新型数据库集群，重点面向行业大数据，采用 Shared Nothing 架构，通过列存储、粗粒度索引等多项大数据处理技术，然后结合 MPP 架构高效的分布式计算模式，完成对分析类应用的支撑，运行环境多为低成本 PC Server，具有高性能和高扩展性的特点，在企业分析类应用领域获得极其广泛的应用。

（2）基于 Hadoop 的技术扩展

基于 Hadoop 的技术扩展和封装，围绕 Hadoop 衍生出相关的大数据技术，应对传统关系型数据库较难处理的数据和场景，例如针对非结构化数据的存储和计算等，充分利用 Hadoop 开源的优势，伴随相关技术的不断进步，其应用场景也将逐步扩大。目前最为典型的应用场景就是通过扩展和封装 Hadoop 来实现对互联网大数据存储、分析的支撑。对于非结构、半结构化数据处理、复杂的 ETL（Extract，Transform，Load）流程、复杂的数据挖掘和计算模型，Hadoop 平台更擅长。

（3）大数据一体机

大数据一体机是一种专为大数据的分析处理而设计的软、硬件结合的产品，由一组集成的服务器、存储设备、操作系统、数据库管理系统以及为数据查询、处理、分析用途而特别预先安装及优化的软件组成，高性能大数据一体机具有良好的稳定性和纵向扩展性。

3.4 数据处理

通过数据采集获取的数据经过数据预处理后，就开始对数据处理了。下面主要介绍数据处理的技术。

1. 数据处理的定义

数据处理是从大量的原始数据抽取出有价值的信息，即数据转换成信息的过程。主要对所输入的各种形式的数据进行加工整理，其过程包含对数据的收集、存储、加工、分类、归并、计算、排序、转换、检索和传播的演变与推导全过程。

2. 数据处理的技术

根据数据处理的不同阶段，有不同的专业工具来对数据进行不同阶段的处理。

① 数据转换：专业的 ETL 工具来帮助完成数据的提取、转换和加载，相应的工具有 Informatica 和开源的 Kettle。

② 数据存储和计算：数据库和数据仓库等工具，有 Oracle、DB2、MySQL 等知名厂商，列式数据库在大数据的背景下发展也非常快。

③ 数据可视化：需要对数据的计算结果进行分析和展现，有 BIEE、Microstrategy、Yonghong 的 Z-Suite 等工具。

④ 数据处理的软件有 Excel、MATLAB、Origin 等，当前流行的图形可视化和数据分析软件有 MATLAB、Mathmatica 和 Maple 等。这些软件功能强大，可满足科技工作中的许多需要，但使用这些软件需要一定的计算机编程知识和矩阵知识，并熟悉其中大量的函数和命令。而使用 Origin 就像使用 Excel 和 Word 那样简单，只需用鼠标选择菜单命令就可以完成大部分工作，获得满意的结果。

大数据时代，需要能解决大量数据、异构数据等多种问题带来的数据处理难题的技术。Hadoop 是一个分布式系统基础架构，由 Apache 基金会开发。用户可以在不了解分布式底层细节的情况下，开发分布式程序，充分利用集群的威力高速运算和存储。Hadoop 实现了一个分布式文件系统（Hadoop Distributed File System，HDFS）。HDFS 有着高容错性的特点，可部署在低廉的硬件上，而且它提供高传输速率来访问应用程序的数据，适合有着超大数据集的应用程序。

3.5　数据分析

通过前面步骤对数据进行处理后，下面介绍数据分析的概念和技术。

1. 数据分析的定义

数据分析是指用适当的统计分析方法对收集来的大量数据进行分析，提取有用信息的过程。这一过程也是质量管理体系的支持过程。在实用中，数据分析可帮助人们做出判断，以便采取适当行动。

数据分析的数学基础在 20 世纪早期就已确立，但直到计算机的出现才使得实际操作成为可能，并使得数据分析得以推广。数据分析是数学与计算机科学相结合的产物。

2. 数据分析的类型

在统计学领域，将数据分析划分为描述性统计分析、探索性数据分析以及验证性数据分析。描述性统计分析属于初级数据分析，常见的方法有对比分析法、平均分析法；探索性数据分析侧重在数据之中发现新的特征，由美国著名统计学家约翰·图基（John Tukey）命名；验证性数据分析则侧重于已有假设的证实或证伪。

3. 数据的分析工具

Excel 作为常用的分析工具，可以实现基本的分析工作。在商业智能领域，常用的分析工具有 Cognos、Style Intelligence、Microstrategy、Brio、BO 和 Oracle，国内的产品有大数据魔镜、finebi、Yonghong Z-Suite BI 套件等。

习　　题

一、填空题

1. 大数据采集是________________________________等获取数据的过程。

2. 数据的采集是________________________________的数据。

3. 大数据采集方法分为__________、__________、__________和感知设备数据采集。

4. Splunk是一个__________的机器数据平台。

5. 数据预处理方法可以大致分为四类：数据清理、__________、数据变换和__________。

6. 数据集成主要是__________。数据集成的方法为__________。

7. 常见的数据变换有以下方法：__________、区间化、二元化、__________、__________与创建、函数变换。

8. 大数据存储采用__________。

9. 在统计学领域，有些人将数据分析划分为描述性统计分析、__________以及验证性数据分析。

10. 数据预处理就是根据数据分析目标，将获取到的原始数据__________等一系列过程。

11. 大数据采集的基本流程包括__________、__________、__________、__________、__________。

二、简答题

1. 大数据采集方法有哪几大类？分别用来采集哪类数据？
2. 系统日志采集方法需要具有哪些特征？
3. 常用的系统日志采集系统有哪些？各自有什么特点？
4. 网络数据采集的主要功能是什么？
5. 常用的网络采集系统有哪些？各自有什么特点？
6. 简述网络爬虫的工作原理和工作流程。
7. 网络爬虫的爬取策略有哪几大类？各自的主要策略是什么？

第4章 大数据获取工具

大数据可视化首先需要获取原始数据，原始数据有现成的数据，也有根据用户需求去网站上爬取的数据。现成的数据直接拿来使用就可以了，而去网站上爬取数据（又称爬虫）需要使用相关软件去完成。网络爬取数据的软件有使用编程语言（如 Python），也有使用非编程语言（如集搜客等）。下面介绍非编程语言网络爬取数据软件——集搜客和八爪鱼，这两种软件操作简单方便，只需要熟悉计算机基本操作即可。

4.1 网页概述

信息化社会，绝大部分人都会利用计算机、智能手机等设备通过浏览器浏览信息，这些信息的展示就是一张又一张的网页（Web Page）。网页就是在浏览器中呈现的一张张页面。如果把一个网站比作一本书，一张网页就是这本书中的一页。一个标准的网页一般由四大部分组成：内容、结构、表现和行为。内容是网页中要传达的纯粹的信息，如网页中所显示的文字、数据、图片等；结构是使用结构化的方法对网页中用到的信息进行整理和分类，使内容更具有条理性、逻辑性和易读性；表现是使用表现技术对已经被结构化的信息进行显示上的控制，如版式、颜色和大小等样式的控制；行为就是网页的交互操作。用于网页的结构化设计语言有 HTML、XHTML 和 XML 等。本节主要介绍 HTML 的基本概念。

1. HTML

HTML（Hypertext Markup Language，超文本标记语言）是使用各种不同的标记符号来标识和设置网页元素。

每一个网页元素通常由开始标记、结束标记，以及这两个标记中间的内容组成。

HTML 内容丰富，从功能上分为文本设置、列表建立、文本属性制定、超链接、图片和多媒体插入、对象、表格、表单的操作和框架的建立。

2. HTML 文档的基本结构

HTML 文档的基本结构包括 HEAD、title、BODY 三部分，其一般形式如下：

```
<HTML>
  <HEAD>
     <title>标题部分</title>
  </HEAD>
  <BODY>
    正文部分
  </BODY>
</HTML>
```

3. HTML 文档基本标记

（1）HTML 文档标记

格式：<HTML>…</HTML>作用：为文件开始和结尾的标记

（2）HTML 文件头标记

格式：<HEAD>…</HEAD>作用：用于包含文件的基本信息

<HEAD>标记中的基本内容有以下两个方面：

① <title>标题</title>。

② <meta>信息：在服务器和客户之间传达隐含信息。用来定义页面主题，设置页面格式，标注内容提要和关键字，设置页面刷新等。meta 标签分 HTTP 标题信息（http-equiv）和页面描述信息（name）两大部分。

- http-equiv 回应给浏览器一些有用的信息，帮助正确和精确地显示网页内容。例如，显示字符集的设置为<meta http-equiv="Content-Type" Content="text/html; Charset=gb2312">，设置网页刷新时间为<meta http-equiv="Refresh" Content="30"> <meta http-equiv="Refresh" Content="5;Url=http://www.sohu.com">。
- NAME 变量包含 Keywords（关键字）、Description（简介），用法分别如下：

Keywords（关键字）用法：<meta name="Keywords"Content="关键词 1,关键词 2,关键词 3,关键词 4,…">

Description（简介）用法：<meta name="Description" Content="你网页的简述">

（3）HTML 文件主体标记

格式：<BODY>…</BODY>作用：文件主体标记

设置<BODY>的属性，如表 4-1 所示。

表 4-1 <BODY>的属性

属性名	功能
background	背景图片
bgcolor	背景色彩
text	非可链接文字的色彩
link	可链接文字的色彩，默认为蓝色
alink	正被点击的可链接文字的色彩
vlink	已经点击（访问）过的可链接文字的色彩，通常为紫色

例如：

```
<body background="flower.jpg">
<body bgcolor=#ff0000 text=blue >
```

4. HTML 常用标记

HTML 常用标记如表 4-2 所示。

表 4-2 HTML 常用标记

<table>
<tr><th colspan="2">标 记 类 型</th><th>标 记 格 式</th></tr>
<tr><td colspan="2">标题标记</td><td><H1>…</H1>，<H2>…</H2>,…，<H6>…</H6></td></tr>
<tr><td colspan="2">段落标记</td><td><P>…</P></td></tr>
<tr><td colspan="2">换行标记</td><td>
</td></tr>
<tr><td colspan="2">预设标记</td><td><PRE>…</PRE></td></tr>
<tr><td colspan="2">文字格式标记</td><td><FONT>设置字体格式标记</td></tr>
<tr><td rowspan="3">列表标记</td><td>无序列表</td><td><UL >
<LI type="disk, circle, square">…</LI>
<LI type="disk, circle, square">…</LI>
…
</UL></td></tr>
<tr><td>有序列表</td><td><OL>
<LI type="A, a, I, i, 1">…</LI>
<LI type="A, a, I, i, 1">…</LI>
…
</OL></td></tr>
<tr><td>自定义列表</td><td><DL>
<DT>…</DT>
<DD>…</DD>
<DT>…</DT>
<DD>…</DD>
</DL></td></tr>
<tr><td colspan="2">插入图像</td><td><IMG src=#>…</IMG></td></tr>
<tr><td colspan="2">超链接</td><td><A>…</A></td></tr>
<tr><td colspan="2">建立表格</td><td><TABLE>…</TABLE></td></tr>
<tr><td colspan="2">框架标记</td><td><FRAMESET>…</FRAMESET></td></tr>
</table>

4.2 集 搜 客

集搜客是网络爬虫工具之一，能够采集网页文字、图片、表格、超链接等多种网页元素，免编程，网页内容可见即可采。用户通过采集数据并使用这些数据进行数据研究、商机挖掘等，是学生、站长、电商、研究人员、HR 的必备工具。

集搜客 GooSeeker 爬取软件使用简单，完全可视化操作，具有以下特点：

① 当定义采集规则时，用鼠标点选的方式告诉集搜客软件哪些是要爬取的内容，系统会即刻自动生成爬取规则，网络爬虫的工作流程会根据网页特征自动适配。

② 当程序进行采集时，集搜客高仿真模拟真人操作，可以实现自动登录、输入查询

条件、点击链接、点击按钮等，还能自动移动鼠标，自动改变焦点，避过机器人判断程序。

③ 整个采集过程所见即所得，遍历的链接信息、爬取结果信息、错误信息等都会及时地反映在软件界面中，整个操作清晰明了。

下面以集搜客 V9.0.4 版本为例，详细介绍集搜客软件的基本功能。

4.2.1 集搜客软件的安装和注册

1. 集搜客软件账号注册

打开集搜客官网 http://www.gooseeker.com/，单击右上角的“注册”按钮申请一个账号，如图 4-1 所示。然后，在打开的对话框中输入用户名和密码以及验证邮箱、图形验证码，如图 4-2 所示。这样经过简单的操作就完成了注册。

图 4-1 “集搜客”官网

图 4-2 “注册”对话框

2. 集搜客软件下载和安装

集搜客爬虫作为 Firefox 火狐浏览器的扩展插件，是基于火狐浏览器环境开发的，针对不同版本的火狐浏览器，都有与之配套的集搜客爬虫版本，因此，只需要下载与当前火狐浏览器配套的集搜客采集软件。

首先，用火狐浏览器打开集搜客官网，也可使用其他浏览器。然后，单击“下载爬虫”按钮，如图 4-3 所示。接着，选择下载对应的操作系统版本（Windows 版或 Mac 版），例如，以下载 Windows 版为例，单击“免费下载”按钮（见图 4-4），即可建立下载任务，如图 4-5 所示。下载完成后，对应的 exe 文件如图 4-6 所示。双击进入安装向导，如图 4-7 ~ 图 4-14 所示完成安装过程。

图 4-3　进入集搜客网络爬虫软件首页

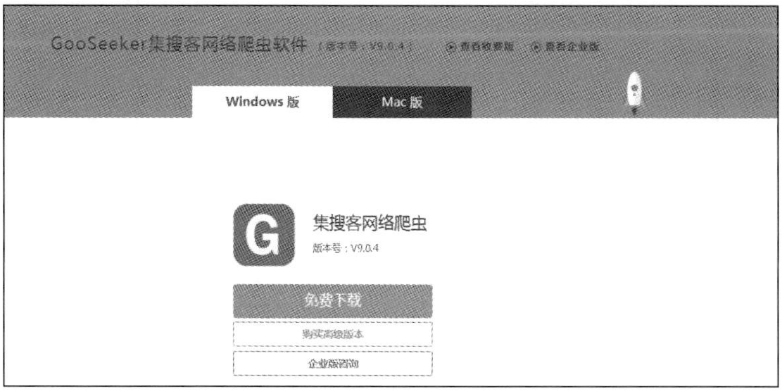

图 4-4　点击“免费下载”按钮

图 4-5　新建下载任务

图 4-6　下载完成后对应的文件

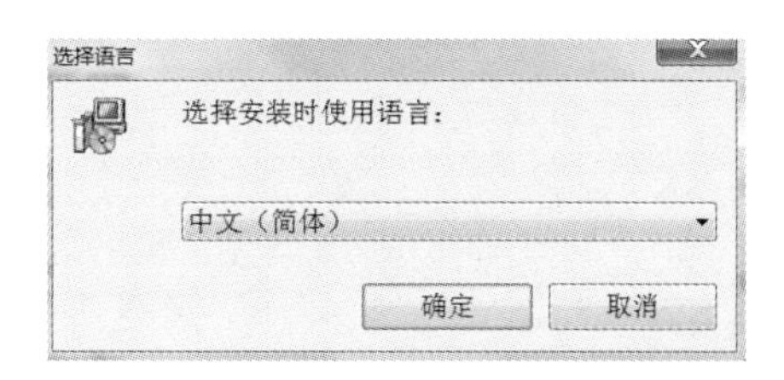

图 4-7　选择安装时使用的语言

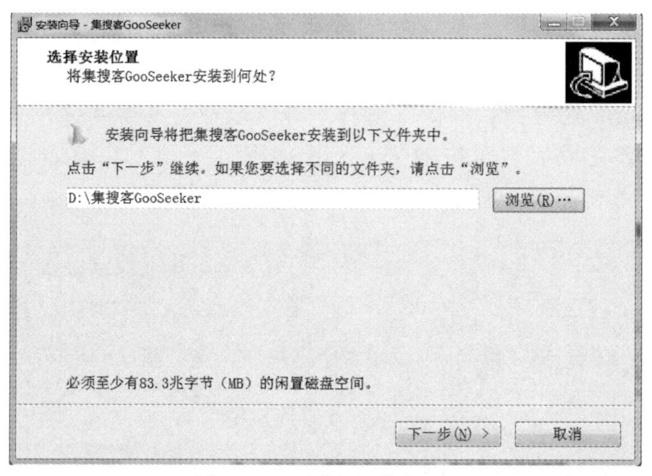

图 4-8　选择安装位置

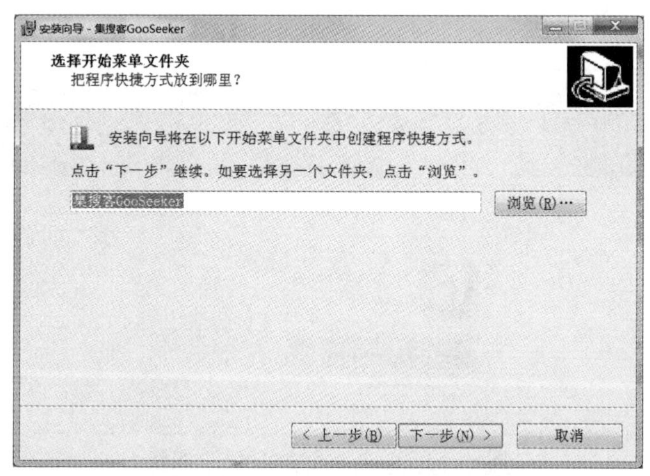

图 4-9　选择开始菜单文件夹

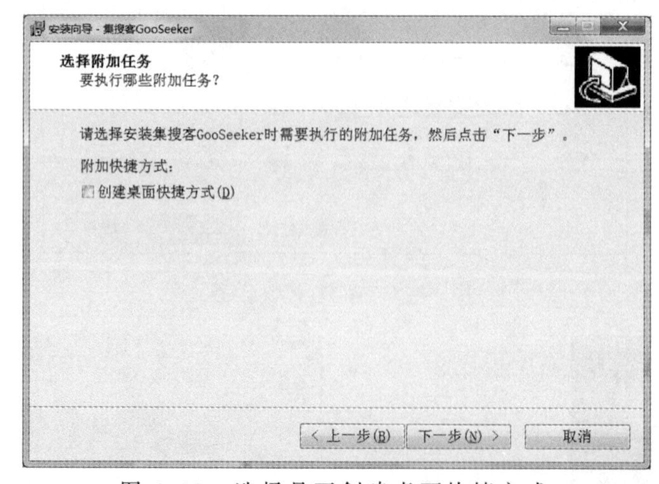

图 4-10　选择是否创建桌面快捷方式

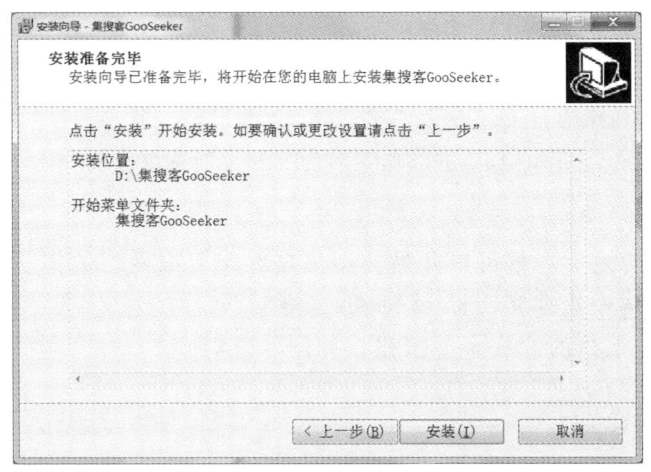

图 4-11 安装准备完毕确认

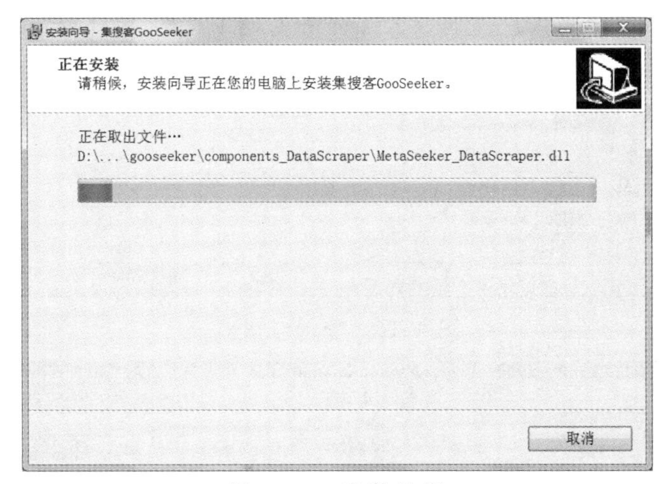

图 4-12 安装进度

图 4-13 安装完成

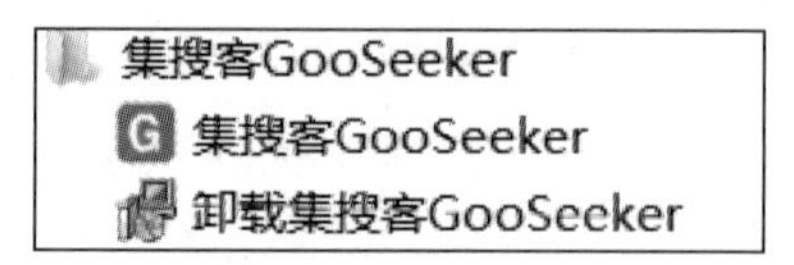

图 4-14　安装结束后的“开始”菜单选项

3. 集搜客登录

集搜客安装注册之后，就可以开始使用集搜客来爬取网络数据。

① 双击图 4-14 中集搜客图标 集搜客GooSeeker 。

② 单击首页右上角的“登录”按钮，如图 4-15 所示。

图 4-15　单击“登录”按钮

③ 在登录对话框中输入已注册好的账号和密码（见图 4-16），成功登录后，在右上角会显示用户名，如图 4-17 所示。

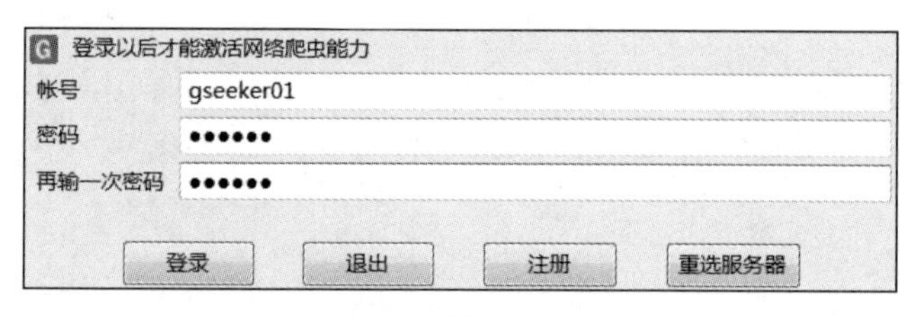

图 4-16　登录对话框

图 4-17　登录成功界面

④ 单击界面上的“MS 谋数台”或者“DS 打数机”按钮（见图 4-18），进入爬取数据的界面。

图 4-18　单击“MS 谋数台”或者“DS 打数机”按钮

4.2.2　集搜客界面

MS 谋数台是定义爬取规则的软件工具，主界面由网页结构窗口、工作台窗口和显示窗口三部分组成。如图 4-19 所示。其中，网页结构窗口（左上部区域）用于定位被爬取的内容；工作台窗口（右上部区域或者浮动工作台）的作用是完成大部分定义爬取规则的操作；显示窗口（左下部区域）用于查看定义的爬取规则和爬取结果的操作界面。

图 4-19　MS 谋数台主界面

1. 网页结构窗口

网页结构窗口又称 DOM 窗口，定义爬取规则时，需要告诉谋数台被爬取的内容在网页的什么位置，此窗口区域把网页结构展现出来，方便用户定位爬取内容，如图 4-20 所示。

网页标签	id	class	定位编号
html			0
HEAD			1
#text			2
BASE			3
+attributes			4
@href			5
#text			6
LINK			7
+attributes			8
@href			9
@rel			10
#text			11
LINK			12
+attributes			13
@href			14
@rel			15
#text			16
TITLE			17
#text			18
#text			19
META			20

图 4-20　网页结构窗口

谋数台在加载完网页后，网页结构就会显示出来，每一个网页元素显示成一行，包括网页标签、id、class、定位编号等 4 项信息。

网页结构和浏览器显示内容是关联的，当点击浏览器中被爬取内容时，网页结构窗口会自动定位到该内容所在行，并提示位置编号；反之，当选择网页结构中的一行时，浏览器中的相应内容会有闪烁的红框，可辅助用户精确定位爬取内容。

2. 工作台窗口

大部分定义爬取规则的操作都在此窗口完成，根据不同的目的，划分成 5 个页签窗口：命名任务、创建规划、爬虫路线、连续动作、搜规则。每个页签代表一个工作台。一般使用前面 3 个工作台，即可定义一个完整的爬取规则，而且通常按照顺序选择页签，如图 4-21 所示。

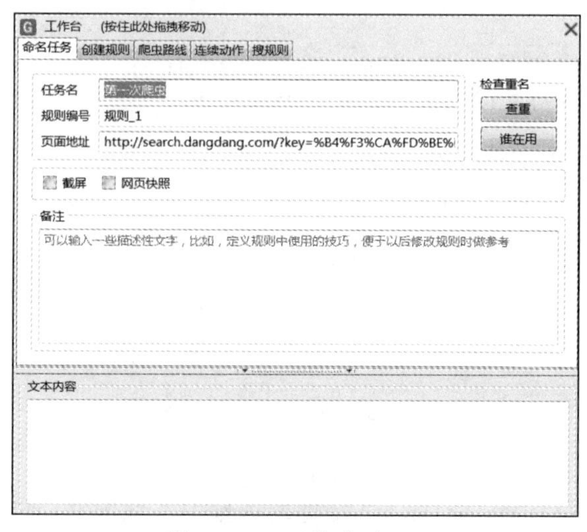

图 4-21　工作台窗口

① 命名任务工作台：给爬取规则起一个名字，方便以后查找。

② 创建规则工作台：给每个被爬取内容起个名字，存放在一个整理箱中，就像一张 Excel 数据表；然后告诉谋数台，这些内容从网页的什么位置获得；最后，谋数台就会自动生成爬取规则，在此工作台上，可立刻进行检验内容是否获取正确。

③ 爬虫路线工作台：拓展 DS 打数机爬取范围，DS 打数机可以像蜘蛛一样，从起始网页开始，顺着互联网这张网无限延伸，爬取有关联网页的数据。

④ 连续动作工作台：对爬取内容设置多个连续动作。

⑤ 搜规则工作台：可搜索已经完成的爬取规则，搜到以后可以加载到工作台上进行修改。

3. 显示窗口

用于查看定义的爬取规则和爬取结果，还可以通过浏览器查看网页内容。划分成 5 个页签窗口：浏览器、数据规则、线索规则、校验规则、输出信息。除浏览器窗口外，其他窗口都是做了相应操作以后才会有内容，如图 4-22 所示。

图 4-22　显示窗口

① 浏览器窗口：用于查看被爬取的内容，而且与网页结构窗口关联。

② 数据规则窗口：网页内容爬取是由一套数据规则完成的，谋数台自动生成，用户通过这个窗口查看。

③ 线索规则窗口：扩展爬行范围是由一套线索规则完成的，谋数台自动生成，用户通过这个窗口查看。

④ 校验规则窗口：生成的爬取规则是否有效是由一套校验规则检验的，谋数台自动生成，用户通过这个窗口查看。

⑤ 输出信息窗口：抓到的数据在这个窗口展示，其他操作的输出信息也展示在这个窗口。

4. 菜单栏

MS 谋数台的主菜单由规则、配置、工具和帮助组成，如图 4-23 所示。

图 4-23 菜单栏

（1）“规则”菜单

① 新建：为了定义一个新的爬取规则，重新建立一个工作台，原有工作台上的爬取规则将清空。

② 冻结页面：保持网页结构不变。有些网站在加载网页内容之后，还会与服务器实时通信，获得新数据，这样不仅会改变网页内容，还会改变网页结构。为了保持页面内容、结构不变，需要勾选冻结页面，确保定义爬取规则期间是稳定不变的。

③ 后续分析：在加载爬取规则时，有些样本网页的内容不是一次加载好，而是陆续加载；也有一些网页甚至要用鼠标点击才能看到需要的内容。如果所需内容还没有显示出来就去匹配爬取规则，会找不到对应爬取内容并报错。为避免报错，需要手工滚动浏览器屏幕或者做些点击操作，等待网页内容完全加载后，点击“后续分析”完成加载规则操作。

④ 刷新网页结构：如果出现“定位不到网页位置”这种情况，需要选择此命令，才能定位到爬取内容。

⑤ 分析页面：如果已经有一个爬取规则加载到工作台上，可输入一个新的网址，待加载完网页之后选择此命令，判断规则是否符合当前页面。

⑥ 转存到：将爬取规则从当前服务器转存到另一个服务器（主要针对企业版用户）。

⑦ 退出：退出 MS 谋数台。

（2）“配置”菜单

① 自动滚屏模式：有些网页在打开后，一个窗口页面往往无法显示全部数据，需要手动滚动鼠标或者拖动页面滚动条到底部来查看，勾选自动滚屏模式，可自动实现上述操作，确保数据能够被完整地爬取下来。

② 页面布局：分为固定工作台和移动工作台。如果用笔记本计算机，屏幕太小，可选择移动工作台。勾选固定工作台时，右边的工作台固定不可拖动；而勾选移动工作

台时，则工作台以悬浮式展现，网页结构窗口和显示窗口可任意调整比例。切换页面布局选项，效果会在重启 MS 谋数台后生效。

③ 账号管理：对用户登录进行管理，系统默认保存用户上次的登录账号，选择“账号管理”命令，用户可以自由切换不同账号进行登录。

④ 线索定位：在创建爬虫线索时，用户可以选择网页中的 id 或 class 来定位目标节点。系统提供了 6 种选择供用户对网页节点进行定位，如图 4-24 所示。

- 绝对定位：系统从网页最顶端一级开始定位目标节点的路径。
- 任何一个：系统根据网页结构选择用 id 或 class 定位目标节点路径。
- 偏好 id：系统偏好选择用 id 来定位目标节点的路径。
- 偏好 class：系统偏好选择用 class 来定位目标节点的路径。
- 只用 id：系统只选择用 id 定位目标节点路径。
- 只用 class：系统只选择用 class 定位目标节点路径。

图 4-24 线索定位

(3)“工具”菜单

① 加载规则：用户在创建规则爬取数据时，可能会出现爬取目标数据失败的情况。此时可以通过加载规则来分析失败的原因，每个爬取失败的网页会生成对应的线索号，因此用户可以选择按线索号或者按主题名来加载失败网页对应的规则。

② 切换规则：有些网页结构比较复杂，爬取目标数据可能需要在同一个主题下创建不同的规则，那么在分析页面的时候，使用切换规则按钮可以实现规则间的自由切换。

③ 开发者工具：如果谋数台自动生成的爬取规则无法满足要求，用户可以自己编写 JavaScript 代码控制集搜客网络爬虫。在正式使用自定义代码前，使用工具测试代码是否正确。

④ 测试页面 JS：不需要特殊运行环境，只要是标准的 JavaScript 代码，就能在这个窗口进行测试，例如，用 XPathEvaluator 从网页上爬取一些内容。

⑤ 测试插件 JS：需要调用集搜客网络爬虫特有的网页爬取功能，这些功能以 JavaScript 对象的方式开放给用户。

⑥ 自定义爬虫循环：打数机有一套循环运行机制，如果想增强它的能力，例如爬取瀑布流网页或者网页版 QQ 聊天内容，需要在大循环中套小循环，那么在这个窗口中测试小循环的正确性。

⑦ 查看命名空间：有些网页内容不是标准的 HTML 内容，而是 SVG 图表上的数据，或者其他格式的数据，它们分属不同于 HTML 的命名空间，本命令可以统计样本页面上出现的所有命名空间。

(4)“帮助”菜单

① 手册：链接到集搜客网络爬虫用户手册。

② 下载：链接到集搜客网络爬虫下载页面。

③ 主页：链接到集搜客大数据能力开放平台首页。

④ 关于：查看集搜客网络爬虫软件版本信息。

5. 工具栏

工具栏位于菜单栏的下面（见图 4-25），用户通过工具栏执行多种操作。

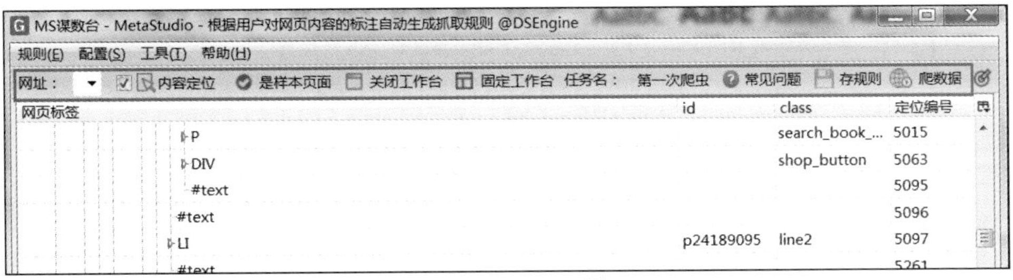

图 4-25　工具栏

① 网址输入框：输入一个网址，按【Enter】键，就能在显示窗口看到显示的内容，这个网页称为样本页面，用户可以在其上定义爬取规则。

② 内容定位：勾选此复选框以后，就不再允许网页跳转了，点击网页上的超链接，会提示这个超链接在网页上的定位编号，而不会跳转到新网页，确保定义爬取规则时样本页面不变。

③ 是样本页面：定义爬取规则时，样本页面不能换，如果换了，这个标志会变成红色，提醒用户不能再定义爬取规则。

④ 存规则：单击此按钮，把定义好的规则保存下来，供 DS 打数机使用该规则爬取数据。

⑤ 爬数据：单击此按钮，启动 DS 打数机爬取数据。

6. 状态栏

状态栏用于显示谋数台的运行状态，如图 4-26 所示。

图 4-26　状态栏

① 左边显示 MS 谋数台的执行状态，执行某些复杂操作时，显示的状态会不断变化，代表计算过程和结果。例如，加载完样本页面时，会显示“完成”，通知用户做爬取规则。

② 右面显示与服务器的连接状态。当图标为绿色时，说明服务器正常连接；当图标为红色时，说明服务器无法正常连接，这样就不能保存规则，出现该状态的原因有 3 种：服务器地址输入错误、网络不畅、服务器有问题。

4.2.3　集搜客的基本功能

1. 集搜客术语

（1）直观标注

在网页上，双击想采集的内容，会弹出一个标签，给标签取名字。把所有要采集的内容逐个标注，不分先后顺序，如图 4-27 所示。

图 4-27　直观标注效果

（2）整理箱

采集到的内容要存到一个表格里面，这个表格就称为整理箱，表示“把网页上的内容整理好，存在一个箱子中”。整理箱就在工作台窗口，单击“创建规则”选项卡即可进入整理箱操作区。直观标注的内容就显示在整理箱中，因此，根据图 4-27 得到的结果如图 4-28 所示。

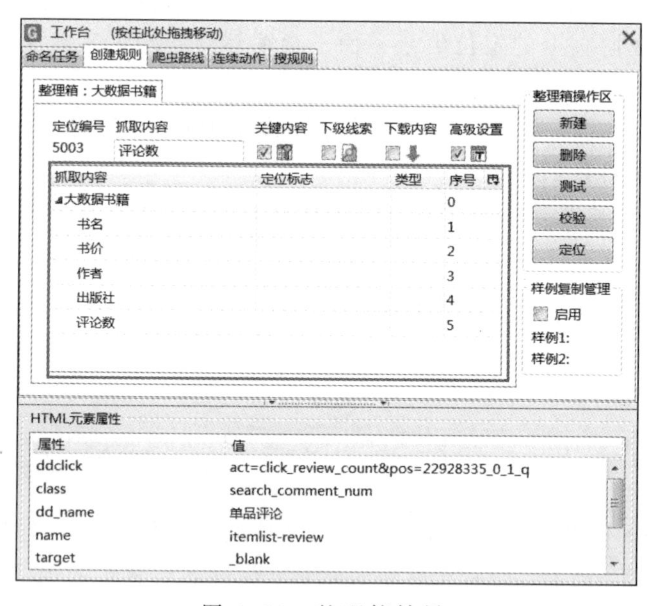

图 4-28　整理箱结果

（3）映射

映射表示把网页上的内容与整理箱中的标签建立联系。标注过程就是建立映射关系，有了这个关系，网络爬虫就知道从哪里采集数据并存储到哪里。

2. 集搜客的基本功能

通过集搜客爬取指定页面上所需要的信息，其基本功能操作的流程如图 4-29 所示。下面详细介绍利用集搜客采集网页数据、采集列表数据和翻页采集列表数据的基本功能的操作过程。

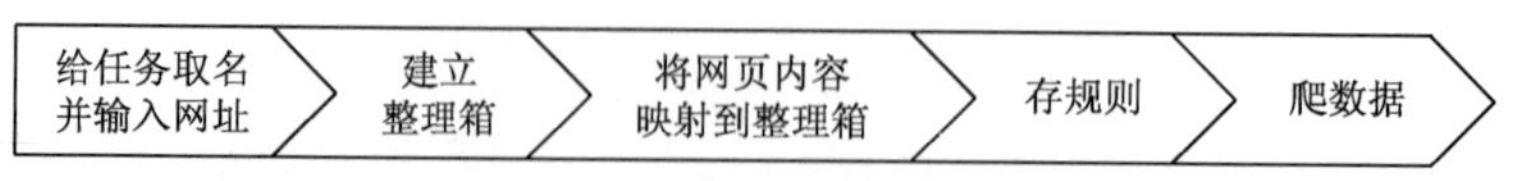

图 4-29　基本功能操作的流程

（1）采集网页数据

以当当网作为案例演示使用直观标注的功能采集网页数据。操作步骤如下：

① 打开网页。首先，在工作台中输入任务名，然后单击“查重”按钮，提示“该名可以使用”或“该名已被占用”，如果显示后者就可以使用这个任务名，否则需要重命名。然后，输入网址并按【Enter】键（网址为 http://search.dangdang.com/?key=%B4%F3%CA% FD%BE%DD&act= input，也可在当当网上以关键字“大数据”进行搜索，将搜索结果的网址进行复制、粘贴）。最后，单击“创建规则”选项卡，新建整理箱并取名，如图 4-30 所示。

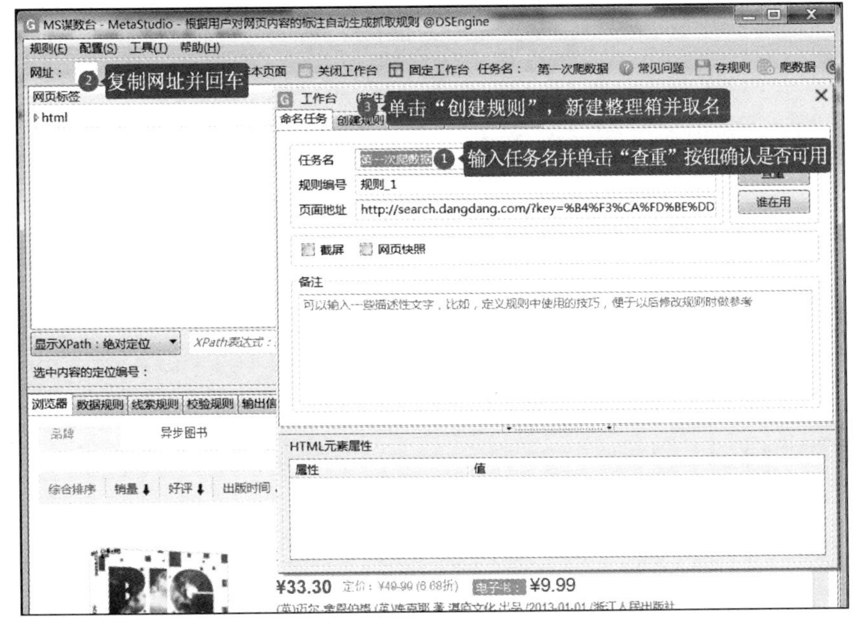

图 4-30　第①步效果图

② 标注需要采集的信息。标注是针对网页的文本信息来操作的，双击目标信息就会将其选中，在弹出的小窗中输入标签名，输入完成后单击“√”按钮或按【Enter】键。在第①步的显示窗口中，对第一条显示的信息双击书名、书价、作者、评论数和出版社，并在弹出的相应输入框中输入书名、书价、作者、评论数和出版社，输入完成后单击“√”按钮或按【Enter】键，如图 4-31 所示。

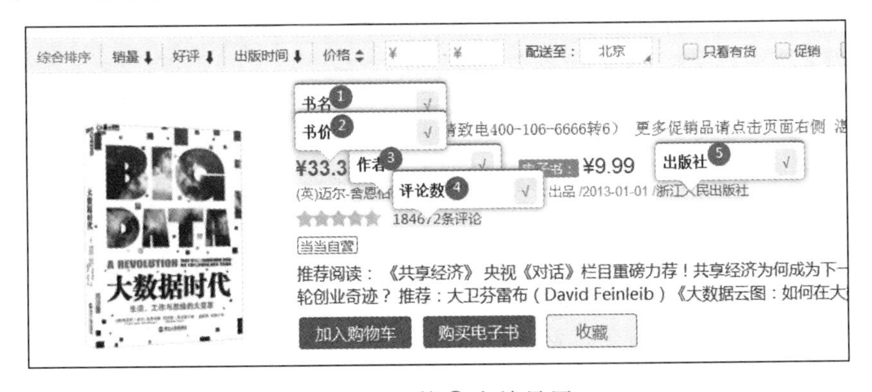

图 4-31　第②步效果图

③ 存规则，抓数据：

- 单击整理箱操作区的“测试”按钮，检查信息是否符合要求。如果不符合，可右击整理箱的标签将其删除，再重新标注。
- 单击工具栏中的“存规则”按钮。
- 单击工具栏中的“爬数据”按钮，弹出 DS 打数机开始采集数据，测试采集规则是否有效，如图 4-32 所示。

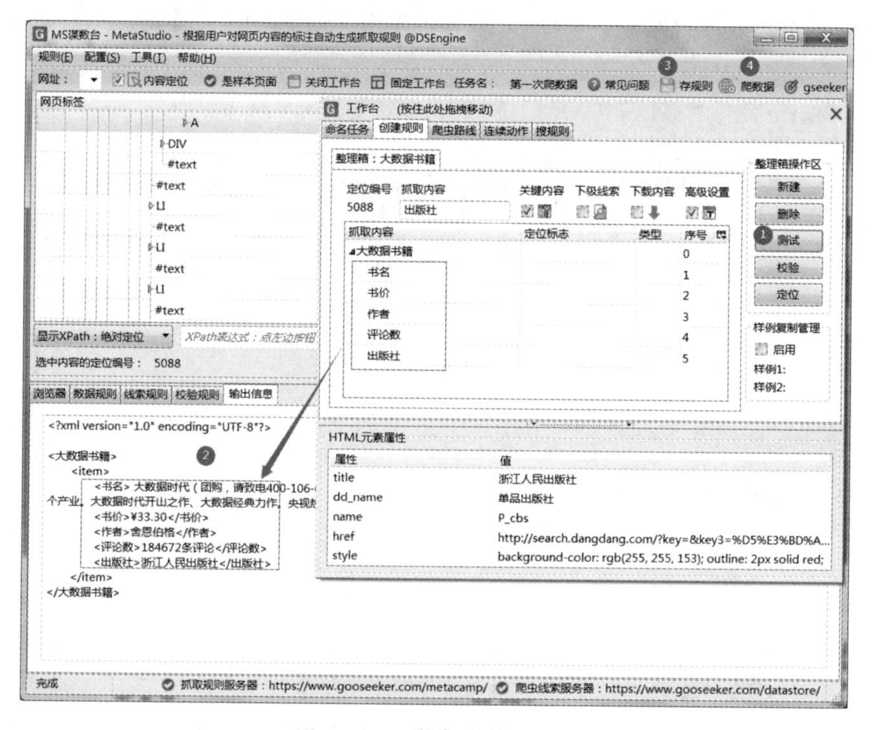

图 4-32 第③步效果图

④ 查看数据。采集成功的数据会以 xml 文件的形式保存在 C 盘下 DataScraperWorks 文件夹中，如图 4-33 所示。

图 4-33 第④步效果图

⑤ 将 XML 文件转换为 Excel 文件。

- 导入 XML 文件。切换到主界面，单击用户名旁的下拉列表按钮，选择“任务管理”选项（见图 4-34），进入“任务管理”界面。在“任务管理”界面中，单击“数据”按钮，再单击“导入 XML”按钮（见图 4-35），打开“导入 XML”对话框。在“导入 XML”对话框中，单击“附件”按钮选中第④步得到的 XML 文件，单击“导入”按钮完成导入，如图 4-36 所示。

- 导出 Excel 文件。单击“导出数据”按钮打开“数据导出记录”对话框，找到需要下载的数据，单击“下载”按钮即可得到一个压缩文件。压缩文件就是该 XML 文件对应的 Excel 文件，过程如图 4-37 ~ 4-39 所示。

图 4-34　第⑤步效果图（一）

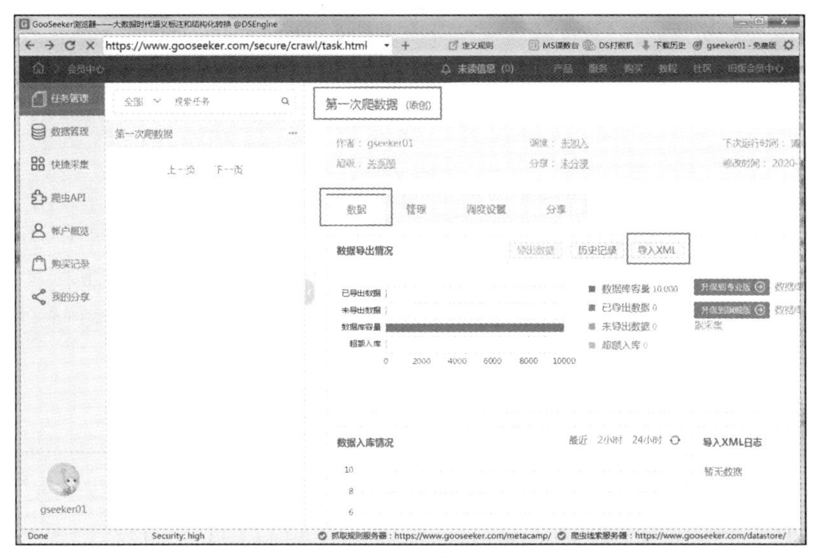

图 4-35　第⑤步效果图（二）

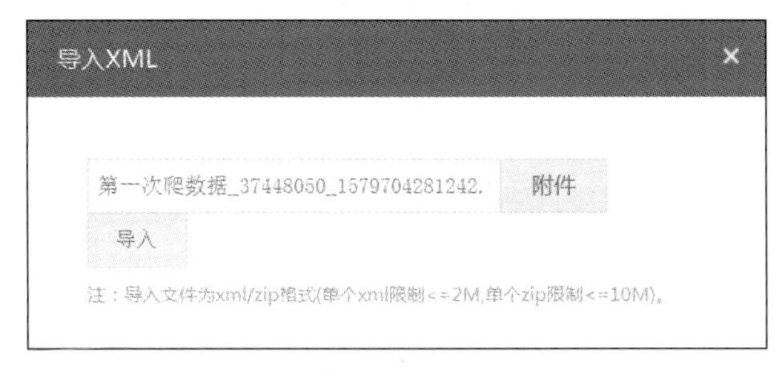

图 4-36　第⑤步效果图（三）

图 4-37　第⑤步效果图（四）

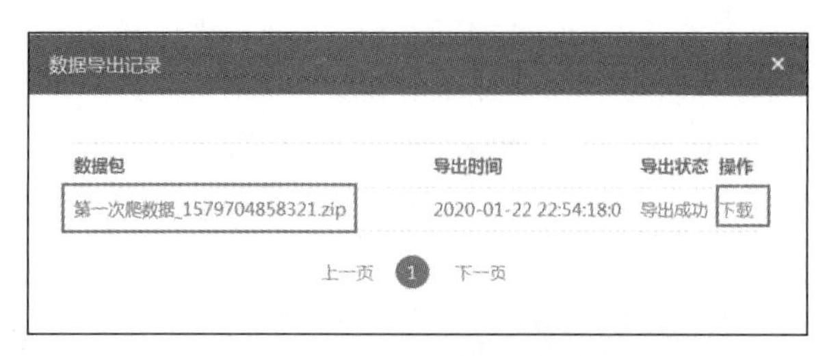

图 4-38　第⑤步效果图（五）

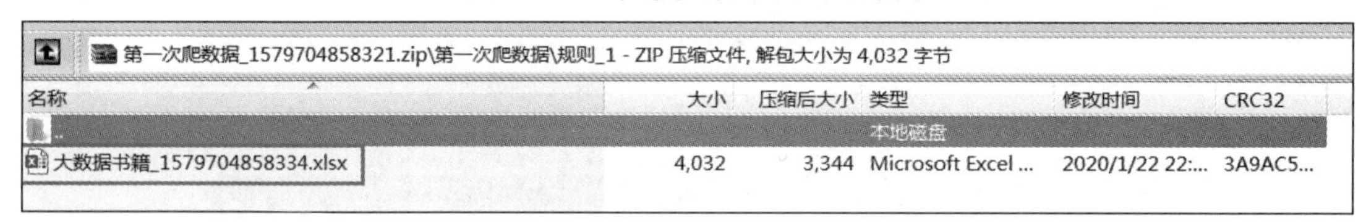

图 4-39　第⑤步效果图（六）

（2）采集列表数据

采集列表数据

采集列表数据时，要求网页上显示的信息结构相同，其中一条信息称为一个样例。例如，表格中的每一行就是一个样例，百度搜索结果中的每个结果也是一个样例。具有两个样例以上的网页，作样例复制映射就能把整个列表都采集下来，下面以当当网作为案例演示采集列表数据。操作步骤如下：

①和②：这两步与采集网页数据相同。

③：样例复制。

首先，作第一个样例复制映射，步骤如下：

- 在工作台窗口，选中整理箱“大数据书籍”，然后选中“整理箱操作区”下面的“启用”复选框，如图 4-40 所示。

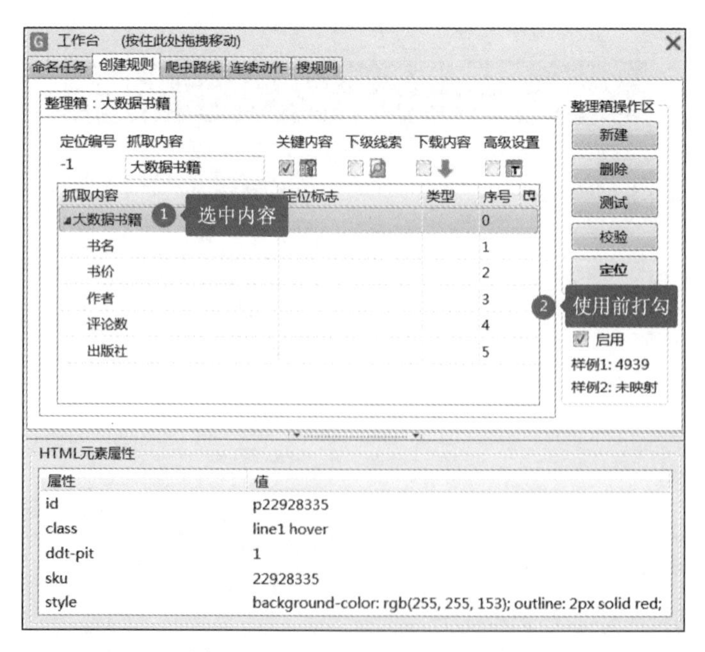

图 4-40　样例复制映射准备

- 单击第一个样例或第一个样例中的任一内容，可以看到，在 DOM 窗口，光标自动定位到了一个节点，右击这个节点，选择“样例复制映射”→“第一个”命令，如图 4-41 所示。

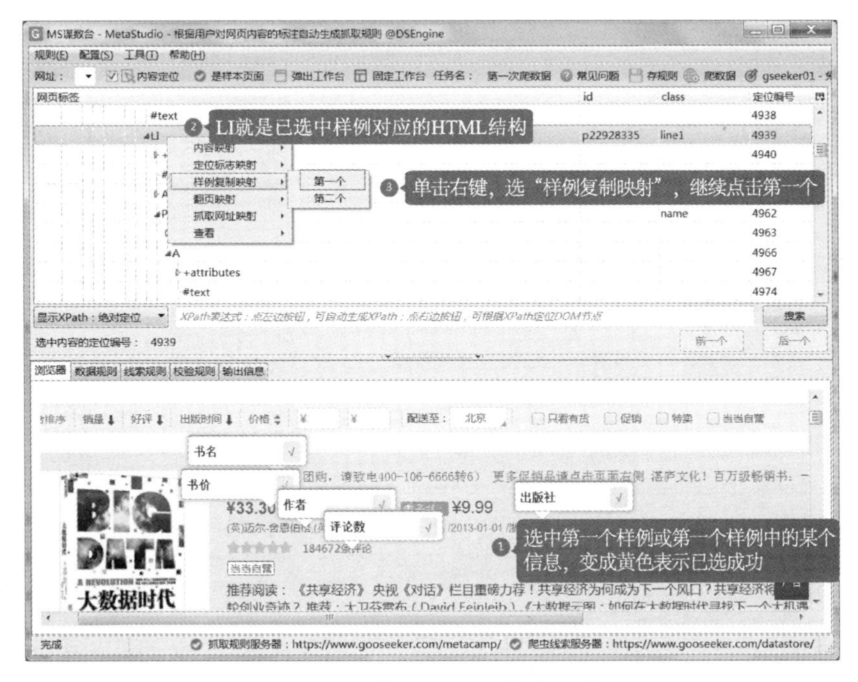

图 4-41　第一个样例复制映射

- 打开工作台窗口，可以看到样例 1 后面的编号就自动变成了刚才确定的样例的编号，说明成功完成了前两步操作，如图 4-42 所示。

图 4-42　第一个样例复制映射结果

然后，做第二个样例复制映射，步骤如下：

- 单击第二个样例中的任意内容，在 DOM 窗口，光标自动定位到了一个节点，右击这个节点，选择“样例复制映射”→“第二个”命令，如图 4-43 所示。
- 打开工作台窗口，可以看到样例 2 后面的编号就自动变成了刚才确定的样例的编号，说明成功完成了操作，如图 4-44 所示。

图 4-43　第二个样例复制映射

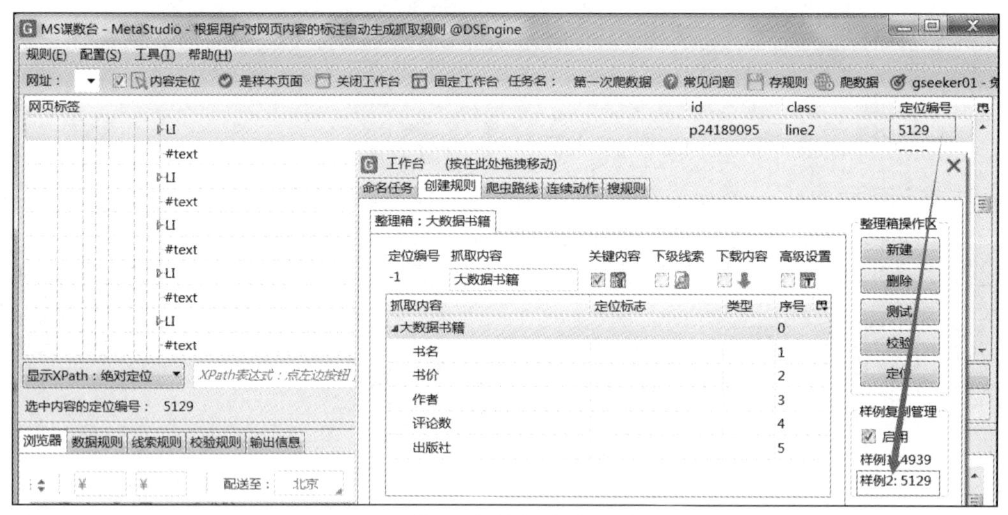

图 4-44　第二个样例复制映射结果

④ 存规则，爬取数据。

- 规则测试成功后，单击工具栏中的“存规则”按钮。
- 单击工具栏中的“爬数据”按钮，弹出 DS 打数机，开始爬取数据。
- 采集成功的数据会以 XML 文件的形式保存在 C 盘下的 DataScraperWorks 文件夹中。
- 将 XML 文件转化为 Excel 文件。方法在前面已作详细介绍，最终得到的结果如图 4-45 所示。

翻页采集列表

（3）翻页采集列表

翻页采集列表是指采集具有一页以上的列表网页数据。翻页采集列表需要设置翻页，这样 DS 打数机才能自动翻页采集数据。选取一个具有翻页的样本网址来做规则，就可以用这个规则来批量采集同类网址的数据（一页或多页都适用）。

	A	B	C	D	E
1	书名	书价	作者	评论数	出版社
2	大数据时代（团购	¥33.30	舍恩伯格	184672条评论	浙江人民出版社
3	大数据架构详解：	¥47.60	罗华霖	7579条评论	电子工业出版社
4	大数据思维与决策	¥35.30	Ayres	8760条评论	人民邮电出版社
5	Hadoop权威指南	¥116.90	王海	8069条评论	清华大学出版社
6	大数据时代下半场	¥54.40	吉多.肯珀	1035条评论	北京联合出版有限公司
7	从大数据到巨额利	¥51.00	王正林	111条评论	广东人民出版社
8	区块链与大数据：	¥46.50	武源文	6777条评论	人民邮电出版社
9	区块链+大数据：	¥35.40	蔡宗辉	708条评论	机械工业出版社
10	Spark快速大数据	¥46.50	Karau	6514条评论	人民邮电出版社
11	当大数据遇见物联	¥74.20	莫雷伊	174条评论	清华大学出版社
12	大数据技术概论 和	¥27.60	徐东雨	403条评论	清华大学出版社
13	数据化决策（精装	¥52.30	哈伯德	3024条评论	广东人民出版社
14	爆发：大数据时代	¥52.30	拉斯洛·巴拉	2791条评论	北京联合出版有限公司
15	大数据预测：告诉	¥45.80	周大昕	538条评论	中信出版社
16	从大数据到智能制	¥35.50	倪军	3370条评论	上海交通大学出版社
17	大数据挖掘：系统	¥54.50	卓金武	1902条评论	机械工业出版社
18	大数据时代营销人	¥46.60	Artun	318条评论	电子工业出版社
19	决战大数据（升级	¥42.60	湛庐文化	2707条评论	浙江人民出版社
20	大数据搜索与挖掘	¥40.70	岳重阳	59条评论	清华大学出版社
21	大数据与数据仓库	¥54.50	Krish	301条评论	机械工业出版社
22	大数据分析与算法	¥50.20	Rajendra	178条评论	机械工业出版社
23	大数据时代的隐私	¥37.90	西奥多·克莱	601条评论	上海科学技术出版社
24	Python金融大数据	¥66.40	姚军	6655条评论	人民邮电出版社
25	Python金融大数据	¥70.90	房宇亮	378条评论	机械工业出版社
26	女士品茶：大数据	¥36.00	刘清山	9083条评论	江西人民出版社
27	大数据伦理：平衡	¥17.20	赵亮	113条评论	东北大学出版社
28	人力资源与大数据	¥46.50	Fitz	3896条评论	人民邮电出版社
29	大数据与人工智能	¥62.40	王露瑶	709条评论	人民邮电出版社
30	大数据导论 大数据	¥30.70	王文	397条评论	清华大学出版社
31	大数据分析计算机	¥36.30	王成章	243条评论	中国人民大学出版社
32	大数据架构之道与	¥59.20	郑智民	129条评论	清华大学出版社

图 4-45　爬取的数据

以当当网作为案例演示翻页采集列表，操作步骤如下：

①②和③：与采集列表数据相同。

④：设置翻页。设置翻页包括两个步骤：设置翻页区和设置翻页记号。

- 设置翻页区。在当前页面，单击翻页区，发现整个翻页区变黄了，而且在 DOM 窗口，光标自动定位到了 DIV 节点，右击这个节点，选择“翻页映射”→“作为翻页区”→“线索 1”（新建线索）命令，如图 4-46 所示。新建线索完成后，工作台与刚才确定的翻页区就建立了映射，如图 4-47 所示。

图 4-46　设置翻页区

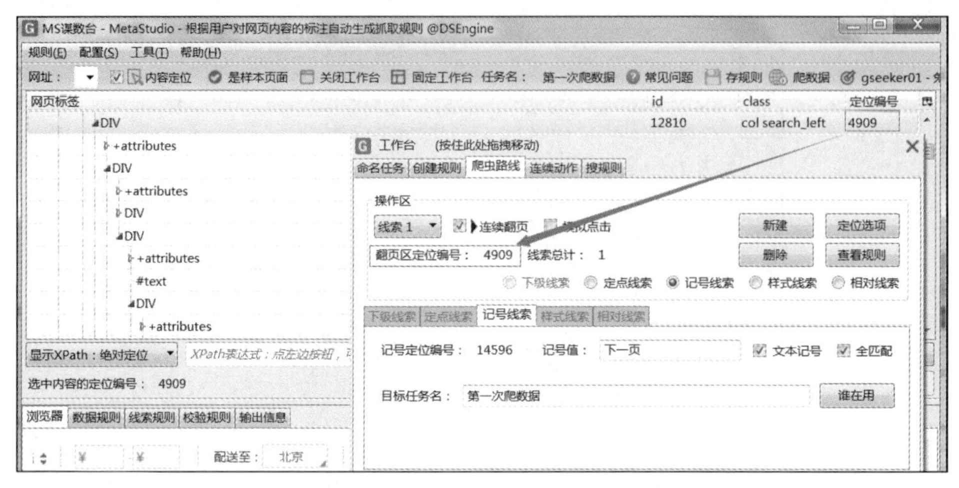

图 4-47　工作台与翻页区建立的映射

- 设置翻页记号。在当前网页，单击翻页按钮“>”，在 DOM 区，光标自动定位到 A 节点，点开 A 节点，寻找 text 节点，右击 text 节点，选择“翻页映射”→“作为翻页记号”命令，如图 4-48 所示。翻页记号设置完成后，工作台与刚才确定的翻页记号就建立了映射，如图 4-49 所示。

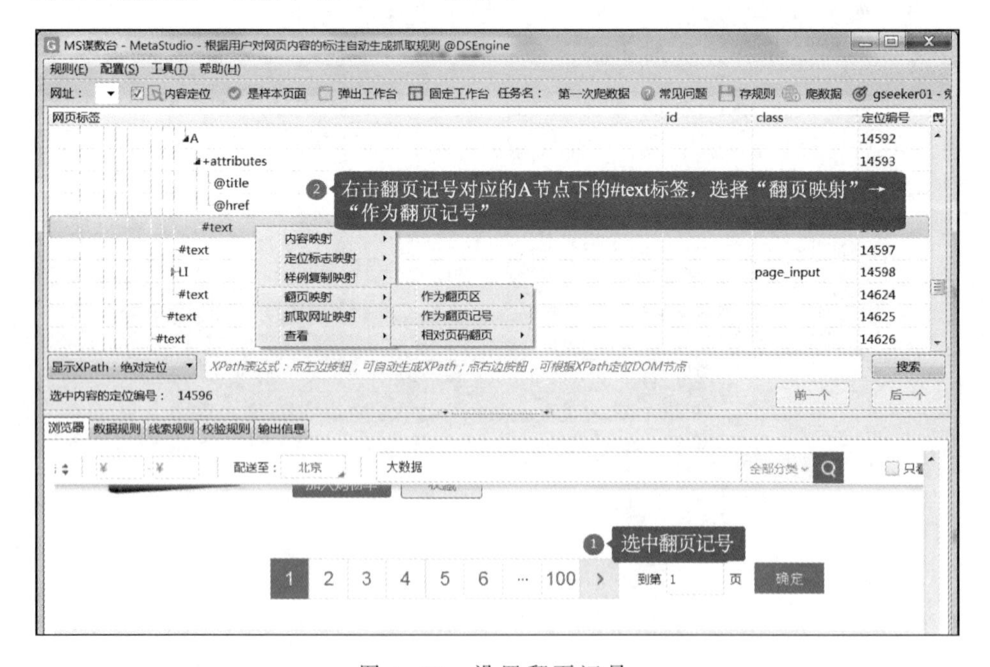

图 4-48　设置翻页记号

⑤ 存规则，爬取数据。单击工具栏中的“存规则”按钮，保存规则；单击工具栏中的“爬数据”按钮，启动采集，在 DS 打数机里看翻页是否成功。如果翻页采集成功，在本地 C 盘下 DataScraperWorks 文件夹中会生成多个 XML 文件，每一页对应一个 XML 文件，如图 4-50 所示。最后，如需将 XML 文件转化为 Excel 文件，只要用前面介绍的方法。

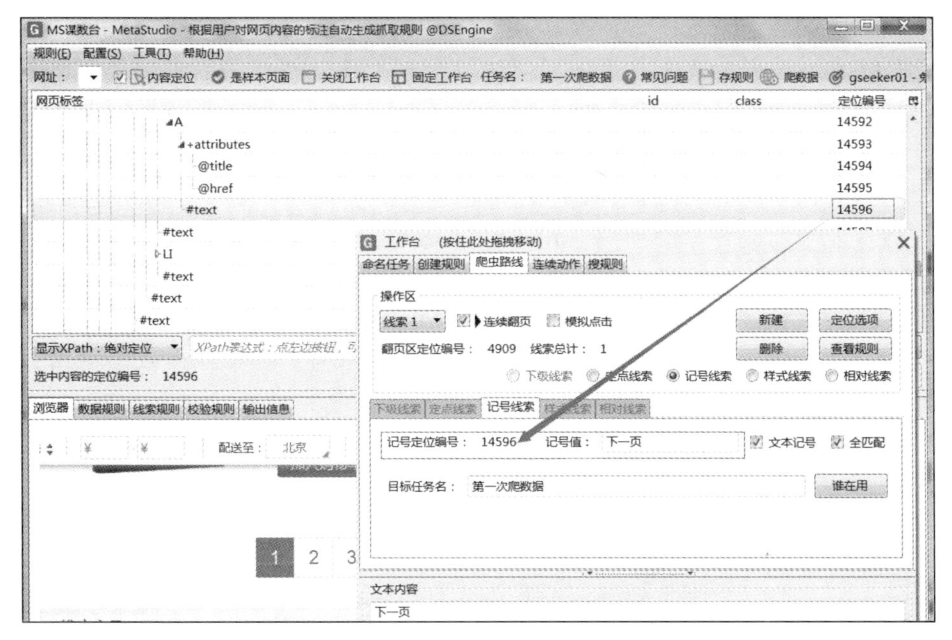

图 4-49 工作台与翻页记号建立的映射

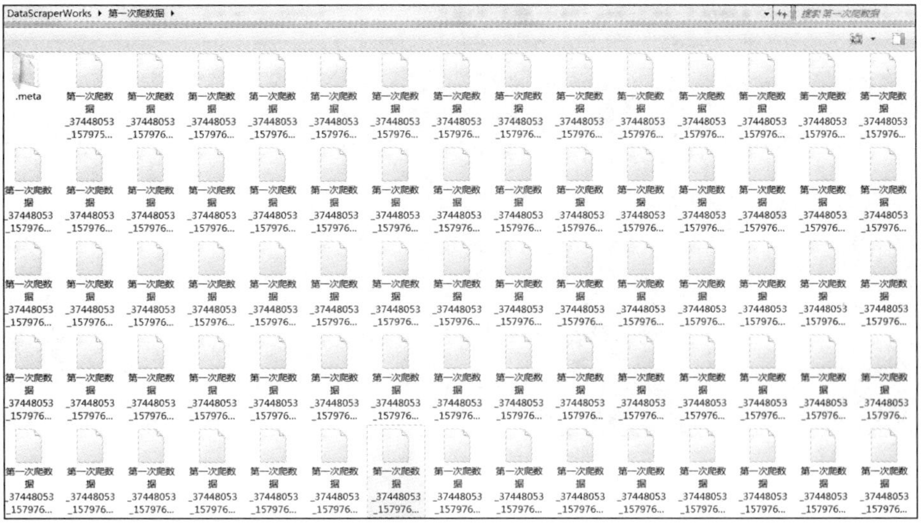

图 4-50 翻页采集列表数据结果

4.3 八 爪 鱼

八爪鱼采集器是任何一个需要从网页获取信息的采集网站必备的一款神器。八爪鱼转变了传统对于网络上数据的思维方法，它让用户在网上爬取数据更加简单和容易。

八爪鱼网页数据采集系统以完全自主研发的分布式云计算平台为核心，可以在很短的时间内，轻松从各种不同的网站或者网页获取大量的规范化数据，帮助任何需要从网页获取信息的客户实现数据自动化采集、编辑、规范化，摆脱对人工搜索及收集数据的依赖，从而降低获取信息的成本、提高效率。八爪鱼已经被广泛应用到政府、高校、企业、银行、电商、科研、汽车、房产、媒体等众多行业及领域。八爪鱼具有以下特点：

① 操作简单，任何人都可以用。无须技术背景，会上网就能采集。完全可视化流程，通过鼠标完成操作，两分钟即可快速入门。

② 功能强大，任何网站都可以采集。对于点击、登录、翻页、识别验证码、瀑布流、Ajax 脚本异步加载数据的网页，均可经过简单设置进行采集。

③ 云采集，关机也可以。配置好采集任务后可关机，任务可在云端执行。庞大的云采集集群 7×24 小时不间断运行，不用担心 IP 被封，网络中断。

④ 功能免费+增值服务，可按需选择。免费版具备所有功能，能够满足用户的基本采集需求。同时设置了一些增值服务（如私有云），可满足高端付费企业用户的需要。

4.3.1 八爪鱼软件的安装和注册

1. 八爪鱼安装

（1）下载八爪鱼安装包

在浏览器中输入 https://www.bazhuayu.com/进入官网，如图 4-51 所示。单击“免费下载”按钮（见图 4-51）进入下载界面，单击“下载全新 V8.0”按钮，如图 4-52 所示。下载完成后，得到如图 4-53 所示的压缩文件。

图 4-51 八爪鱼官网

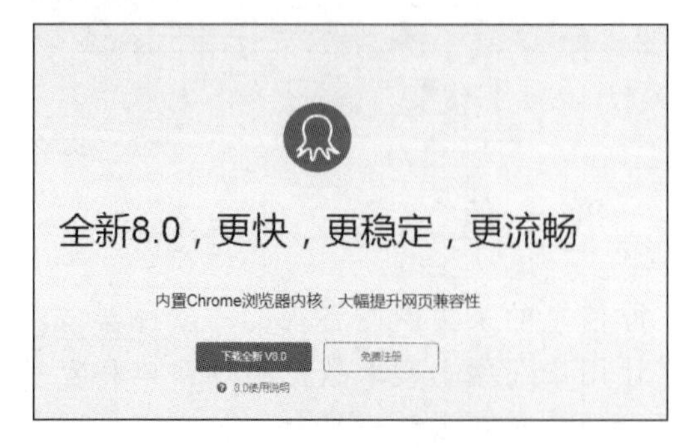

图 4-52 点击下载全新 V8.0

图 4-53 八爪鱼安装包

（2）安装八爪鱼

① 解压八爪鱼安装包，如图 4-54 所示。

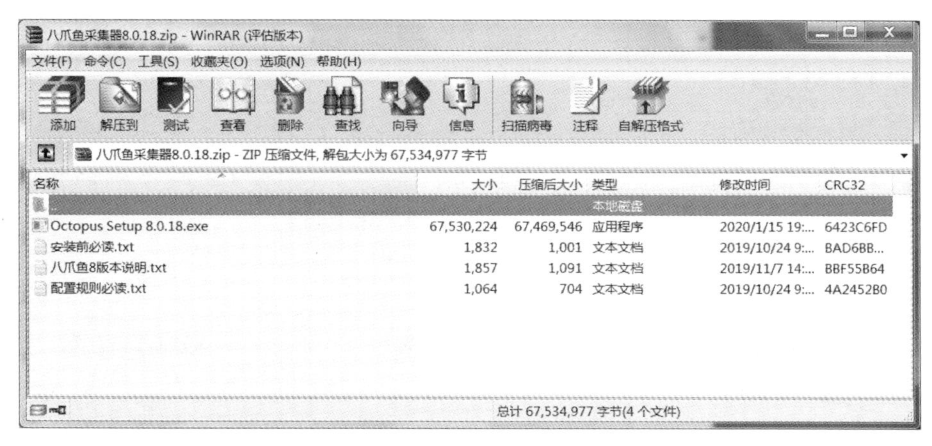

图 4-54　解压八爪鱼安装包

② 分别查看“安装前必读”、“八爪鱼 8 版本说明”和“配置规则必读”，这些文件提供了极其重要的信息，对操作八爪鱼至关重要。

③ 双击 Octopus Setup8.0.18.exe 文件进行安装，安装过程如普通软件一样，向导式，一步一步单击“下一步”按钮，直至完成。

2. 八爪鱼注册

在使用八爪鱼采集器和官网登录时，首先需创建八爪鱼账号。注册账号可在官网直接免费注册，也可打开八爪鱼采集器免费注册。

（1）官网注册

在浏览器地址栏中输入 www.bazhuayu.com，进入官网后单击右上角的“注册”按钮，在弹出的对话框中输入相关信息即可完成注册，如图 4-55 所示。

图 4-55　官网注册

（2）采集器中注册

① 打开八爪鱼采集器，单击“免费注册”选项，如图 4-56 所示。

② 填写好相关信息，单击“注册”按钮创建账户。单击“继续”按钮，到注册邮箱查收邮件并进行激活，如图 4-57 所示。

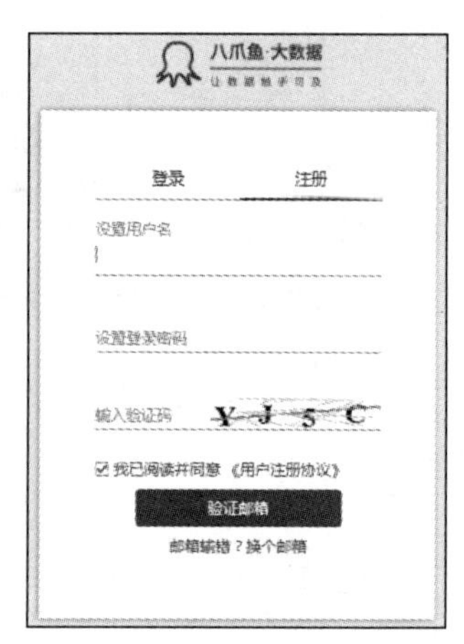

图 4-56　八爪鱼采集器注册

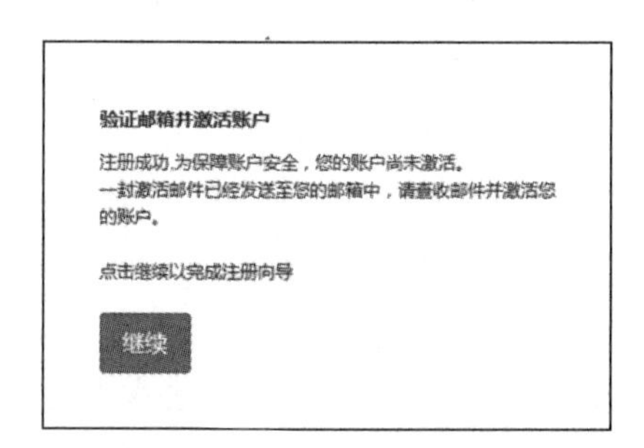

图 4-57　激活账号

3. 八爪鱼登录

打开八爪鱼采集器软件，输入用户名和密码，单击“登录”按钮。登录后进入主界面，如图 4-58 所示。主界面主要由三部分组成，分别是热门采集模板、教程和主菜单。

图 4-58　八爪鱼主界面

4.3.2　八爪鱼界面

用户登录完成后，单击“新建”按钮（见图4-59），在弹出的快捷菜单中选择“自定义任务”打开“新建任务”对话框，如图4-60所示。按照向导就可以开始采集数据。

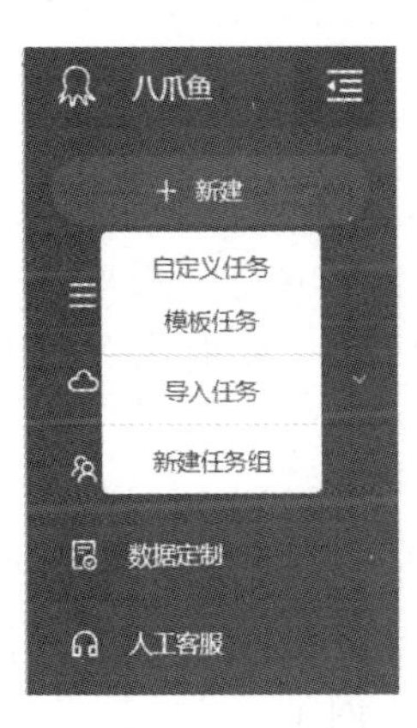

图4-59　新建按钮下拉菜单

图4-60　“新建任务”对话框

4.3.3　八爪鱼的基本功能

八爪鱼采集数据的核心原理是模拟人浏览网页、复制数据的行为，通过记录和模拟人的一系列上网行为，代替人眼浏览网页，代替人手工复制网页数据，从而实现自动化从网页采集数据，然后通过不断重复一系列设置的动作流程，实现全自动采集大量数据。

八爪鱼提供了自定义模式、向导模式、智能模式和简易模式4种采集模式，可根据不同需求选择不同模式。它们的关系如图4-61所示。

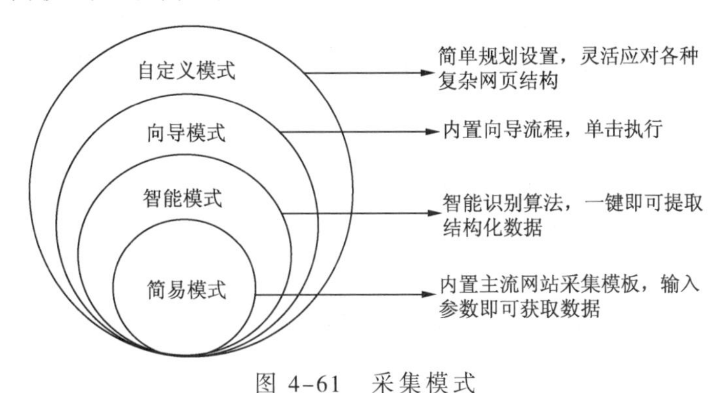

图4-61　采集模式

1. 八爪鱼常用术语

（1）积分

积分是用来支付八爪鱼增值服务的一种方式，在八爪鱼采集器采集数据后，用来导出数据。免费版导出数据需要积分，专业版及以上导出数据无限制。积分可以单独购买，也可以通过签到、完善个人资料、绑定社交账号等多种方式获得。

（2）规则

规则（也称任务）是八爪鱼规则配置程序记录人工操作流程、展现在八爪鱼客户端并能进行导入导出操作的一个程序脚本。当一条规则配置好之后，八爪鱼即可按照所配置的规则自动进行数据采集，代替人工采集。

（3）云加速

八爪鱼系统采用分布式集群部署的方式，每个集群由数量庞大的云节点组成，单个节点的采集能力相当于一台 PC 的采集能力。通过八爪鱼后台的版本资源分配策略，分配到多少个云节点资源就享有几倍的加速，版本高的账户有更高的加速倍数。

（4）云优先

如果是多用户共享一个云集群的资源，一个集群的规模大小是有上限的，如果同一时间提交云集群任务过多，造成资源拥堵，那么根据用户账号版本的不同，八爪鱼系统会进行默认排序，版本高的优先级高，将有优先获得资源分配的权益。暂时未分配到资源的任务将进行排队轮候。

（5）URL

URL（Uniform Resource Locator，统一资源定位器）用来指出某一项信息的所在位置及存取方式；进一步来说，URL 就是在 WWW 上指明通信协议以及定位网络上各式各样的服务功能。简单地说，URL 就是 WWW 服务器主机的地址，也称网址。

（6）本地采集

本地采集是指不占用云集群的资源，只能通过八爪鱼客户端所在的 PC 进行工作。在工作期间，需要计算机和软件都处于运行状态，电源中断或者网络中断都会导致数据采集任务中断。

（7）云采集

云采集是指通过使用八爪鱼提供的服务器集群进行工作，该集群是 7×24 小时的工作状态，在客户端将任务设置完成并提交到云服务进行云采集之后，可以关闭软件，关闭计算机进行脱机采集，真正实现无人值守。除此之外，云采集通过云服务器集群的分布式部署方式，多节点同时进行作业，可以提高采集效率，并且可以高效地避开各种网站的 IP 封锁策略。

（8）定时采集

定时采集指用户在设置好八爪鱼的采集规则后，设置在云采集集群上定时运行该任务。任务会根据定时设置的时间周期性多次运行，支持实时采集。

（9）URL 循环

URL 循环是指循环采集一批 URL 网址中的数据，如图 4-62 所示。

2．八爪鱼的基本功能

八爪鱼是一个强大易用的互联网数据采集平台，能简单快速地将网页数据转换为结构化数据，存储为 Excel 或数据库等多种形式，并且提供基于云计算的大数据云采集解决方案。八爪鱼不但可以采集文本、图片、视频和源码等数据，还能采集商品评论类数据、企业信息类数据。

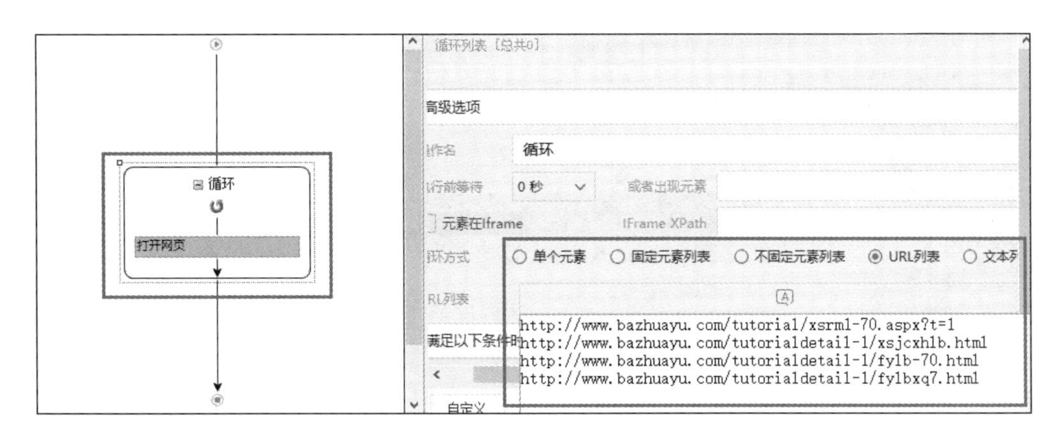

图 4-62 URL 循环

下面详细介绍如何利用八爪鱼采集单网页数据、单网页列表详情页、创建循环列表、分页列表信息、分页列表详细信息的基本操作过程。

采集单网页数据

（1）采集单网页数据

采集单个网页上的数据仅需要“打开网页”和“提取数据”两步。例如，示例网站是一则新闻信息，需要提取这则新闻。

① 打开网页。登录八爪鱼 8.0 采集器，单击左上角的“+”按钮，选择“自定义任务”命令，进入任务配置页面。然后输入网址（https://sports.sina.com.cn/china/j/2021-02-03/doc-ikftpnny3575897.shtml），单击“保存设置”按钮，如图 4-63 所示。完成之后，系统会进入流程设计页面并自动打开前面输入的网址。

图 4-63 任务配置

网页打开后，可以对任务名进行修改，不修改则默认以网页标题命名。在运行采集前可随时修改任务名，如图 4-64 所示。

图 4-64　打开网页的界面

② 提取数据。在网页中，直接单击选中需要提取的数据，窗口右上角就会有对应的智能提示。假设需要在新闻页中提取的数据为新闻标题、日期、出处、责任编辑、关键字，如图 4-65 所示。

图 4-65　采取的数据

爬取数据设置好后单击图 4-65 右侧智能提示框中的“保存并开始采集”选项，采集完成后得到的数据如图 4-66 所示。采取的数据对应的字段名是系统默认自动生成的。

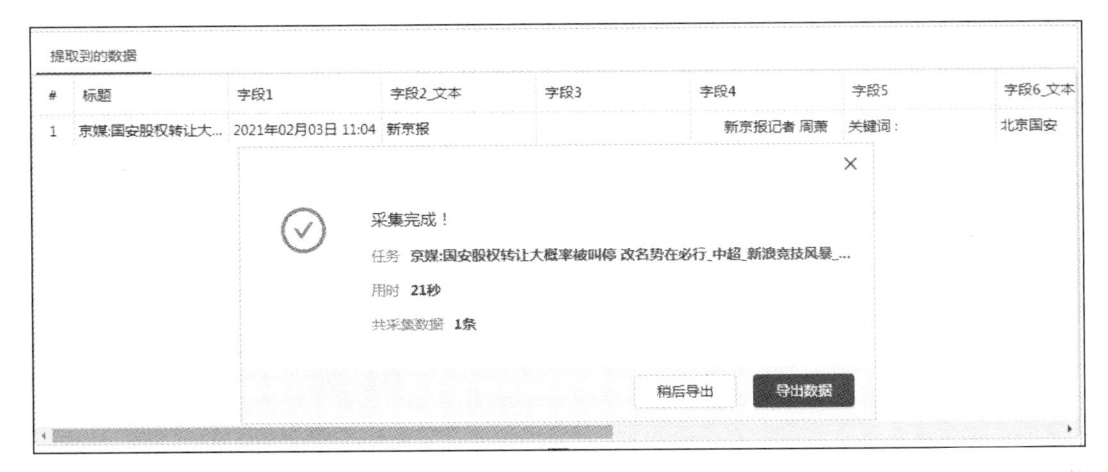

图 4-66　数据采取完成

为了使得采集的数据更加符合需求，在单击“保存并开始采集前”单击右上角的“流程”按钮进入流程页面，对字段名进行修改。首先，选中要修改的字段名，此时下拉列表框中会有备选字段名，可直接选取使用。如果没有就输入新的字段名。修改好字段名后，单击“确定”按钮进行保存，保存后即可运行采集，如图 4-67 所示。另一种方法是可通过右上角的“数据预览”对相应字段名进行修改，如图 4-68 所示。

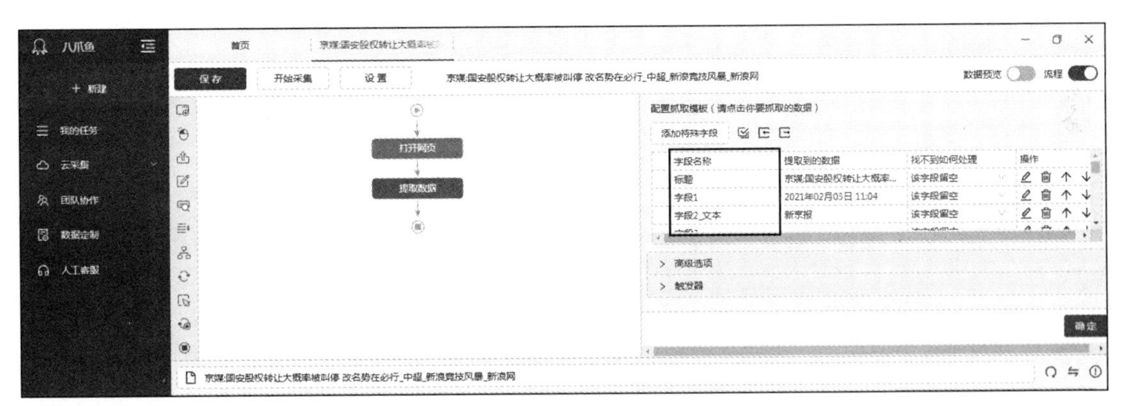

图 4-67　流程页面修改字段名

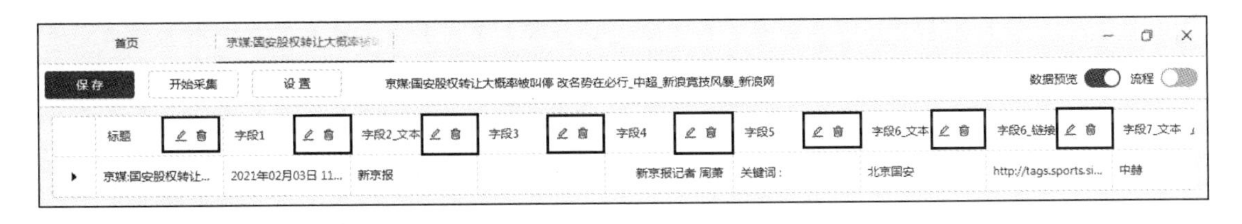

图 4-68　数据预览修改字段名

采集完成后，可选择不同格式如 Excel、CSV、HTML 等格式导出数据库，如图 4-69 所示。数据导出后可进入数据存放文件夹内查看数据，文件默认以任务名命名。

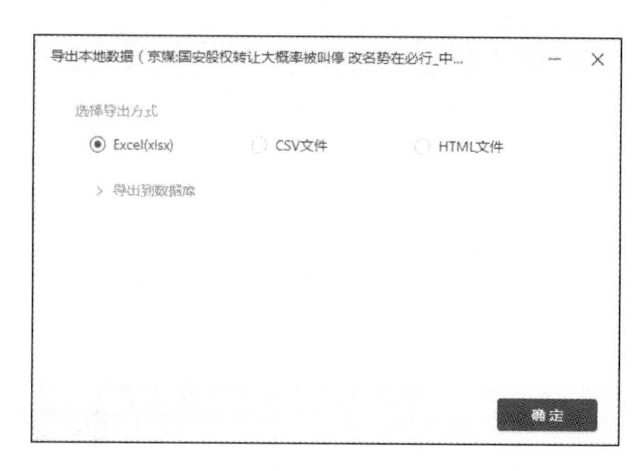

图 4-69　数据导出

（2）创建循环列表

循环列表创建有两种创建方式：选中第一个，智能提示单击“选中全部”；选中第一个，再选中第二个，智能提示“选中子元素”，或者选中第一个，选择智能提示右下角扩大选项标志，智能提示单击“选中子元素“。

第一种情况：输入网址（http://search.dangdang.com/?key=%B4%F3%CA%FD%BE%DD&act=input）打开网页，选中列表中第一个链接，右面的提示框中会提示发现同类的元素，可以一起选中所有同类的元素，如图 4-70 所示。

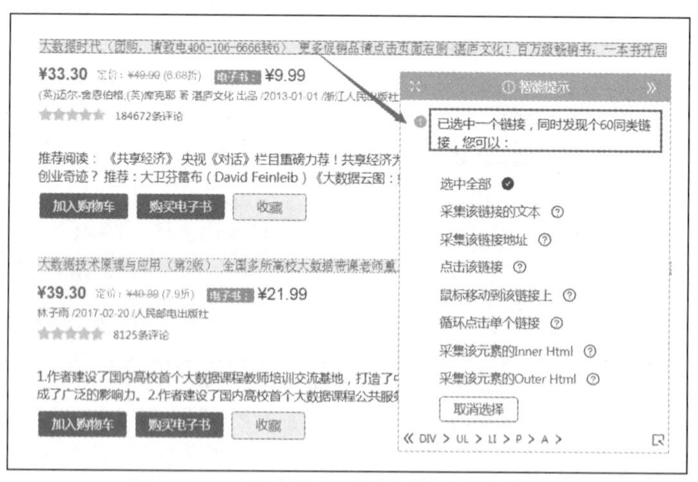

图 4-70　选中第一个链接的智能提示

第二种情况：打开网页，选中第一个以后不按照提示“选中全部”，需要扩大选项，才能选中其他想要的元素。例如，上面的网页信息，如果要选择第一个元素中的全部子元素，那么选中第一个元素“大数据时代”后，不是去选择“选中全部”，而是去单击选中右下角的扩大选项标志，如图 4-71 所示。

然后，选项的元素就扩充到第一个元素中的所有子元素，如图 4-72 所示。选择提示框中“选中子元素”，系统就可以识别出其他相似元素，如图 4-73 所示。

最后，选择提示框中的“选中全部”就可以把表中的所有数据都选中，如图 4-74 所示。

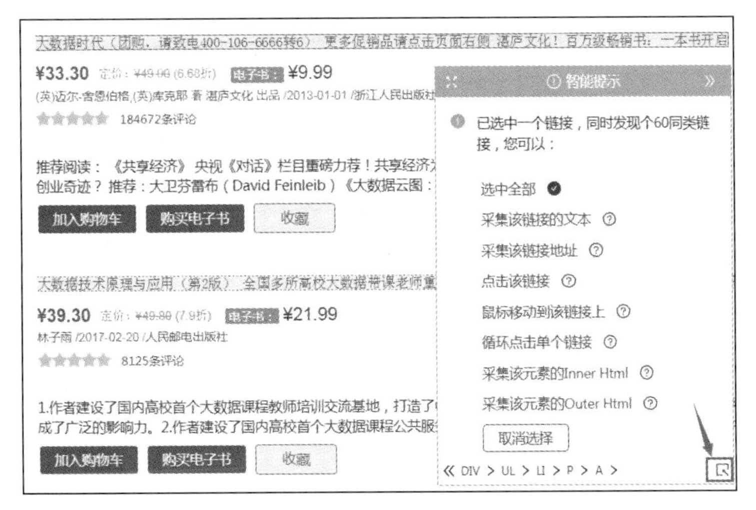

图 4-71　选中第一个，选择右下角扩大选项标志

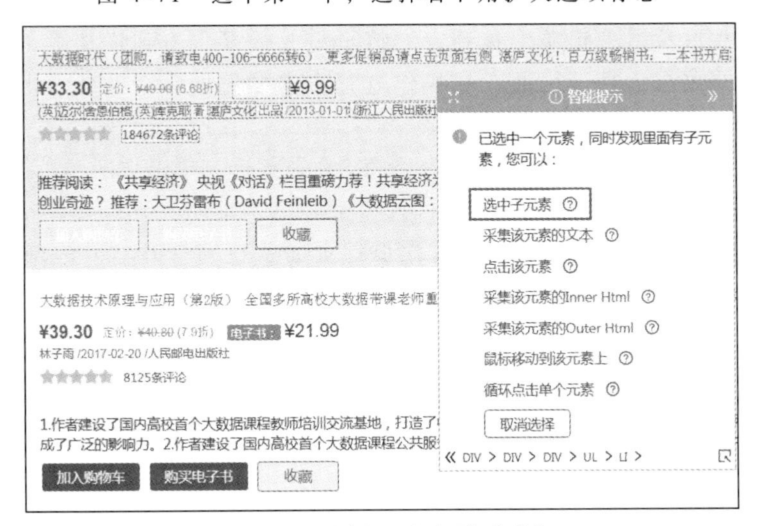

图 4-72　选择“选中子元素”

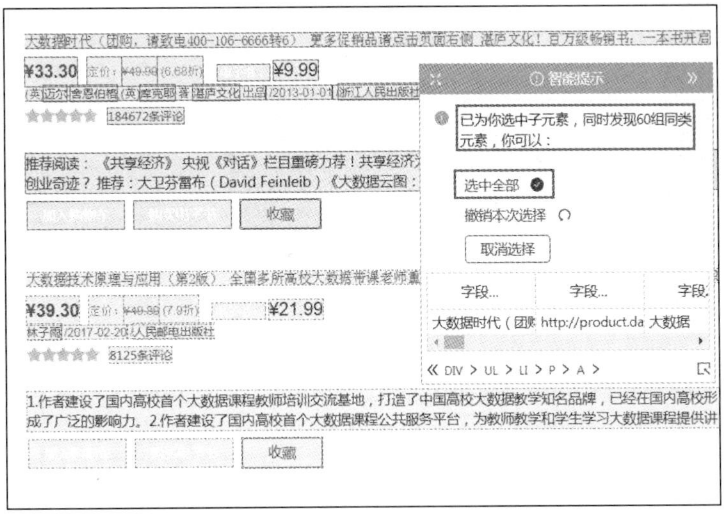

图 4-73　选中子元素的效果

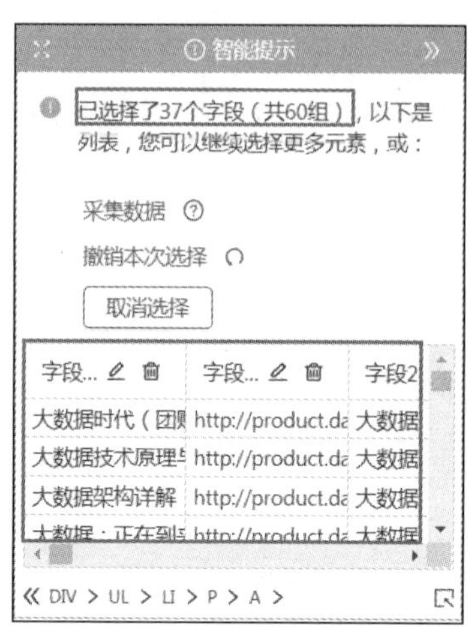

图 4-74　选中全部的效果

（3）采集单网页列表详情页

单网页列表详情页

在八爪鱼里采集单网页列表详情页需要循环点击到详情页，然后提取详情页面中的数据信息。因此，在操作过程中需要先做一个循环点击元素，然后提取数据。具体操作步骤如下：

① 新建任务。首先，登录八爪鱼 8.0 采集器，单击“新建”按钮，选择“自定义任务”选项，进入任务配置页面，然后输入网址（http://sports.sina.com.cn/csl/），单击“保存设置”按钮，进入流程设计页面并自动打开输入的网址，如图 4-75 所示。

图 4-75　新建任务

② 循环点击元素。点击图 4-75 中第一个新闻标题“总局要各协会上报比赛安排未通知停赛”链接，此时右边的操作提示框中就会出现一些选项，选择“选中全部”选项，然后选择“循环点击单个链接”选项，这样循环点击标题到详情页面的步骤就做好了，如图 4-76 所示。

图 4-76　循环点击元素

③ 提取数据。点击页面中要提取的数据，如该新闻的发布时间，数据被选中后通过红色框表示，然后在弹出的提示框中选择“采集该元素的文本”，表明要采集的是页面中的文本数据。用同样的方式点击浏览器中的其他字段（如评论数、参与数及正文），采集成功显示“已成功设置采集字段”，结果如图 4-77 所示。

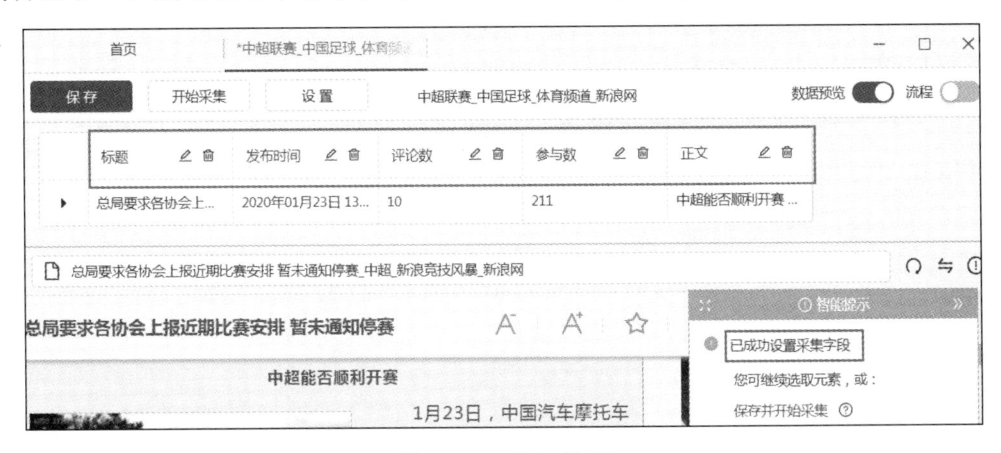

图 4-77　提取数据

④ 修改字段。

采取字段完成后单击右上角的“数据预览”按钮，然后就可以修改字段和删除字段。这里的字段名称相当于表头，便于采集时区分每个字段类别，如图 4-77 上面的框所示。单击笔状图标修改字段名称，单击旁边删除图标删除不需要的字段。

⑤ 保存并开始采集。单击操作提示框中的“保存并开始采集”，在打开的对话框中如图 4-78 所示选择“启动本地采集”。这样，系统会在本地计算机上开启一个采集任务并采集数据,在采集过程中根据需要可以选择停止采集任务。数据全部采集完成后，会弹出一个采集结束的对话框，如图 4-79 所示。对话框中显示这个任务采集所花的时间以及采集到的数据量。最后，在该对话框中单击“导出数据”，这里以选择导出 Excel 为例,如图 4-80 所示。这样就获取了任务采取所需要的数据。采集并导出的数据如图 4-81 所示。

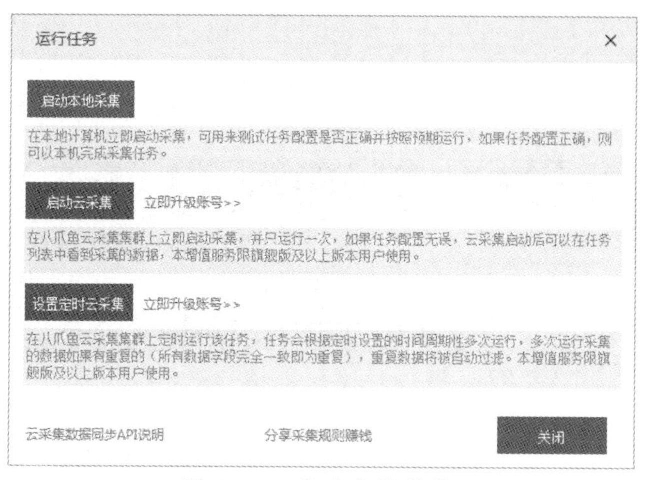

图 4-78 启动本地采集

图 4-79 采集完成

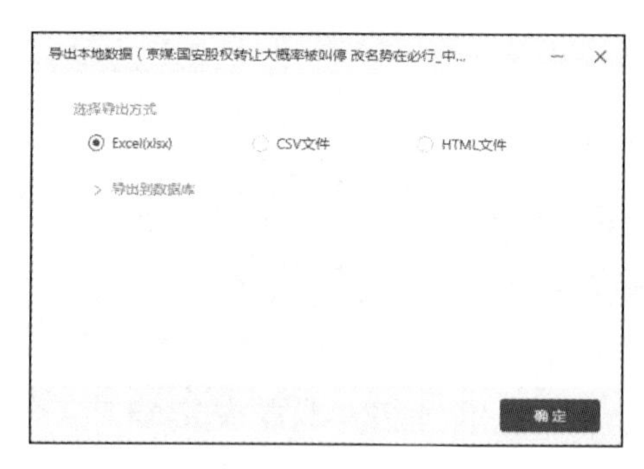

图 4-80 导出方式

1	标题	发布时间	评论数	参与数	正文
2	总局要求各协会上报近期比赛安排 暂未通知停赛	2020年01月23日 13:05	10	211	中超能否顺利开赛　1月23日，中国汽车摩托车运动联合会官
3	国安冬训2场热身赛发现问题 引援内容热帅不透露	2020年01月23日 20:43	0	0	热内西奥　稿件来源：北京晚报　在西班牙穆尔西亚冬训
4	黄海教练组:已试训不少球员 将陆续与一些人签约	2020年01月23日 19:12	2	6	青岛黄海完成昆明冬训任务　稿件来源：青岛黄海足球俱乐
5	泰达站好最后1岗+天海集训或生变 诸强带问号过年	2020年01月23日 19:02	5	13	泰达站好年前最后一班岗　稿件来源：吴体育　今天是大
6	热身赛-特谢拉双响塔利斯卡破门 苏宁3-1战胜恒大	2020年01月23日 18:53	14	717	特谢拉发威　稿件来源：广州未赢够　昨晚，恒大与苏宁
7	熟悉又陌生！恒大新"外援"现身 只有他随队回广州	2020年01月23日 18:49	6	460	小摩托　稿件来源：广州未赢够　最近武汉肺炎的疫情牵
8	专访布鲁诺:满意本阶段冬训表现 我对巴坎布有信心	2020年01月23日 16:52	11	87	布鲁诺热内西奥　1月23日，北京中赫国安队抵达北京，正式
9	恒大冬训归来球员尽数面戴口罩 望所有人健康	2020年01月23日 15:23	26	11,955	恒大迪拜冬训归来　恒大球员及球队工作人员人人面戴口罩
10	非典下的中国足球:球迷的口罩 1月踢7轮的甲A|图	2020年01月23日 13:33	12	42	戴口罩观赛的中国球迷　2020年初，一场新型肺炎的肆虐，
11	总局要求各协会上报近期比赛安排 暂未通知停赛	2020年01月23日 13:05	10	212	中超能否顺利开赛　1月23日，中国汽车摩托车运动联合会官
12	若真停体育赛事中国足球全受影响 中超国字号全停	2020年01月23日 12:37	50	685	冬训中的上港　1月23日，中国汽车摩托车运动联合会官方网
13	吴海燕：每一次大赛都当最后一次 都要做到极致	2020年01月23日 10:43	1	2	吴海燕　新华社墨尔本1月22日电题："每一次大赛都当作最
14	上港官宣于睿正式加盟 亚泰主力中卫驰援后防线	2020年01月23日 10:33	41	25,127	于睿加盟上港　北京时间1月23日上午，上海上港官方发出公
15	上港官宣买提江加盟 国脚左路多面手增强阵容厚度	2020年01月23日 10:31	34	15,181	买提江加盟上港　北京时间1月23日上午，上海上港官方发出
16	中超能否按时踢? 非典时甲A曾中断83天后一月踢7轮	2020年01月23日 10:10	48	152	武汉卓尔前4轮全踢客场新赛季能否按时开赛　来源：天津日
17	天海韩国拉练存变数或改去广州 李玮锋辟谣买栗鹏	2020年01月23日 10:00	2	4	天海年前最后一练　文章来源：天津日报　本报讯（记者

图 4-81 导出的数据

采集分页列表信息

（4）采集分页列表信息

① 新建任务。登录八爪鱼 8.0 采集器，单击“新建”按钮，选择“自定义任务”选项，进入到任务配置页面，输入网址（http://sports.sina.com.cn/csl/），单击“保存设置”按钮，进入流程设计页面并自动打开输入的网址，如图 4-82 所示。

② 循环翻页。在采集时模拟人工点击翻页，单击图 4-83 浏览器页面最底端的“下一页”按钮，在打开的操作提示对话框中选择“循环点击下一页”选项，翻页循环就做好了。如果不需要翻页，只要采集一页的内容，可以跳过这一步。

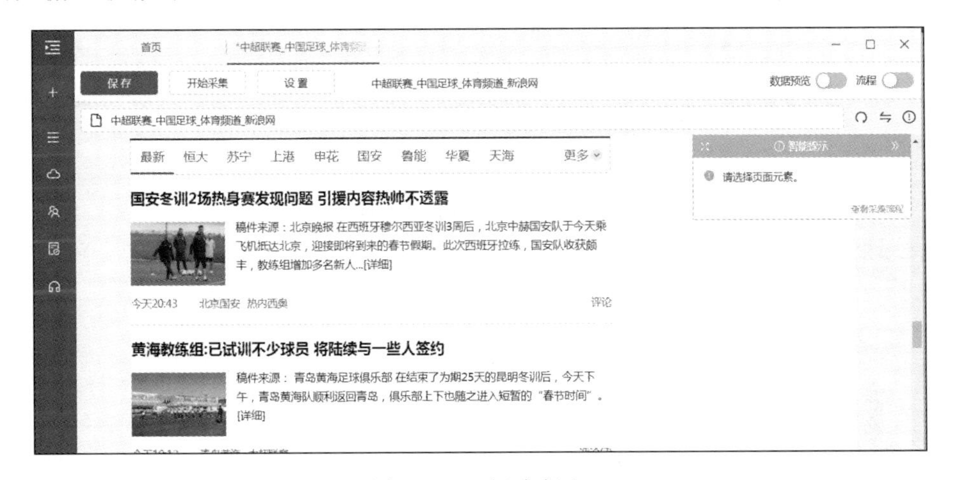

图 4-82　新建任务

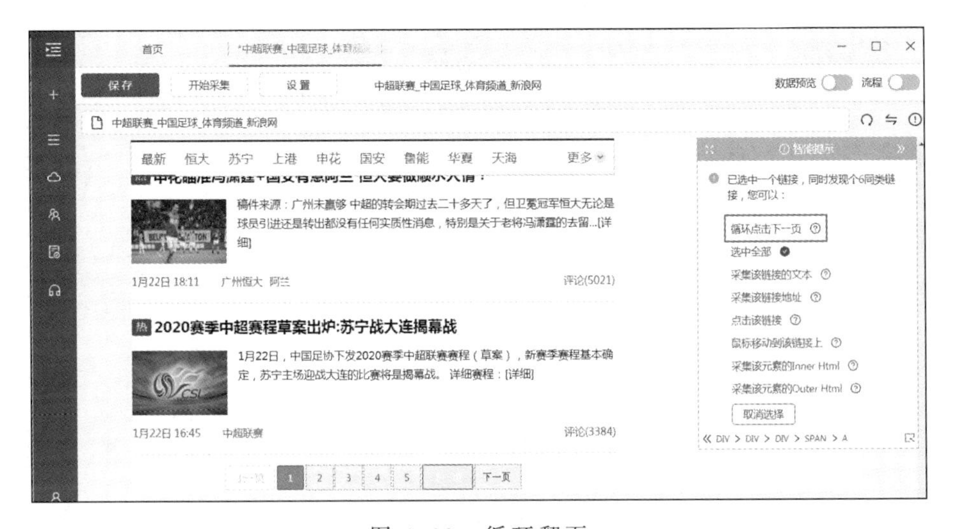

图 4-83　循环翻页

③ 将列表展示的信息采集成二维表的形式。首先选中第一个区块，包含所有需要采集内容的区块，接着在右侧的操作提示框中单击“选中子元素”，第一个区块的子元素全部选中且以绿色显示，同时八爪鱼会在当前页面中找相似的内容，如图 4-84 所示。在右侧的操作提示框中单击“选中全部”，就可以看到八爪鱼已经将当前页的内容转换成了二维表的形式。最后，删除一些不需要的字段，如图 4-85 所示。

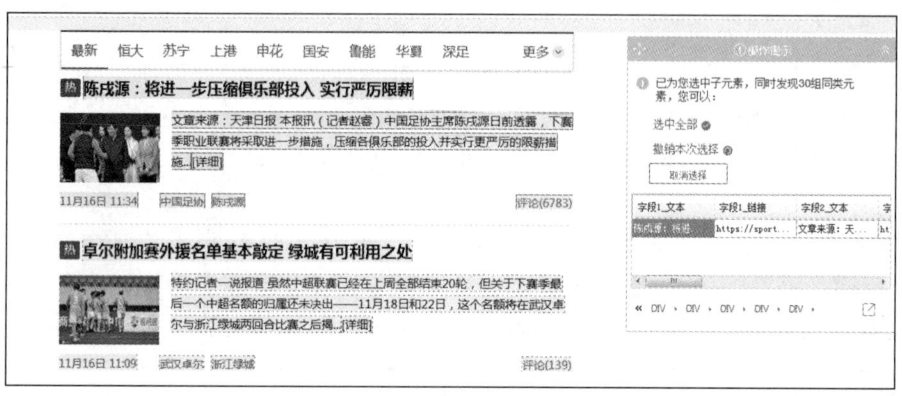

图 4-84 采集第一块区域元素

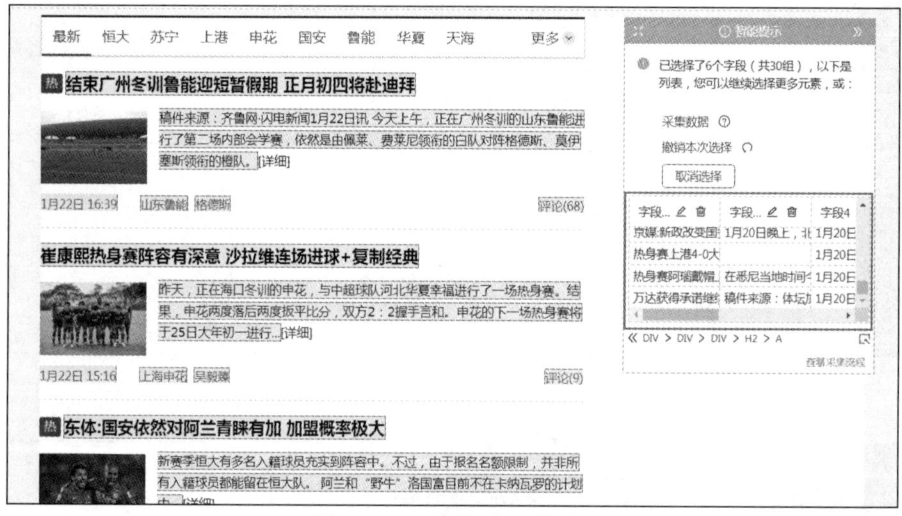

图 4-85 采集成二维表

④ 修改字段名。提取完毕之后单击“流程”按钮，修改字段名称。这里的字段名称相当于表头，便于采集时区分每个字段类别，如图 4-86 所示。

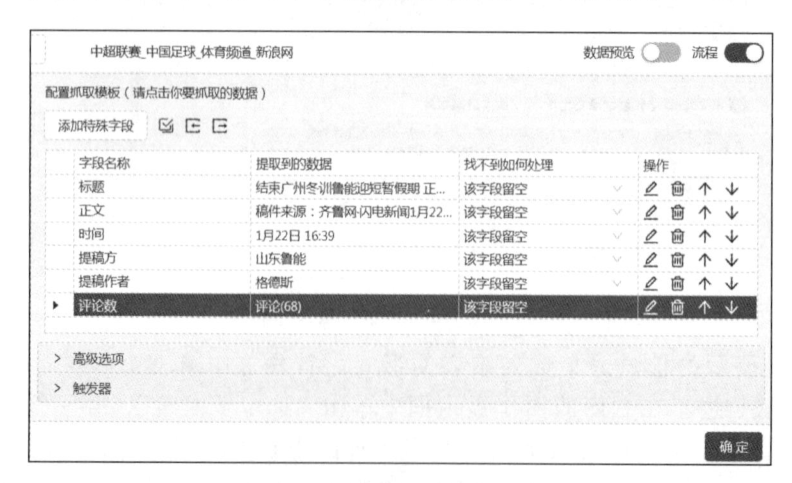

图 4-86 修改字段名称

⑤ 保存并开始采集。单击“保存并开始采集”选项，在打开的对话框中选择“启

动本地采集”。系统会在本地计算机上开启一个采集任务并采集数据，任务采集完毕之后会弹出一个采集结束的提示，然后，选择导出数据。这里以选择导出 Excel 2007 为例，最后单击“确定”按钮。这样就获取了需要采集的数据，如图 4-87 所示。

提取到的数据

#	标题	正文	时间	提稿方	提稿作者	评论数
1	亚洲国脚表现滑坡式...	稿件来源：足球报 记...	2019年 9月9日 10:54	金信煜	金珉载	评论(487)
2	卡拉斯科:这是我来中...	稿件来源：足球报 记...	2019年 9月9日 10:46	大连一方	卡拉斯科	评论(228)
3	热身遭逆转施蒂利克...	稿件来源：足球报 记...	2019年 9月9日 10:34	天津泰达	施蒂利克	评论(6)
4	赴韩集训奥拉罗尤再...	稿件来源：足球报 特...	2019年 9月9日 10:15	江苏苏宁	奥拉罗尤	评论(12)
5	贝帅：恒大国安不会...	文章来源：足球报 记...	2019年 9月9日 09:39	贝尼特斯	一方	评论(41)
6	伊斯坦布尔奇迹对贝...	文章来源：足球报 记...	2019年 9月9日 09:36	贝尼特斯	一方	评论(3)
7	贝尼特斯：中国足球...	文章来源：足球报 记...	2019年 9月9日 09:33	贝尼特斯	一方	评论(30)
8	刘奕鸣：看的第一场...	稿件来源：深圳市足...	2019年 9月8日 21:26	刘奕鸣	深圳佳兆业	评论(75)
9	申花U19B队长金顺凯...	稿件来源：足球中国 ...	2019年 9月8日 21:21	金顺凯	青超联赛	评论(67)
10	结束都匀集训申花受...	稿件来源：上海绿地...	2019年 9月8日 16:35	上海申花	崔康熙	评论(157)

< 1 ··· 247 248 249 >

已采集:2490条 已用时：12分钟11秒 平均速度：204条/分钟

图 4-87　采集的数据

（5）采集分页列表详细信息

① 新建任务。登录八爪鱼 8.0 采集器，单击“新建”按钮，选择“自定义任务”命令，进入到任务配置页面，输入网址，单击“保存设置”按钮，进入流程设计页面并自动打开输入的网址，如图 4-88 所示。

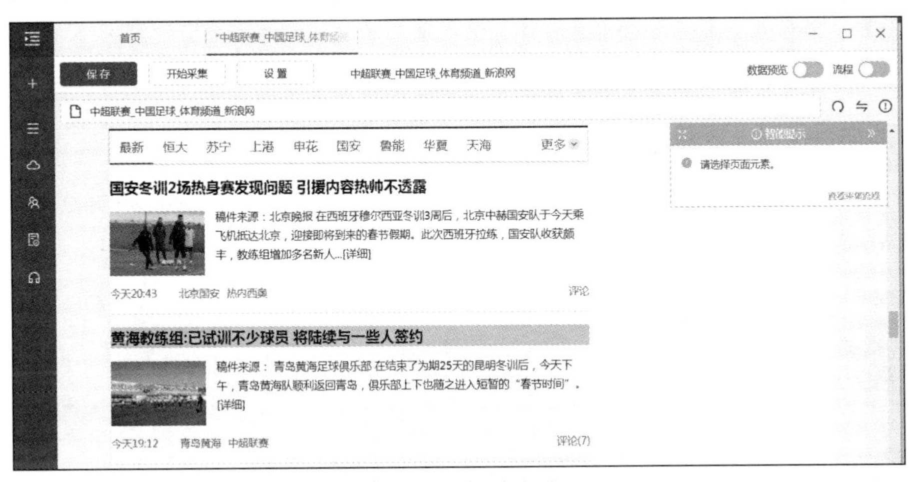

图 4-88　新建任务

② 循环翻页。就是在采集时模拟人工点击翻页，单击浏览器页面底端的“下一页”按钮，在打开的操作提示对话框中选择“循环点击下一页”，就做好了翻页循环，如图 4-89 所示。

③ 循环点击。单击图 4-89 中第一个新闻标题“结束广州冬训鲁能迎短暂假期 正月初四将赴迪拜”链接，这时右边的操作提示框中就会出现一些选项，选择“选中全部”选项，然后在操作提示框中选择并单击“循环点击每个链接”选项，这样就做好了循环

点击新闻标题到详情页面的步骤，如图 4-90 所示。

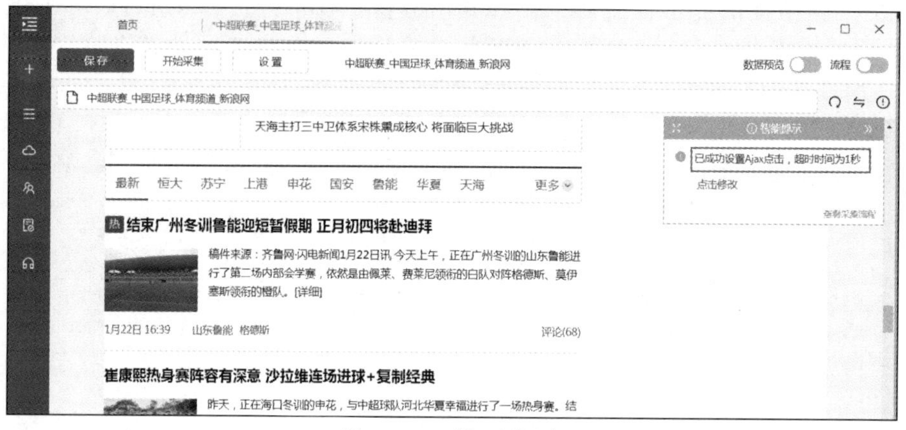

图 4-89　循环翻页

图 4-90　循环点击

④ 提取数据。单击页面中需要提取的新闻标题字段，选中后的标题字段用框框住，然后在弹出的操作智能提示框中选择“采集该元素的文本”，表明要采集页面中的文本数据，然后用同样的方式选择浏览器中的其他字段，如图 4-91 所示。

图 4-91　提取数据

⑤ 修改字段名称。

采集完成之后可以单击右上角的“流程”按钮，就可以修改字段名称。这里的字段名称相当于表头，便于采集时区分每个字段类别。修改字段名称之后，单击“确定”按钮保存，如图 4-92 所示。

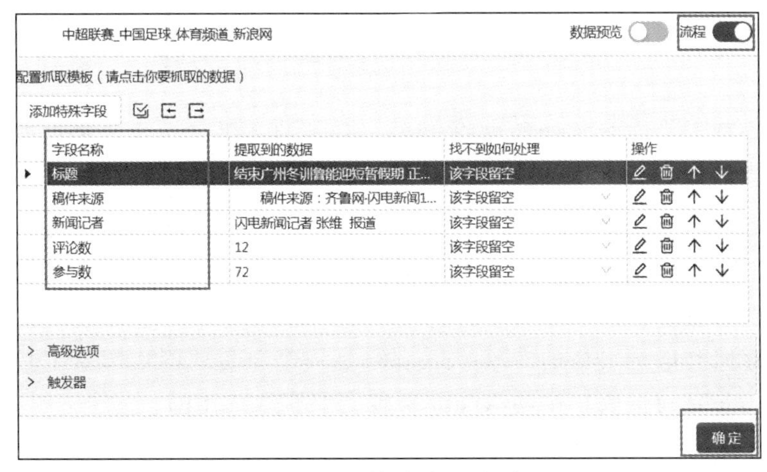

图 4-92　修改字段名称

⑥ 保存并开始采集。单击“保存并开始采集”选项，在打开的对话框中选择“启动本地采集”。系统会在本地计算机上开启一个采集任务并采集数据，任务采集完成之后会弹出一个采集完成的提示，然后单击“导出数据”按钮。最后单击“确定”按钮。这样就获取了最终需要的数据。采集的数据如图 4-93 所示。

提取到的数据

#	标题	稿件来源	新闻记者	评论数	参与数
1	结束广州冬训鲁能迎...	稿件来源：齐鲁...	闪电新闻记者 张维 ...	12	73
2	崔康熙热身赛阵容有...	昨天，正在海口...		1	10
3	东体:国安依然对阿兰...	新赛季恒大有多...		173	3,558
4	热内西奥:对冬训结果...	稿件来源：北京...	“我对本阶段的冬训...	9	22
5	鲁能目前5将已离队 ...	稿件来源：齐鲁网		64	347
6	热身赛沙拉维建功申...	北京时间1月21...		5	66
7	重庆将投资20亿建专...	稿件来源：广州...		18	135
8	恒大留洋第五人诞生!...	稿件来源：四万...		192	47,468

图 4-93　采集的数据

4.4　其他获取数据工具

前面详细介绍了集搜客和八爪鱼爬取数据的过程，下面介绍其他获取数据工具。

1. HTTrack

作为免费的网站爬虫软件，HTTrack 提供的功能非常适合从互联网下载整个网站到 PC 端。它提供了适用于 Windows、Linux、Sun Solaris 和其他 UNIX 系统的版本。它可以将一个站点或多个站点镜像在一起（使用共享链接），可以在“设置选项”下下载网页时决定要同时打开的链接数。可以从整个目录中获取照片、文件、HTML 代码，更新当前镜像的网站并恢复中断的下载。

2．火车头

火车头采集器是一款互联网数据爬取、处理、分析、挖掘的软件，能够爬取网页上散乱分布的数据信息，并通过一系列的分析处理，准确挖掘出所需的数据。

3．神箭手

神箭手是一款云端在线智能爬虫/采集器，基于神箭手分布式云爬虫框架，帮助用户快速获取大量规范化的网页数据。

4．Scraper

Scraper 是 Chrome 扩展程序，具有有限的数据提取功能，但它有助于进行在线研究并将数据导出到 Google Sheets。此工具适用于初学者以及可以使用 OAuth 轻松将数据复制到剪贴板或存储到电子表格的专家。Scraper 是一个免费的网络爬虫工具，可以在浏览器中正常工作，并自动生成较小的 XPath 来定义要爬取的 URL。

5．OutWit Hub

OutWit Hub 是一个 Firefox 添加插件，它有两个目的：搜集信息和管理信息。它能够分别用在网站上不同的部分，提供不同的窗口条，还可为用户提供一个快速进入信息的方法，虚拟移除网站上其他的部分。

OutWit Hub 提供单一界面，可根据需要爬取微小或大量数据。OutWit Hub 允许从浏览器本身爬取任何网页，甚至可以创建自动代理来提取数据并根据设置对其进行格式化。

OutWit Hub 大多功能都是免费的，能够深入分析网站，自动收集并整理组织互联网中的各项数据，并将网站信息分割开，然后提取有效信息，形成可用的集合。

6．ParseHub

Parsehub 支持从使用 AJAX 技术、JavaScript、Cookie 等的网站收集数据。用户可以读取和分析它的机器学习技术，然后将 Web 文档转换为相关数据。

Parsehub 的桌面应用程序支持 Windows、Mac OS X 和 Linux 等系统，或者使用浏览器中内置的 Web 应用程序。

7．Scrapinghub

Scrapinghub 是一种基于云的数据提取工具，可帮助数千名开发人员获取有价值的数据。它的开源视觉爬取工具，允许用户在没有任何编程知识的情况下爬取网站。

Scrapinghub 使用 Crawlera，是一家代理 IP 的第三方平台，支持绕过防采集对策。它使用户能够从多个 IP 和位置进行网页爬取，而无须通过简单的 HTTP API 进行代理管理。

8．Dexi.io

作为基于浏览器的网络爬虫，Dexi.io 允许从任何网站基于浏览器爬取数据，并提供 3 种类型的爬虫来创建采集任务。

9．80legs

80legs 是一个功能强大的网络爬取工具，能够根据自定义要求进行配置。它支持获取大量数据以及立即下载提取数据的选项。80legs 提供高性能的 Web 爬行，可以快速工作并在几秒内获取所需的数据。

10. Content Graber

Content Graber 是一款面向企业的网络爬行软件。它允许创建独立的 Web 爬网代理，几乎可以从任何网站中提取内容，并以选择的格式将其保存为结构化数据，包括 Excel 报告、XML、CSV 和大多数数据库。它更适合具有高级编程技能的人，因为它为有需要的人提供了许多强大的脚本编辑和调试界面，允许用户使用 C# 或 VB.NET 调试或编写脚本来编程控制爬取数据的过程。

习　题

一、填空题

1. 网页就是________________________。

2. 一个标准的网页一般由四大部分组成：__________、__________、__________和__________。

3. XML 是____________________的缩写。

4. HTML 是____________________的缩写。

5. 每一个网页元素通常由开始标记__________、结束标记__________以及夹在这两个标记中的内容所组成。

6. HTML 文档基本结构包括__________、__________、__________三部分。

7. 格式__________标志文件开始和结尾的标记。

8. 集搜客软件主界面由__________、__________和__________三部分组成。

9. 格式：______________是设置段落的标记。

10. 格式：<A>…</A>是设置______________的标记。

11. 格式：<TABLE>…</TABLE>是设置______________的标记。

12. __________是集搜客软件定义爬取规则的软件工具。

13. “映射”表示________________________。

14. 八爪鱼提供了__________、__________、__________和__________4 种采集模式。

二、简答题

1. 八爪鱼具有哪些特点？

2. 集搜客 GooSeeker 爬取软件有哪些特点？

3. 补充 5 种书上没有介绍的获取数据工具，并进行简单介绍。

4. 简述八爪鱼采集数据的核心原理。

5. 简述八爪鱼和集搜客两种软件获取数据的异同。

三、操作题

1. 安装计算机集搜客软件，并描述自己的体会。

2. 安装计算机八爪鱼软件，并描述自己的体会。

3. 确定一个主题，按照书上的操作流程用集搜客软件爬取对应主题的搜索结果并导出 xlsx 文件。

4. 确定一个主题，按照书上的操作流程用八爪鱼软件爬取对应主题的搜索结果并导出 xlsx 文件。

5. 使用八爪鱼中 XPath，操作过程参照 https://www.bazhuayu.com/tutorial/xpathrm。

6. 用集搜客软件采集图片网址并下载图片，操作过程参照 https://www.gooseeker.com/doc/article-348-1.html。

第5章 大数据预处理

不管是已有的数据还是通过网络爬虫获取的数据，或多或少都与理想中的数据存在一定的差距。这些差距往往表现在数据不完整、数据有噪声和数据前后不一致等。而数据分析的第一步是提高数据质量、统一数据标准，如果不加任何处理就直接进行后续深度数据分析，将直接影响数据分析的结论。因此，在进行数据分析之前需要将获取的数据进行清洗或者清理，也就是数据预处理。数据越多，这个步骤花费的时间越长。

数据预处理主要包括清洗数据、转换数据、数据抽样、数据计算等。本章将详细介绍如何使用 Microsoft Excel 365 进行数据预处理，其他版本的 Excel 操作基本类似。在介绍 Microsoft Excel 365 进行数据预处理前，先介绍在数据预处理过程中用到的预备知识，这些知识是后续进行数据预处理的基础。

5.1 Microsoft Excel 预备知识

5.1.1 概述

1. Excel 简介

Microsoft Excel 是由微软公司开发的一种电子表格程序，是微软公司的办公套装软件 Microsoft Office 的重要组成部分。Excel 功能强大、使用方便，为日常生活中处理各式各样的表格提供了良好的工具。其基本功能如下：

① Excel 能够完成表格数据的输入、加工整理、分类汇总、简单计算等多项工作，生成精美直观的数据清单、表格、图表。

② Excel 的大量公式函数可以应用，执行繁重而复杂的计算，分析信息并管理电子表格或网页中的数据信息列表与数据资料图表，实现许多方便的功能。

③ Excel 的数据分析工具，能够进行各种数据的高级处理、统计分析和辅助决策操作，因而广泛地应用于统计、管理、财经、金融等领域。

2. 基本界面

Microsoft Office 安装完成后，双击计算机桌面上的 Excel 图标，即可进入 Excel 主界面，如图 5-1 所示。

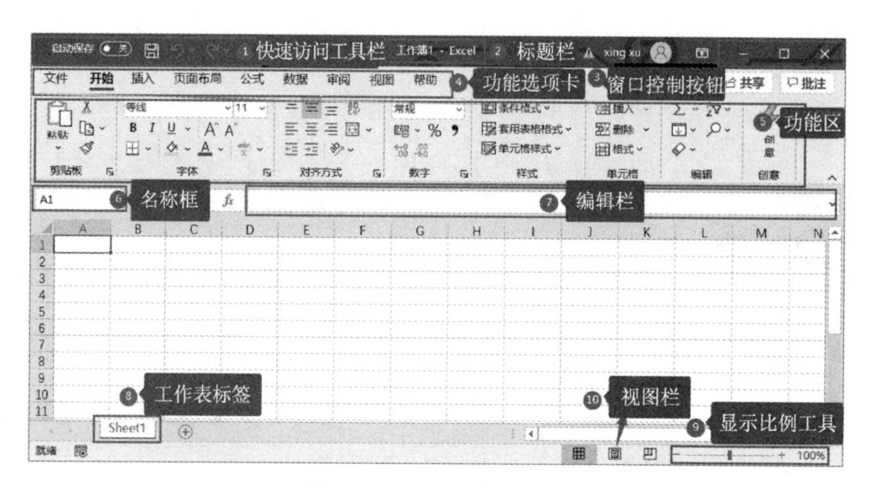

图 5-1 Excel 主界面

5.1.2 基本概念

1. 字段和记录

Excel 表格可以作数据处理，数据分为字段和记录。Excel 表的每一列表示相同格式的数据，称为字段，放在数据区的第一行上，这一行一般称为表头，每一列的名字，称为这一字段的字段名。字段和字段名的主要区别就是字段为输入的数据，字段名是为这段数据设立的名称标示，代表着是这一列数据。

数据区的每一行，称为一条记录，包含至少一个字段。记录在排序时，自动成为一个整体，相对固定不变，如图 5-2 所示。

字段名　字段值　记录

序号	工号	姓名	性别	部门	学历	学位
1	41000810	张三	女	文学院	博士	博士
2	41000811	李四	女	计算机学院	硕士	硕士
3	41000812	王二	男	数学学院	硕士	硕士
4	41000813	徐一	女	外国语学院	本科	学士
5	41000814	芳芳	男	美术学院	硕士	硕士
6	41000815	小明	男	音乐学院	博士	博士
7	41000816	章力	男	体育学院	本科	学士
8	41000817	吴天力	女	计算机学院	本科	硕士

图 5-2 教工信息表

图 5-2 所示的教工信息表中，共有 8 条记录，每条记录包括 7 个字段，字段名称分别是序号、工号、姓名、性别、部门、学历和学位，对于第 4 条记录，这 7 个字段的值分别为 4、41000813、徐一、女、外国语学院、本科和学士。

因此，字段和记录与二维表的关系可以理解成字段是一个二维表的列属性，记录是一个二维表的列属性值的集合，共同描述二维表这个数据对象。

2. 工作簿和工作表

工作簿（Book）是工作表、图表及宏表的集合，它以文件的形式存放在计算机的外存储器中。新创建的工作簿，Excel 将自动给其命名，如 Book1、Book2……用户可以根据需要重新赋予工作簿有意义的名字，如“教工信息表”，其扩展名为.xls（2003 之前的版本，含 2003）或.xlsx（2007 之后的版本，含 2007）。每一个工作簿都包含多张工作表，因此，可在单个工作簿文件中管理各种类型的相关信息。

工作表（Sheet）是 Excel 用来存储和处理数据的最主要文档，用于编辑、显示和分析一组数据的表格，它由排成行和列的单元格组成，每张工作表由 1 048 576 行和 16 384 列组成的单元格组成。工作表包含在工作簿中，一个工作簿最多可包含 255 张工作表。在新建工作簿时，Excel 默认 1 张工作表，并自动将工作表命名为 Sheet1，用户可根据需要添加工作表，可对每张工作表重新命名，如“11 月报表”“12 月报表”等。工作表的管理通过左下角标签进行，右击工作表名称，通过弹出的快捷菜单，对工作表进行基本操作，如插入、删除、重命名等，如图 5-3 所示。

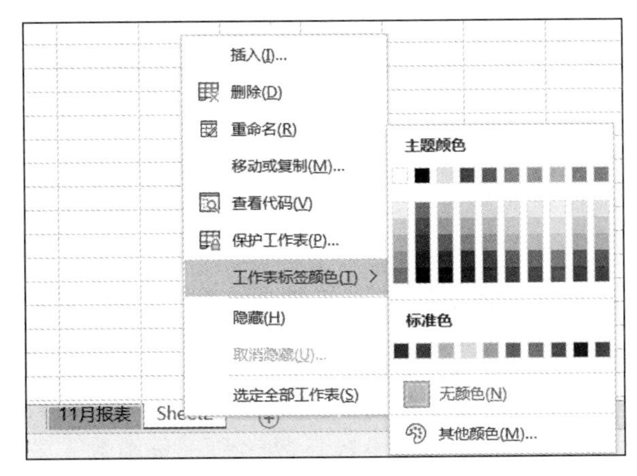

图 5-3　工作表的基本操作

3. 单元格及单元格地址

（1）单元格

单元格是构成工作表的基本元素，用于输入、显示和计算数据，一个单元格内只能存放一个数据，是工作表中行列交叉处的方格。单元格区域由多个单元格组成，活动单元格是当前被选取的单元格，用粗框框住。

（2）单元格地址

在进行数据处理时，需要单元格的数据。通过使用单元格地址引用一个单元格或单元格区域。单元格地址用来标识一个单元格的坐标，它由列号、行号组合表示。其中，行号由 1、2、3……表示，列号由 A、B、C……表示，如 A1、G10、AP23 等。在不同工作表之间，需要加上工作表名和半角的感叹号（!），如 Sheet1!C7 等。一般格式如下：

<引用工作表>!<引用单元格>

（3）单元格引用

公式或函数中常用单元格的引用来表示单元格的具体数据。这样使用的优势是当公式中被引用单元格数据发生变化时，公式的计算结果也会随之变化；同样，若修改了公式，与公式有关的单元格内容也随着变化。

单元格引用分为相对引用、绝对引用、混合引用和三维地址 4 种形式。

① 相对引用：用字母表示列，数字表示行，形式为“列号行号”，如 A5。仅指出引用数据的相对位置，公式中的地址会随着单元格位置的变化而改变。

② 绝对引用：在行号和列号前分别加上“$”，形式为“$列号$行号”，如$A$5。单元格位置变化时绝对引用中单元格地址不会改变。

③ 混合引用：在行列的引用中，一个用相对引用，另一个用绝对引用，是相对地址和绝对地址的混合，如 A$5。若要求引用时行变而列不变，则在列前加$；若要求行不变而列变，则在行前加“$”。

④ 三维地址：在单元格地址前面加上工作表的名称和感叹号，如 Sheet3!A5 表示 Sheet3 工作表中的 A5 单元格。

（4）单元格与区域的选取

Excel 表格中不同对象的选取操作如下：

① 单元格选取：单击需要选取的单元格。

② 单元格区域的选取：单击需要选取区域左上角的单元格，拖动至要选取区域的右下角的单元格或按住【Shift】键，再单击要选区域的右下角单元格。

③ 行和列的选取：单击行号选取一行，单击列号选取一列。

④ 不相邻单元格或区域的选取：单击第一个单元格或区域，按住【Ctrl】键，依次选取所需的其他单元格。

⑤ 选取整个工作表：单击表左上角行和列交叉处的“全选”按钮。

4．函数

Excel 函数一共有 12 类，分别是数据库函数、日期与时间函数、工程函数、财务函数、信息函数、逻辑函数、查询和引用函数、数学和三角函数、统计函数、文本函数以及用户自定义函数、多维数据集。下面介绍一些常用的函数的用法。

（1）函数使用的基本格式

函数由函数名与操作参数构成，一般格式如下：

函数名(参数 1,参数 2,…,参数 N)

使用函数运算时，注意以下四点：

① 函数名与其后的“(”之间不能有空格，函数名允许大写或小写。

② 当有多个参数时，参数之间用“,”分隔。

③ 参数总长度不能超过 1 024 个字符。

④ 根据具体函数，参数可以是数字、文本、逻辑值、工作表中的单元格或区域地址等，也可以是各种表达式或函数。

注意：函数格式中的“( )”和“,”均是半角字符，而非全角的中文字符。

（2）常用函数的用法

① SUM 函数：

- 函数名称：SUM。
- 功能：计算所有数值参数的和。
- 使用格式：SUM（Number1,Number2,…）。
- 参数说明：Number1、Number2 等代表需要计算的数值，可以是具体的数值、引用的单元格（区域）数值，单元格中的逻辑值和文本将被忽略。但当作为参数键入时，逻辑值和文本有效。

② SUMIF 函数：

• 函数名称：SUMIF。
• 主要功能：根据指定条件对若干单元格、区域或引用求和。
• 使用格式：SUMIF(Range,Criteria,Sum_range)。
• 参数说明：Range 为用于条件判断的单元格区域，Criteria 为由数字、逻辑表达式等组成的判定条件，Sum_range 为需要求和的单元格、区域或引用。
• 应用举例：统计某单位工资报表中职称为"中级"的员工工资总额。假设工资总额存放在工作表的 F 列，员工职称存放在工作表 B 列，则公式为"=SUMIF(B1:B1000，"中级"，F1:F1000)"，其中 B1:B1000 为提供逻辑判断依据的单元格区域，"中级"为判断条件，就是仅统计 B1:B1000 区域中职称为"中级"的单元格，F1:F1000 为实际求和的单元格区域。

③ COUNT 函数：

• 函数名称：COUNT。
• 主要功能：返回数字参数的个数。它可以统计数组或单元格区域中含有数字的单元格个数。
• 使用格式：COUNT(Value1,Value2,...)。
• 参数说明：Value1、Value2 等是包含或引用各种类型数据的参数（1 ~ 30 个），其中只有数字类型的数据才能被统计。
• 应用举例：如果 A1=90、A2=人数、A3=""、A4=54、A5=36，则公式"=COUNT(A1:A5)"返回 3。

④ COUNTIF 函数：

• 函数名称：COUNTIF。
• 主要功能：统计某个单元格区域中符合指定条件的单元格个数。
• 使用格式：COUNTIF(Range,Criteria)。
• 参数说明：Range 代表要统计的单元格区域；Criteria 表示指定的条件表达式。
• 应用举例：假设在 C17 单元格中输入公式：=COUNTIF(B1:B13,">=80")，表示统计出 B1:B13 单元格区域中数值大于或等于 80 的单元格个数。

特别提醒： 允许引用的单元格区域中有空白单元格出现。

⑤ IF 函数：

• 函数名称：IF。
• 主要功能：根据对指定条件的逻辑判断的真假结果，返回相对应的内容。
• 使用格式：=IF(Logical,Value_if_true,Value_if_false)。
• 参数说明：Logical 代表逻辑判断表达式；Value_if_true 表示当判断条件为逻辑"真（TRUE）"时的显示内容，如果忽略返回 TRUE；Value_if_false 表示当判断条件为逻辑"假（FALSE）"时的显示内容，如果忽略返回 FALSE。
• 应用举例：假设在 C29 单元格中输入公式"=IF(C26>=18,"符合要求","不符合要求")"，表示如果 C26 单元格中的数值大于或等于 18，则 C29 单元格显示"符合要求"字样，反之显示“不符合要求”字样。

⑥ CONCATENATE 函数：

- 函数名称：CONCATENATE。
- 主要功能：将多个字符文本或单元格中的数据连接在一起，显示在一个单元格中。
- 使用格式：CONCATENATE(Text1,Text2,…)。
- 参数说明：Text1、Text2 等为需要连接的字符文本或引用的单元格。
- 应用举例：假设在 C14 单元格中输入公式“=CONCATENATE(A14,"@",B14,".com")”，表示将 A14 单元格中字符、@、B14 单元格中的字符和“.com”连接成一个整体，显示在 C14 单元格中。

⑦ DATE 函数：

- 函数名称：DATE。
- 主要功能：给出指定数值的日期。
- 使用格式：DATE(Year,Month,Day)。
- 参数说明：Year 为指定的年份数值（小于 9999）；Month 为指定的月份数值（可以大于 12）；Day 为指定的天数。
- 应用举例：假设在 C20 单元格中输入公式“=DATE(2020,13,35)”，确认后，显示出 2021-2-4。

在此公式中，月份为 13，多了一个月，顺延至 2021 年 1 月；天数为 35，比 2021 年 1 月的实际天数又多了 4 天，故又顺延至 2021 年 2 月 4 日，也就是该公式的输出结果。

⑧ DATEDIF 函数：

- 函数名称：DATEDIF。该函数是 Excel 中的一个隐藏函数，在函数向导中是找不到的，可以直接输入使用，对于计算年龄、工龄等非常有效。
- 主要功能：计算返回两个日期参数的差值。
- 使用格式：=DATEDIF(Date1,Date2,"y")、=DATEDIF(Date1,Date2,"m")、=DATEDIF(Date1,Date2,"d")。
- 参数说明：Date1 代表前面一个日期，Date2 代表后面一个日期；y（m、d）要求返回两个日期相差的年（月、天）数。
- 应用举例：假设在 C23 单元格中输入公式：=DATEDIF(A23,TODAY(),"y")，确认后返回系统当前日期[用 TODAY()表示]与 A23 单元格中日期的差值，并返回相差的年数。

⑨ NOW 函数：

- 函数名称：NOW。
- 主要功能：给出当前系统日期和时间。
- 使用格式：NOW()。
- 参数说明：该函数不需要参数。
- 应用举例：输入公式“=NOW()”，确认后即刻显示出当前系统的日期和时间。如果系统日期和时间发生了改变，只要按一下【F9】功能键，即可让其随之改变。

⑩ FIND 函数：

- 函数名称：FIND。

- 主要功能：FIND 用于查找其他文本串(Within_text)内的文本串(Find_text)，并从 Within_text 的首字符开始返回 Find_text 的起始位置编号。此函数适用于双字节字符，它区分大小写但不允许使用通配符。
- 使用格式：FIND(Find_text，Within_text，Start_num)。
- 参数说明：Find_text 是待查找的目标文本；Within_text 是包含待查找文本的源文本；Start_num 指定从其开始进行查找的字符，即 Within_text 中编号为 1 的字符。如果忽略 Start_num，则假设其为 1。
- 应用举例：如果 A1=办公软件，则公式“=FIND("软件",A1,1)”返回 3。

⑪ LOOKUP 函数：

- 函数名称：LOOKUP。
- 主要功能：返回向量（单行区域或单列区域）或数组中的数值。该函数有两种语法形式：向量和数组，其向量形式是在单行区域或单列区域（向量）中查找数值，然后返回第二个单行区域或单列区域中相同位置的数值；其数组形式在数组的第一行或第一列查找指定的数值，然后返回数组的最后一行或最后一列中相同位置的数值。
- 使用格式 1(向量形式)：LOOKUP(Lookup_value,Lookup_vector,Result_vector)。
  使用格式 2(数组形式)：LOOKUP(Lookup_value,Array)。
- 参数说明 1(向量形式)：Lookup_value 为函数 LOOKUP 在第一个向量中所要查找的数值。Lookup_value 可以为数字、文本、逻辑值或包含数值的名称或引用。Lookup_vector 为只包含一行或一列的区域。Lookup_vector 的数值可以为文本、数字或逻辑值。参数说明 2(数组形式)：Lookup_value 为函数 LOOKUP 在数组中所要查找的数值。Lookup_value 可以为数字、文本、逻辑值或包含数值的名称或引用。如果函数 LOOKUP 找不到 Lookup_value，则使用数组中小于或等于 Lookup_value 的最大数值。Array 为包含文本、数字或逻辑值的单元格区域，它的值用于与 Lookup_value 进行比较。

注意：Lookup_vector 的数值必须按升序排列，否则 LOOKUP 函数不能返回正确的结果，参数中的文本不区分大小写。

- 应用举例：如果 A1=68、A2=76、A3=85、A4=90，则公式“=LOOKUP(76,A1:A4)”返回 76。

⑫ VLOOKUP 函数：

- 函数名称：VLOOKUP。
- 主要功能：在表格或数值数组的首列查找指定的数值，并由此返回表格或数组当前行中指定列处的数值。当比较值位于数据表首列时，可以使用函数 VLOOKUP 代替函数 HLOOKUP。
- 使用格式：VLOOKUP(Lookup_value,Table_array,Col_index_num,Range_lookup)
- 参数说明：Lookup_value 为需要在数据表第一列中查找的数值，它可以是数值、引用或字符串。Table_array 为需要在其中查找数据的数据表，可以使用对区域或区域名称的引用。Col_index_num 为 table_array 中待返回的匹配值的列序号。Col_index_num 为 1 时，返回 table_array 第一列中的数值；col_index_num 为 2 时，返回 table_array 第二列中的数值，依此类推。Range_lookup 为一逻辑值，指明函数 VLOOKUP 返回时是精确匹配还是近似匹配。如果为 TRUE 或省略，则返回近似匹配值，也就是说，如果找不到精确匹配值，则返回小于 lookup_value 的最大数值；如果 range_value 为 FALSE，函数 VLOOKUP 将返回精确匹配值。如果找不到，则返回错误值#N/A。

- 应用举例：如果 A1=23、A2=45、A3=50、A4=65，则公式“=VLOOKUP(50，A1:A4，1，TRUE)”返回 50。

5.1.3 数据导入

1. 数据类型

在 Excel 的单元格中允许输入不同类型的数据，输入的数据类型分为 12 类，分别为：常规、数值、货币、会计专用、日期、时间、百分比、分数、科学计数、文本、特殊、自定义。其中，数值、文本、日期、货币、会计专用和科学计数比较常用。输入数据需要分成多行时，以【Alt+Enter】组合键实现单元格内换行。下面介绍文本、数值、日期、时间等数据类型。

（1）字符型数据

在 Excel 中，字符型数据包括汉字、英文字母、空格等，每个单元格最多可容纳 32 000 个字符。默认情况下，字符数据自动沿单元格左边对齐。当输入的字符串超出了当前单元格的宽度时，如果右边相邻单元格里没有数据，那么字符串会往右延伸；如果右边单元格有数据，超出的那部分数据就会隐藏起来，只有把单元格的宽度变大后才能显示出来。如果要输入的字符串全部由数字组成，如邮政编码、电话号码、存折账号等，为了避免 Excel 把它按数值型数据处理，在输入时可以先输一个单引号“'”（英文符号），接着再输入具体的数字。例如，在单元格中输入电话号码 64016633，输入为“'64016633”，然后按【Enter】键，出现在单元格里的数据就是 64016633，并自动左对齐，若宽度不够则显示一部分。

（2）数值型数据

在 Excel 中，数值型数据包括 0~9 中的数字以及含有正号、负号、货币符号、百分号等任一种符号的数据。默认情况下，数值自动沿单元格右边对齐，宽度不够则以科学计数法显示。在输入过程中，要注意以下两种比较特殊的情况。

① 负数：在数值前加一个“-”号或把数值放在括号里，就可以输入负数，例如要在单元格中输入“-66”，可以连续输入“(66)”，然后按【Enter】键就可以在单元格中出现“-66”。

② 分数：在单元格中输入分数形式的数据，应先在编辑框中输入 0 和一个空格，然后再输入分数，否则 Excel 会把分数当作日期处理。例如，要在单元格中输入分数 2/3，在编辑框中输入 0 和一个空格，然后接着输入 2/3，按【Enter】键，单元格中就会出现分数 2/3。

（3）日期型数据和时间型数据

在人事管理中，经常需要录入一些日期型的数据。在录入过程中注意以下几点：

① 输入日期时，年、月、日之间要用“/”号或“-”号隔开，如 2002-8-16、2002/8/16。

② 输入时间时，时、分、秒之间要用冒号隔开，如 10:29:36。

③ 若在单元格中同时输入日期和时间，日期和时间之间用空格隔开。

2. 数据填充功能

Excel 提供了数据填充功能，用以自动生成有规律的数据，如相同数据、等比、等差数列等，从而提高输入数据的效率。

（1）在一行或一列中产生相同数据

向某一单元格输入第一个数据，然后单击该单元格右下角，此时鼠标变为“+”号，按住鼠标左键向下向上（或左右）拖动即可。

（2）在一行或一列中产生等差或等比数列

向某一单元格输入第一个数据，单击“开始”→“编辑”→“填充”下拉按钮，选择“序列”命令，打开如图 5-4 所示的“序列”对话框。

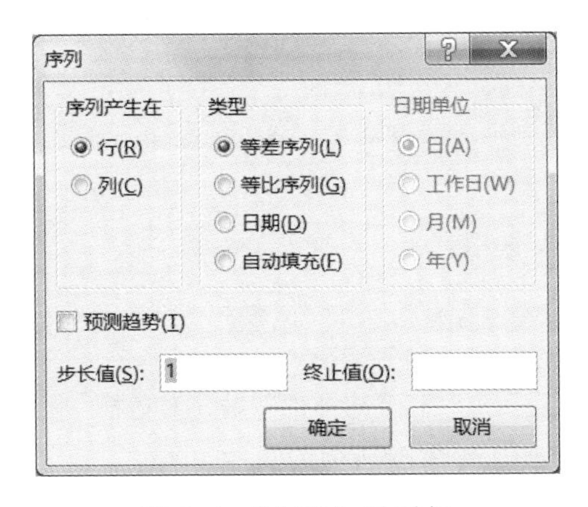

图 5-4 “序列”对话框

在对话框中，根据需要确定如下内容：数列在工作表中是以行还是列方式生成；数列的类型；日期型数据的时间单位；等差或等比数列的步长值及终止值。

单击“确定”按钮，就可生成相应数列。

对于步长值为 1 的等差数列，也可按住【Ctrl】键，同时单击第一个单元格右下角的黑色小方块，向下向上（或左右）拖动即可。

对于有规律的序列，可只输入前两项，然后单击第一个单元格右下角的黑色小方块（又称为填充柄），向下（或向上或左右）拖动即可。

3. 数据的基本操作

数据的基本操作是指数据的移动、复制和粘贴。对于数据的移动、复制和粘贴操作，通过以下方法实现：

① 选中要操作的单元格，单击“开始”→“剪贴板”→“复制”或“剪切”按钮，然后单击目标单元格，单击“开始”→“剪贴板”→“粘贴”按钮。

② 右击要操作的单元格，选择“复制”或“剪切”命令，然后右击目标单元格，选择“粘贴”命令。

③ 使用【Ctrl+X】（剪切）组合键、【Ctrl+C】（复制）组合键和【Ctrl+V】（粘贴）

组合键完成。

④ 使用“选择性粘贴”，操作步骤如下：

选中需要操作的单元格，单击“开始”→“剪贴板”→“复制”按钮，单击目标单元格→“剪贴板”中的“粘贴”下拉按钮，选择“选择性粘贴”命令，打开如图 5-5 所示的对话框。

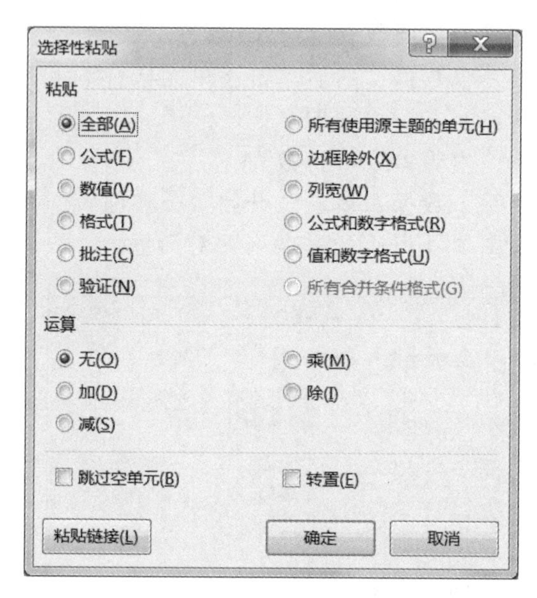

图 5-5 “选择性粘贴”对话框

“选择性粘贴”对话框中，常用的功能有以下几种：

- 以“全部”方式粘贴：将要复制的文件，按照原样粘贴到相应的位置。
- 以“公式”方式粘贴：将要复制的文件，按照公式方式粘贴到相应的位置。
- 以“数值”方式粘贴：将要复制的文件，从中去除格式、公式，仅提取数据内容，还可进行相应的运算，粘贴到相应的位置。
- 以“格式”方式粘贴：将要复制的文件，从中去除数据、公式，仅提取格式内容，粘贴到相应的位置。

“选择性粘贴”不仅可以进行数据的复制，还可进行数据计算。

4. 数据导入

在进行数据处理时，有的数据不需要直接输入，因为已经有现成的数据文件。这些已经存在的数据称为外部数据。外部数据一般有 Excel 文件、文本文件和网络数据等。对于 Excel 文件直接打开即可，下面主要介绍后两类文件的导入。

(1) 文本文件数据的导入

文本文件是指数据存储成文本文件形式，数据与数据之间会有固定宽度或用不同的分隔符号分隔。假设有如图 5-6 所示的文件，导入到 Excel 中的操作步骤如下：

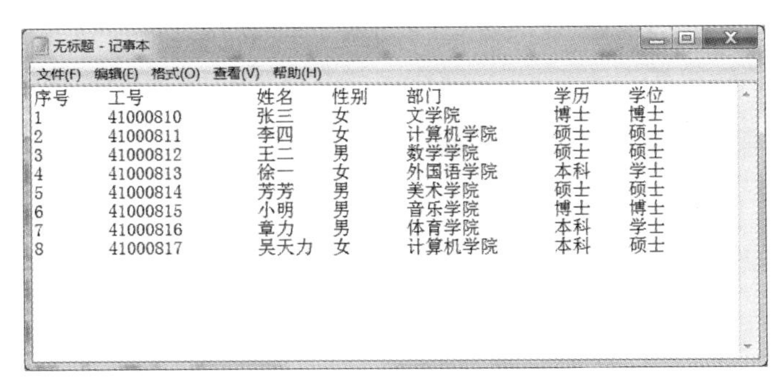

无标题 - 记事本

文件(F)　编辑(E)　格式(O)　查看(V)　帮助(H)

序号	工号	姓名	性别	部门	学历	学位
1	41000810	张三	女	文学院	博士	博士
2	41000811	李四	女	计算机学院	硕士	硕士
3	41000812	王二	男	数学学院	硕士	硕士
4	41000813	徐一	女	外国语学院	本科	学士
5	41000814	芳芳	男	美术学院	硕士	硕士
6	41000815	小明	男	音乐学院	博士	博士
7	41000816	章力	男	体育学院	本科	学士
8	41000817	吴天力	女	计算机学院	本科	硕士

图 5-6　文件中的数据

① 准备工作。新建一个 Excel 文件，点击功能选项卡“数据”→“获取和转换数据”→获取数据→来自文件→从文本/CSV，或者直接单击“获取和转换数据”中的“从文本/CSV”，如图 5-7 所示。

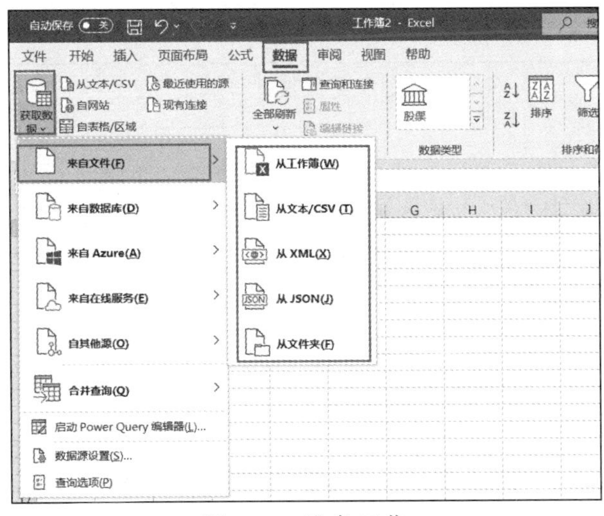

图 5-7　准备工作

② 在弹出的对话框中选中该文本文件，并单击“导入”按钮后，打开如图 5-8 所示的对话框。在该对话框中，可以对文件原始格式、分隔符和数据类型检测进行调整。

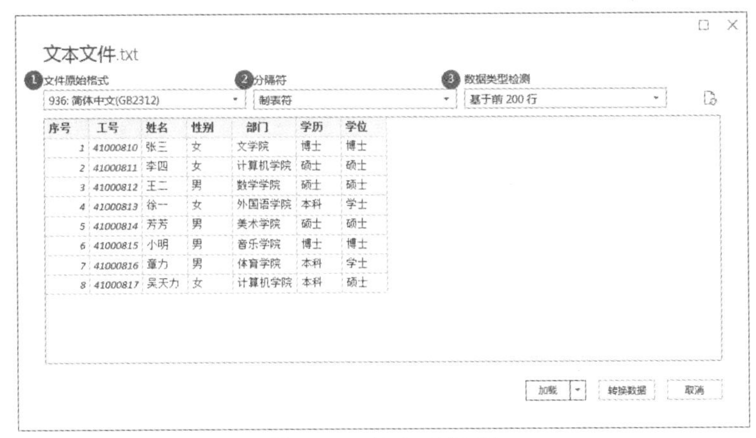

文本文件.txt

① 文件原始格式：936: 简体中文(GB2312)　② 分隔符：制表符　③ 数据类型检测：基于前 200 行

序号	工号	姓名	性别	部门	学历	学位
1	41000810	张三	女	文学院	博士	博士
2	41000811	李四	女	计算机学院	硕士	硕士
3	41000812	王二	男	数学学院	硕士	硕士
4	41000813	徐一	女	外国语学院	本科	学士
5	41000814	芳芳	男	美术学院	硕士	硕士
6	41000815	小明	男	音乐学院	博士	博士
7	41000816	章力	男	体育学院	本科	学士
8	41000817	吴天力	女	计算机学院	本科	硕士

加载　转换数据　取消

图 5-8　导入对话框

③ 设置完成后，单击“加载”按钮就完成了将文本文件数据导入到 Excel 中，如图 5-9 所示。

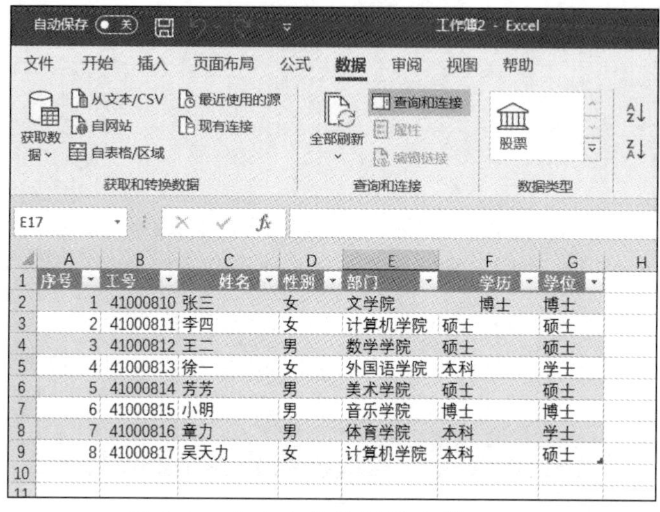

图 5-9 文本文件数据导入到 Excel

（2）网络数据的导入

除本地数据外，Excel 还可以导入网络的在线数据，如股票行情、中国统计信息网网站公布的各行各业的数据等。这些数据都是实时数据，会随着时间的变化而发生变化。Excel 导入后也有自动刷新功能，不需要重新导入。下面以国家统计局网站的数据导入为例，具体操作步骤如下：

① 准备工作。新建一个 Excel 文件，选择“数据”→“获取和转换数据”→“获取数据”→“自其他源”→“自网站”命令，或者直接单击“获取和转换数据”中的“自网站”，如图 5-10 所示。

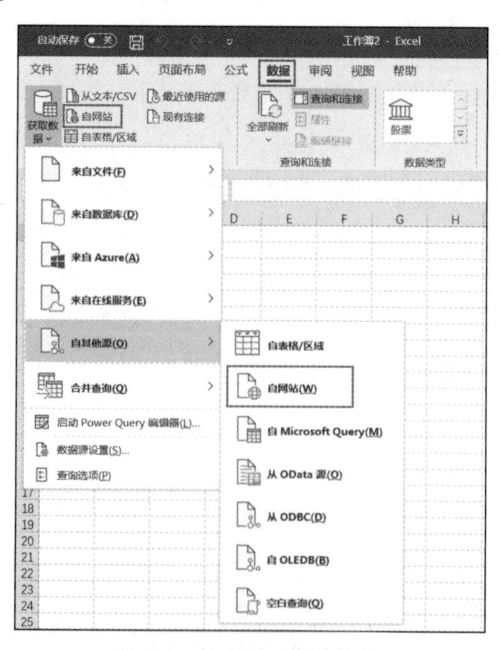

图 5-10 导入网站数据

② 在打开的对话框中复制对应的网址（http://www.stats.gov.cn/tjsj/zxfb/202001/t20200123_1724697.html），如图 5-11 所示。

图 5-11 “从 Web”对话框

③ 单击“确定”按钮后打开“导航器”对话框，如图 5-12 所示。在该对话框中，首先选中“选择多项”复选框，然后选择网页中的表格对应的自动命名的文件名 Table1，在右侧会出现对应的浏览结果。如果右边显示的信息与网页中的表格数据一致，就表示正确。最后单击“加载”按钮就可将显示的数据导入到 Excel。

图 5-12 “导航器”对话框

④ 导入到 Excel 中的数据如图 5-13 所示。将原来作为表格标题的信息“2019 年贫困地区农村居民收入情况”转化成为字段名，可以适当进行修改。原始表格如图 5-14 所示。

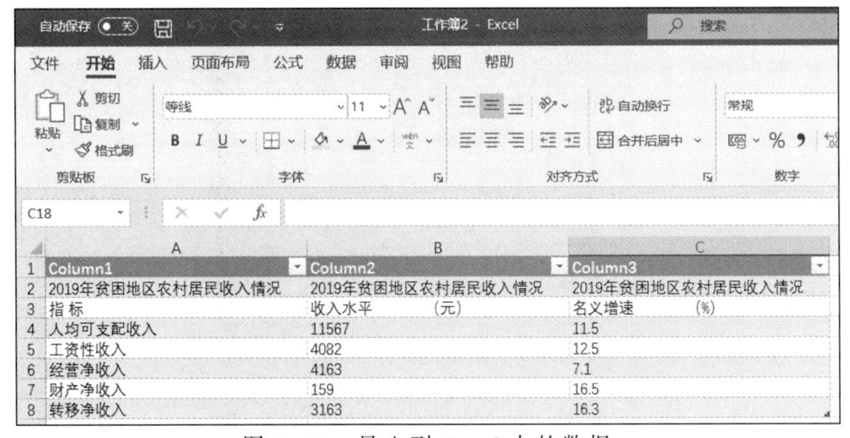

图 5-13 导入到 Excel 中的数据

2019 年贫困地区农村居民收入情况

指　标	收入水平（元）	名义增速（%）
人均可支配收入	11567	11.5
工资性收入	4082	12.5
经营净收入	4163	7.1
财产净收入	159	16.5
转移净收入	3163	16.3

图 5-14　原始表格

⑤ 对导入的数据进行刷新。Excel 中提供了多种刷新方式：一种是单击“数据”→“查询和连接”→“全部刷新”按钮；另一种是右击导入数据的任何一个单元格，在弹出的快捷菜单中选择“刷新”命令；第三种是选择“数据”→“查询和连接”→“全部刷新”→“连接属性”命令，在打开的对话框中进行刷新设置，如图 5-15 所示。

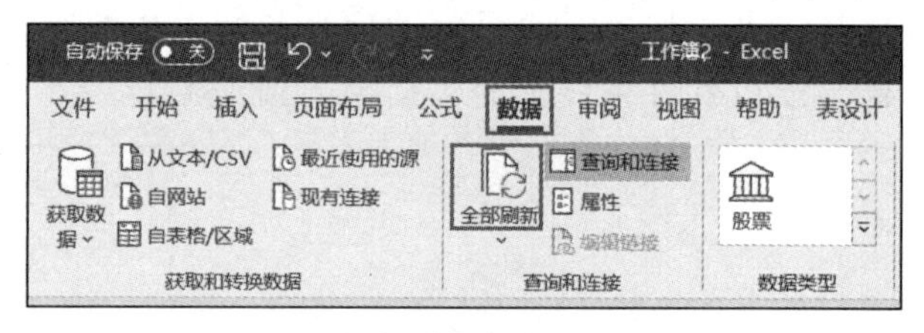

（a）刷新方式一

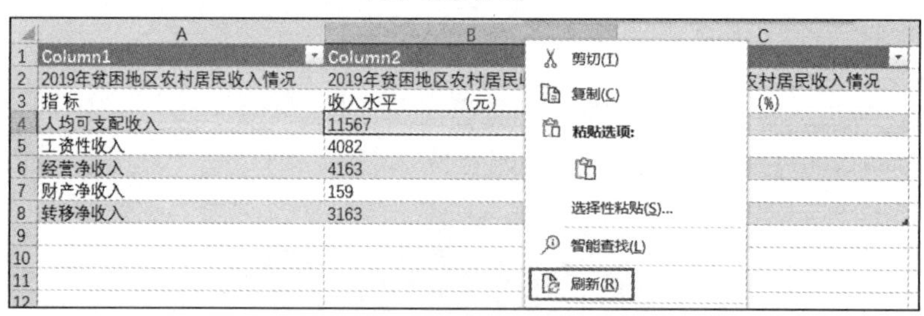

（b）刷新方式二

（c）刷新方式三

图 5-15　刷新方式

5.1.4 数据的基本性质

了解数据的基本性质是进行一次成功的数据预处理的前提，对数据进行必要的简单统计可以描述数据的基本性质。

1. 统计中心趋势

描述数据的中心趋势统计有 3 个指标：均值、中位数、众数。

① 均值：衡量一组数据的平均水平。求均值有多种方法，例如，若数据之间对结果的影响程度不一样，则采用加权求均值。有时均值对于极值点很敏感，也常采用截尾均值，即去除一个最大值和一个最小值。最直接、最常用的方法就是直接累加除以个数，如设有一个含有 n 个样本的集合 $X=\{x_1,\cdots,x_n\}$，均值表示为 $\overline{X}=\frac{\sum_{i=1}^{n}x_i}{n}$。

② 中位数：均值可以很好地反映一组数据的集中程度，是数据的代表，但容易受极端值的影响，因此引入中位数。中位数也是用来描述数据的集中趋势，其计算方法是将一组数据按照由小到大（或由大到小）的顺序排列。如果数据的个数是奇数，则处于中间位置的数就是这组数据的中位数；如果数据的个数是偶数，则中间两个数据的平均数就是这组数据的中位数。设有两组数据分别为 5 6 2 3 2 和 5 6 2 4 3 5，则第一组中位数为 3，第二组中位数为 4.5。

③ 众数：众数也常作为一组数据的代表，用来描述数据的集中趋势。一组数据中出现次数最多的数据就是这组数据的众数。当一组数据中多个数据出现的次数相同时，这几个数据都是这组数据的众数。当一组数据有较多的重复数据时，众数往往是人们所关心的一个量。

2. 度量数据分布

描述数据分布有 5 个指标：极差、四分位数、方差、标准差和四分位数极差。

① 极差：该集合的最大值和最小值的差值。极大值和极小值很有可能是离散点，对于实验结果的作用并不是总是有效，但用于衡量数据分布的离散程度有些作用。如果最大值和中位数相差过大，则有理由怀疑数据的分散程度很高，当然这并不是绝对如此，这只是一个大致的估计量。

② 四分位数和四分位数极差：通常将集合平均划分为四等份的 3 个点。设 1/4 处的点为 p，3/4 处的点为 q，p 与 q 的差额也称四分位数极差，用于测算中间部分所占的比例。

③ 方差和标准差：低标准差意味着数据更加趋近于均值，波动更小，数据分布离散程度低。设有一个含有 n 个样本的集合 $X=\{x_1,\cdots,x_n\}$，则方差表示为 $S^2=\frac{\sum_{i=1}^{n}(x_i-\overline{X})^2}{n-1}$，

标准差表示为 $s=\sqrt{\frac{\sum_{i=1}^{n}(x_i-\overline{X})^2}{n-1}}$。

对于倾斜分布，任何一个单一的数值度量都不是很理想，因此采用中位数、四分位数 p 与 q、最小值和最大值的组合进行衡量，其中，盒图是最能体现 5 个指标的一种图形表示方法，如图 5-16 所示。

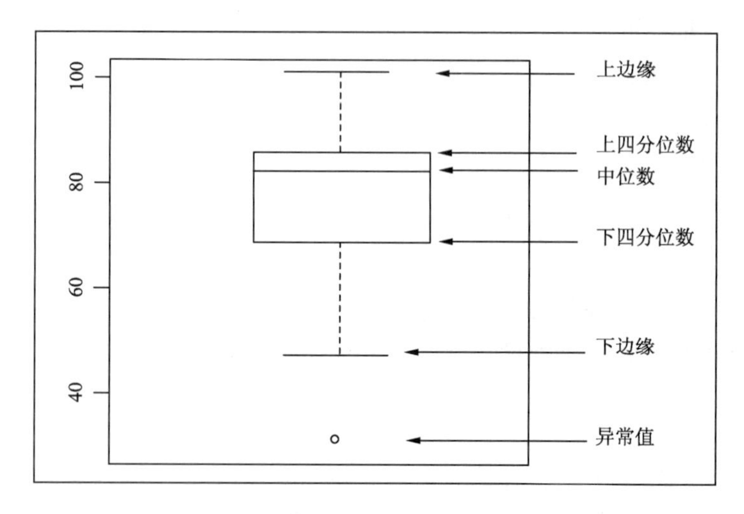

图 5-16 盒图

5.2 大数据预处理

数据预处理是进行数据分析的重要步骤，包括清洗数据、转换数据、数据抽样、数据计算等。在预处理过程中，需要去实现数据的审核、筛选、排序、分类（分组）、简单汇总以及所需新指标数据的计算、除重等功能。下面详细介绍利用 Excel 工具进行大数据预处理。

5.2.1 清洗数据

清洗数据是进行数据预处理的第一步，主要包括原始数据中重复的数据、缺失大部分信息的数据以及存在异常值的数据。重复的数据会使得数据的方差变小，导致数据分布发生变化，缺失大部分信息的数据会导致样本数据减少，造成数据分析的结果产生偏差，存在异常值的数据会产生“伪回归”。因此，清洗数据将清除重复数据，将缺失信息的数据补充完整，将异常数据进行修正或剔除，以便为数据分析提供一份完整、正确的数据。

1. 处理重复数据

重复数据是数据表中经常会出现的现象之一，一般指两条或两条以上的记录信息相同或者两个或多个不同字段名对应的字段值完全相同。Excel 中检测重复数据并处理数据有多种不同的方法。

（1）数据工具法

使用删除重复项的功能将重复的项目直接删除，保留唯一值。具体操作步骤如下：

① 选中待处理的数据，单击“数据”→“数据工具”→“删除重复值”按钮，在打开的“删除重复值”对话框中单击“确定”按钮，如图 5-17 所示。

② 在打开的“删除重复值”对话框中，选择包含重复值的列，单击“确定”按钮完成删除重复数据，如图 5-18 所示。

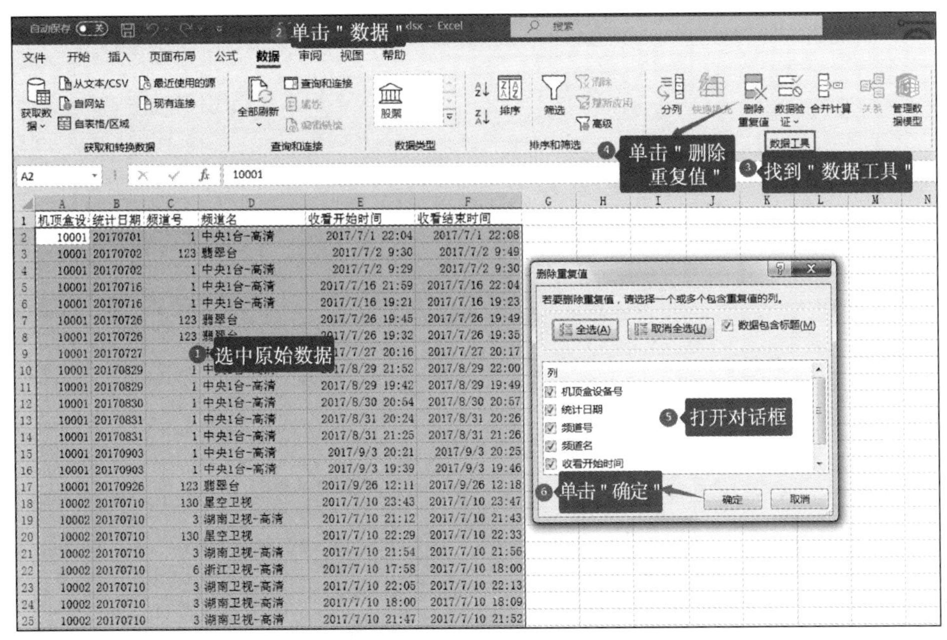

图 5-17　数据工具法

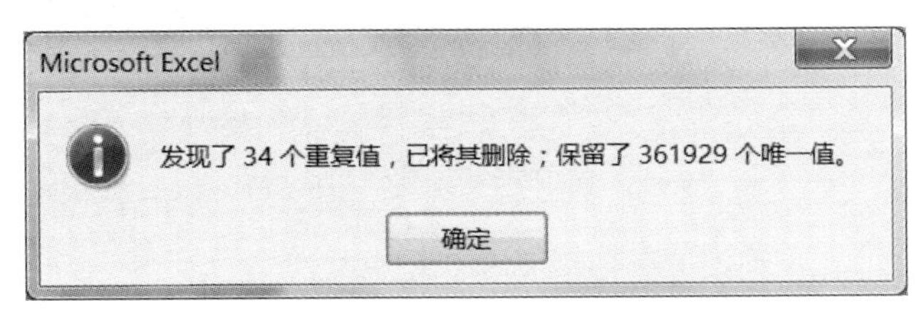

图 5-18　删除重复值确认对话框

（2）“高级筛选”功能

数据筛选包括两方面内容：一是将某些不符合要求的数据或有明显错误的数据予以剔除；二是将符合某种特定条件的数据筛选出来，对不符合条件的数据予以剔除。利用 Excel 进行筛选，有“自动筛选”和“高级筛选”两种形式。使用高级筛选的功能也能删除重复数据，提取唯一值。具体操作步骤如下：

选中待处理的数据，单击“数据”→“排序和筛选”→“高级”按钮，在打开的对话框中选择“将筛选结果复制到其他位置”→“复制到”（选择存放的位置）→选中“选择不重复的记录”复选框，单击“确定”按钮，就可得到无重复数据，如图 5-19 所示。

（3）数据透视表

使用数据透视表可以删除重复数据，将唯一值提取出来。具体操作步骤如下：

① 选中数据区域的任意一单元格，单击“插入”→“表格”→“数据透视表”按钮，如图 5-20 所示。

② 在打开的对话框中选择“选择放置数据透视表的位置”，在打开的对话框中将字段学号拖放至“行”，然后粘贴透视结果，删除无用的项目，如图 5-21 所示。

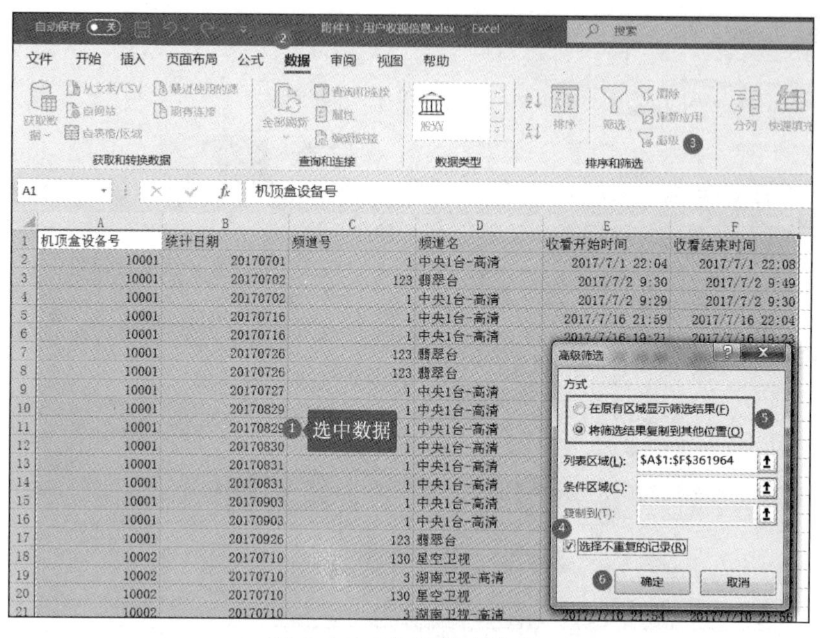

图 5-19　高级筛选功能

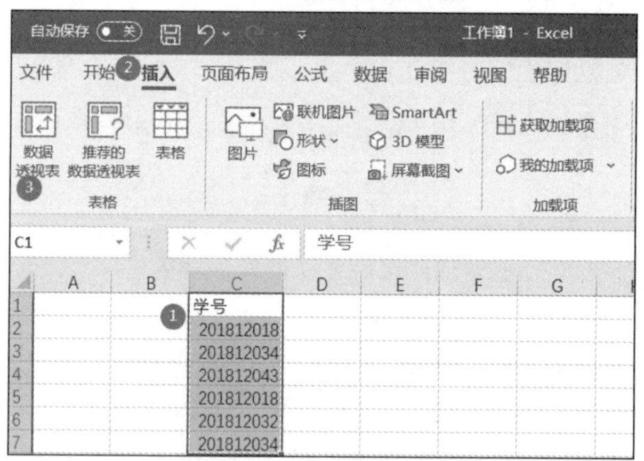

图 5-20　数据透视表

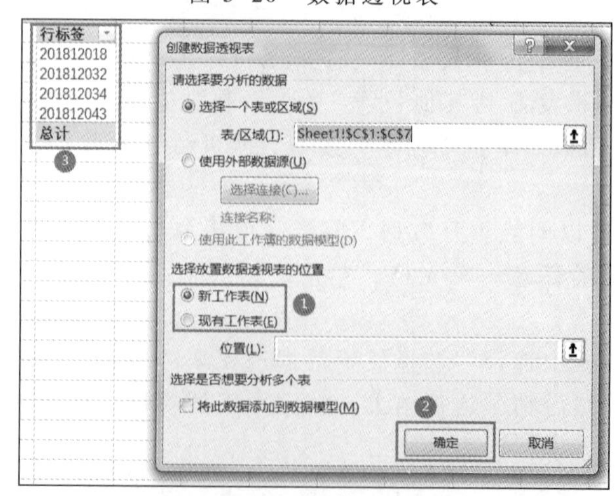

图 5-21　“创建数据透视表”对话框及结果

（4）Power Query

使用 Power Query 完成删除重复项，保留不重复项。具体操作步骤如下：

① 选中原始数据，单击“数据”→“获取和转换数据”→“自表格/区域”按钮，如图 5-22 所示。

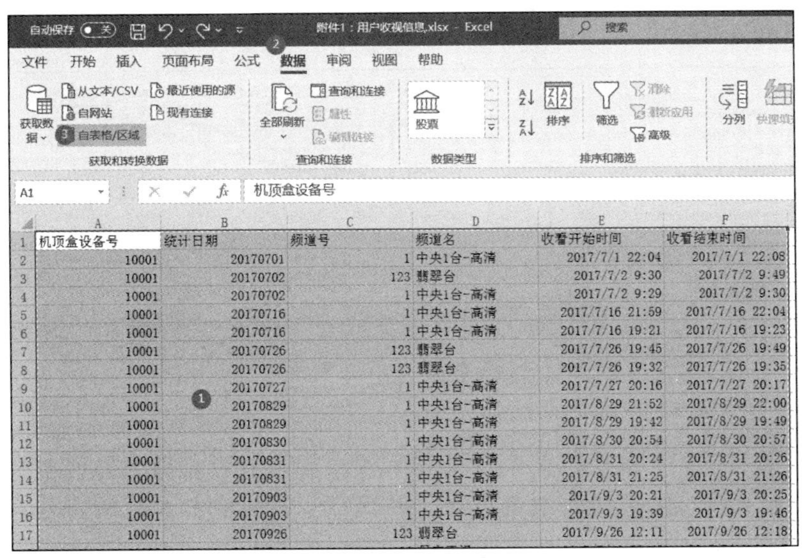

图 5-22　设置自表格/区域

② 在打开的对话框中选中“表包含标题”复选框，单击“确定”按钮，如图 5-23 所示。

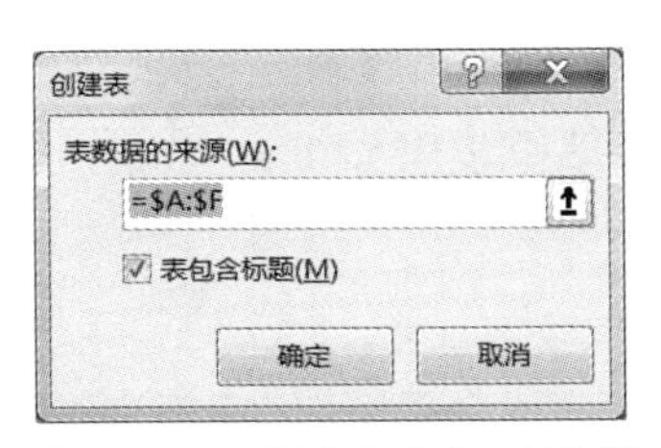

图 5-23　“创建表”对话框

③ 在打开的对话框中选择“主页”→“减少行”→“删除行”→“删除重复项”命令，然后关闭并上传至指定位置即可，如图 5-24 所示。

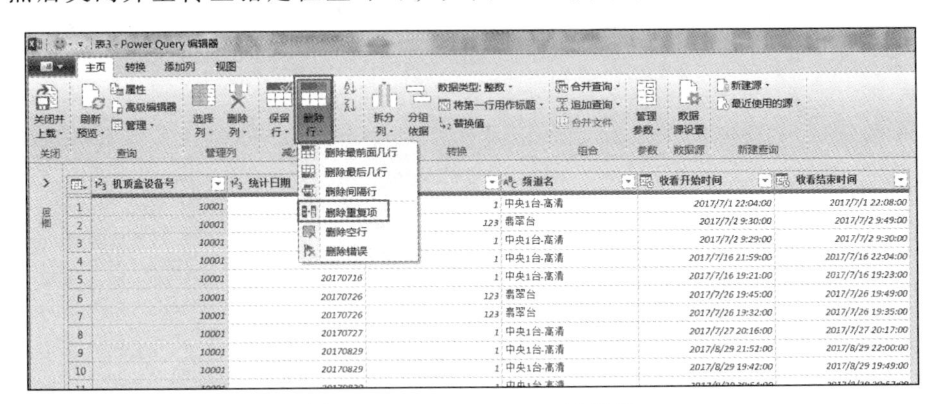

图 5-24　Power Query 编辑器

（5）公式函数法

假设有如图 5-25 所示的数据 A1:A7，将删除重复后的数据放至 D2:D7，使用公式 COUNTIF、LOOKUP、IFERROR 三个函数共同完成。在 D2 单元格中输入公式：

=IFERROR(LOOKUP(1,0/(COUNTIF(D$1:D1,$A$2:$A$7)=0),$A$2:$A$7),"")

然后按【Enter】键向下填充至空白即可。

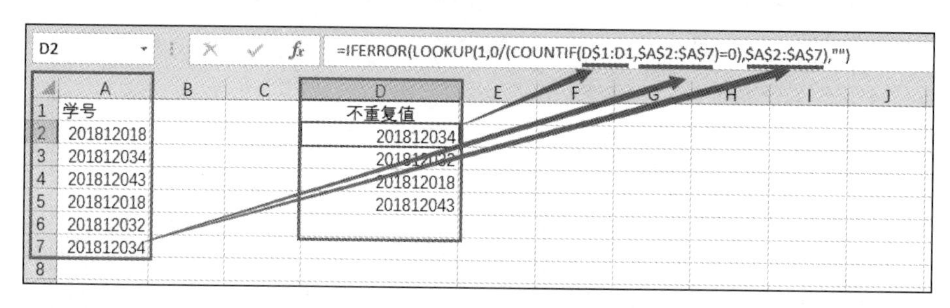

图 5-25　公式函数法

2. 处理缺失数据

缺失数据是指某个数据的某个或某些字段的值为空。如果缺失值太多，说明数据收集过程有问题，接受的标准是缺失值在 10%以下。缺失值产生的原因各不相同，例如市场调查中被调查人拒绝回答相关问题或回答问题无效、录入人员失误、机器故障等都可能造成数据缺失。

处理缺失数据，首先找到缺失数据的位置，然后才能采用适当方法对缺失数据进行处理。

（1）查看缺失数据

查看缺失数据的位置，具体操作步骤如下：

① 选中原始数据，选择“开始”→“编辑”→“查找和选择”→“定位条件”命令，如图 5-26 所示。

A1　机顶盒设备号

	A	B	C	D	E	F
1	机顶盒设备号	统计日期	频道号	频道名	收看开始时间	收看结束时间
2	10001	20170701	1	中央1台-高清	2017/7/1 22:04	2017/7/1 22:08
3	10001	20170702	123			2017/7/2 9:49
4	10001		1	中央1台-高清	2017/7/2 9:29	2017/7/2 9:30
5	10001	20170716	1	中央1台-高清	2017/7/16 21:59	2017/7/16 22:04
6						
7	10001	20170726	123	翡翠台	2017/7/26 19:45	2017/7/26 19:49
8	10001					2017/7/26 19:35
9	10001	20170727	1	中央1台-高清	2017/7/27 20:16	2017/7/27 20:17
10	10001	20170829	1			
11	10[illegible]	20170829	1	中央1台-高清	2017/8/29 19:42	2017/8/29 19:49
12	10001	20170830				
13	10001	20170831	1	中央1台-高清	2017/8/31 20:24	2017/8/31 20:26
14			1	中央1台-高清	2017/8/31 21:25	2017/8/31 21:26
15	10001					
16	10001	20170903	1	中央1台-高清		2017/9/3 19:46
17	10001		123	翡翠台	2017/9/26 12:11	2017/9/26 12:18
18	10002	20170710		星空卫视		2017/7/10 23:47
19	10002	20170710	3	湖南卫视-高清	2017/7/10 21:12	2017/7/10 21:43
20	10002					
21	10002	20170710	3	湖南卫视-高清	2017/7/10 21:54	2017/7/10 21:56
22	10002	20170710	6	浙江卫视-高清	2017/7/10 17:58	2017/7/10 18:00
23	10002	20170710	3	湖南卫视-高清	2017/7/10 22:05	2017/7/10 22:13
24	10002					
25	10002	20170710	3	湖南卫视-高清	2017/7/10 21:47	2017/7/10 21:52
26	10002	20170710	6	浙江卫视-高清		
27	10002	20170710	160	珠江电影	2017/7/10 22:57	2017/7/10 23:16
28	10002				2017/7/10 23:19	2017/7/10 23:39
29	10002				2017/7/10 22:02	2017/7/10 22:05

图 5-26　定位条件

② 在打开的“定位条件”对话框中，选中“空值”单选按钮，单击“确定”按钮，如图 5-27 所示。

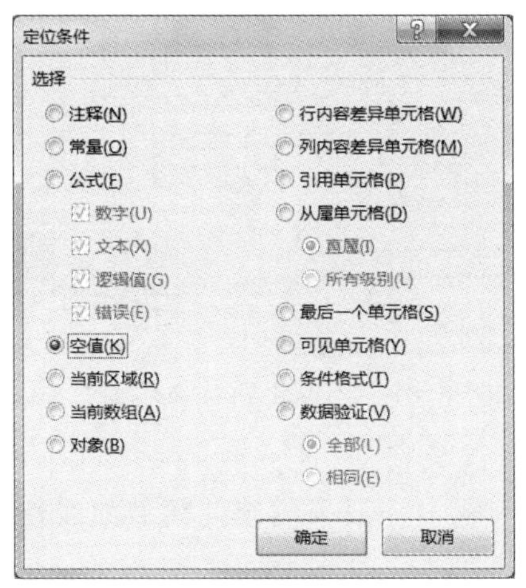

图 5-27　“定位条件”对话框

③ 原始数据中所有有缺失信息的数据全部找出来并以灰色形式显示，如图 5-28 所示。

机顶盒设备号	统计日期	频道号	频道名	收看开始时间	收看结束时间
10001	20170701	1	中央1台-高清	2017/7/1 22:04	2017/7/1 22:08
10001	20170702	123			2017/7/2 9:49
10001		1	中央1台-高清	2017/7/2 9:29	2017/7/2 9:30
10001	20170716	1	中央1台-高清	2017/7/16 21:59	2017/7/16 22:04
10001	20170726	123	翡翠台	2017/7/26 19:45	2017/7/26 19:49
10001					2017/7/26 19:35
10001	20170727	1	中央1台-高清	2017/7/27 20:16	2017/7/27 20:17
10001	20170829	1			
10001	20170829	1	中央1台-高清	2017/8/29 19:42	2017/8/29 19:49
10001	20170830				
10001	20170831	1	中央1台-高清	2017/8/31 20:24	2017/8/31 20:26
		1	中央1台-高清	2017/8/31 21:25	2017/8/31 21:26
10001					
10001	20170903	1	中央1台-高清		2017/9/3 19:46
10001		123	翡翠台	2017/9/26 12:11	2017/9/26 12:18
10002	20170710		星空卫视		2017/7/10 23:47
10002	20170710	3	湖南卫视-高清	2017/7/10 21:12	2017/7/10 21:43
10002					
10002	20170710	3	湖南卫视-高清	2017/7/10 21:54	2017/7/10 21:56
10002	20170710	6	浙江卫视-高清	2017/7/10 17:58	2017/7/10 18:00
10002	20170710	3	湖南卫视-高清	2017/7/10 22:05	2017/7/10 22:13
10002					
10002	20170710	3	湖南卫视-高清	2017/7/10 21:47	2017/7/10 21:52
10002	20170710	6	浙江卫视-高清		
10002	20170710	160	珠江电影	2017/7/10 22:57	2017/7/10 23:16
10002				2017/7/10 23:19	2017/7/10 23:39
10002				2017/7/10 22:02	2017/7/10 22:05

图 5-28　显示的结果

（2）缺失数据处理的方法

通过前面介绍的步骤，能够找到缺失数据所在的位置。根据找出的位置，就可以处理缺失数据。处理缺失数据的方法有删除法、替换法和插值法。

删除法是指将含有缺失值的字段或者记录删除，是属于通过减少样本量来换取信息完整度的一种方法。

替换法是指用一个特定的值替换缺失值，如果缺失值是数值型，通常利用其均值、中位数和众数等描述其集中趋势的统计量来代替缺失值；如果是非数值型时，可以选择使用众数来替换缺失值。根据查找出来的位置，直接使用查找和替换功能中的替换功能就可完成，如图 5-29 所示。

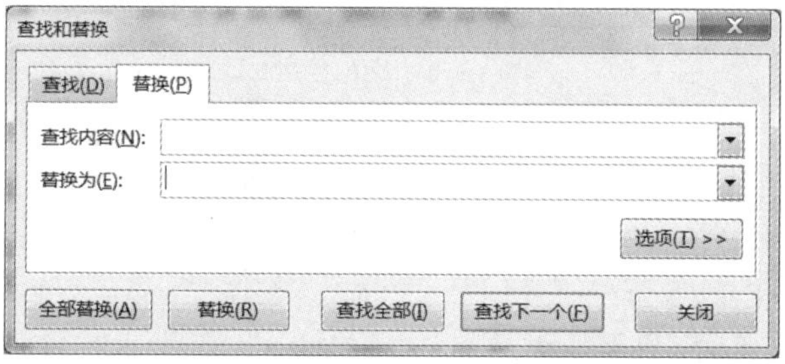

图 5-29 “查找和替换”对话框

删除法简单易行，但会引起数据结构变动，样本减少；替换法会影响数据的标准值。插值法能更精准地解决这些问题，一般采用统计模型如线性插值、多项式插值和样条插值等计算出来的值代替缺失值。

3. 处理异常值

异常值是指数据中个别记录的数值明显偏离其余的数值，又称离群点。检测异常值就是检验数据中是否有输入错误以及是否含有不合理的数据。数据中存在异常值会对结果产生不良影响，从而导致分析结果产生偏差甚至错误。因此，对于不同原因造成的异常值，处理方法也各不相同。

① 异常值是一个被错误记录的数据值，可以在进一步分析之前进行修正。例如，在全国人口系统中，出生了一个叫王小二的婴儿（女），登记时，工作人员手动将婴儿的性别错误输入成“男”。这种情况下的异常值，就需要进一步核实，人为地进行修正。

② 异常值是一个被错误包含在数据集的值，如果是这样，则可以直接删除。

③ 异常值是一个反常的数据值，它被正确记录并且属于数据集，这种情况下，应该保留。例如，某公司发布了一款新手机，全球用户都喜欢，发布会当天销售量可能会暴增。这时候的异常值代表了销售的实际数值，应该保留。

Excel 中自动处理异常值的直观方法是画出对应数据的箱形图，另一种方法也可使用突出显示异常值工具。突出显示异常值工具可以处理 Excel 数据表范围内的所有数据，也可以只选择处理若干个列，还可以调整阈值来控制数据变化的范围，以便找到更多或更少的异常值。

箱形图又称盒图、盒须图、盒式图、盒状图或箱线图，是一种用作显示一组数据分散情况的统计图，因形状如箱子而得名。它提供了识别异常值的一个标准，这个标准是指异常值被定义为小于 QL-1.5IQR 或大于 QU+1.5IQR。其中，QL 称为下四分位数，表示全部观察值中有四分之一的数据限值比它小，QU 称为上四分位数，表示全部观察值中有四分之一的数据取值比它大，IQR 称为四分位数间距，是上四分位数 QU 与下四分位数 QL 之差，其间包含了全部观察值的一半。

箱形图真实、直观地表现出了数据分布的本来状态，其判断异常值的标准以四分位数和四分位数间距为基础。四分位数给出了数据分布的中心、散布和形状的某种指示，具有一定的健壮性，即 25%的数据可以变得任意远，而不会很大地扰动四分位数，所以异常值通常不能对这个标准施加影响。因此，箱形图识别异常值的结果比较客观，具有一定的优越性。下面以一个具体数据表为例介绍箱形图识别异常值的过程。

① 准备原始数据，如图 5-30 所示。

2019级计算机应用技术班期末考试成绩表			
学号	高等数学	英语	高级语言程序设计
A1	81	87	12
A2	90	65	180
A3	87	21	34
A4	65	56	45
A5	43	65	56
A6	34	77	67
A7	66	52	78
A8	55	120	89
A9	11	98	90
A10	44	90	87
A11	190	56	76
A12	22	83	65
A13	99	33	54
A14	88	78	43
A15	2	40	9
A16	66	90	21

图 5-30　原始数据

② 选中三列成绩，单击“插入”→“图表”→“箱形图”，单击“确定”按钮，如图 5-31 所示。

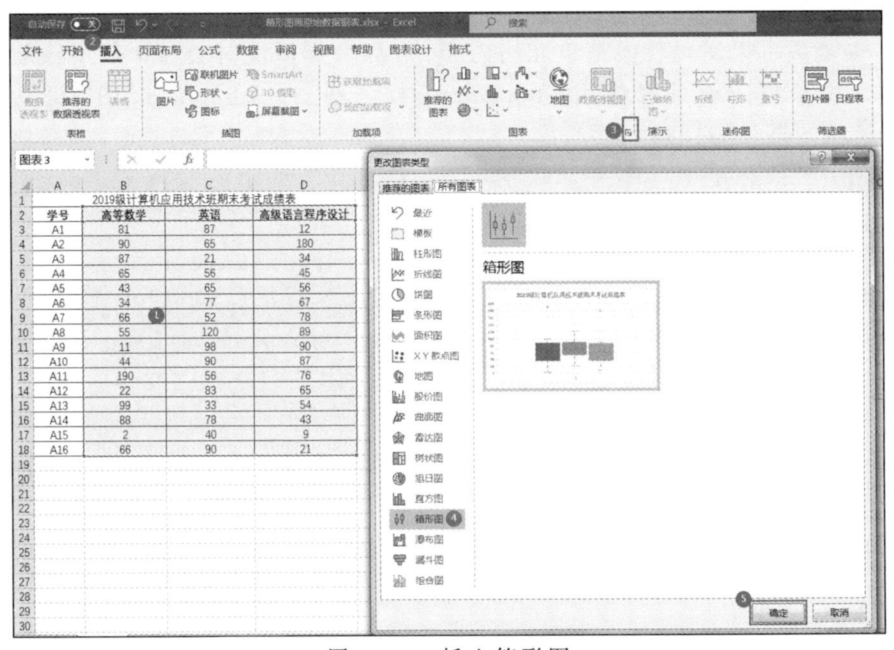

图 5-31　插入箱形图

③ 得到的箱形图如图 5-32 所示。通过箱形图呈现的结果，发现有两个异常值：一是高等数学课程中有一个学生成绩为 190；另一个是高级语言程序设计课程中有一个学生成绩为 180。

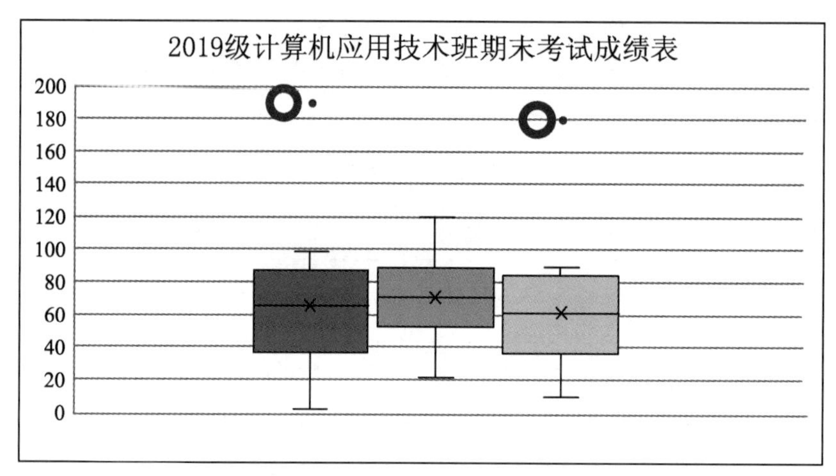

图 5-32 箱形图

4. 清洗数据的其他操作

（1）清除字符串两边的空格

清除字符串两边的空格函数 Trim 的格式如下：

```
=Trim(text)
```

（2）Replace 替换

Replace 替换函数的格式如下：

```
=Replace（指定字符串，哪个位置开始替换，替换几个字符，替换成什么）
```

Replace 函数可以实现替换掉单元格内容，在做数据清洗时会经常使用，例如把手机号码后四位屏蔽掉，就可以使用 Replace 函数。例如，=Replace("18818849894",8,4,"****")，返回结果 1881884****。

（3）Substitute 替换

Substitute 替换函数的格式如下：

```
=Substitute ( text, old_text, new_text, [instance_num])
```

当最后一个参数 instance_num 为确定数值时，用来指定以 new_text 替换第几次出现的 old_text，如果忽略，则替换所有 old_text，也是它与 replace 的区别。

例如，=Substitute("18818849894",8, "*",2)，返回结果 18*18849894。

（4）清洗单元格内容

由于分列功能会将一列单元格拆分为两列，并不会保存原始单元格，因此往往使用 Left / Right / Mid 函数更加实用。

① Left (test,num_chars)：从左第一个位置开始截取，截取字符数为 num_chars。

② Right (test,num_chars)：从右第一个位置开始截取，截取字符数为 num_chars。

③ Mid (test,star_num,num_chars)：从指定位置（ star_num ）开始截取，截取字符数为 num_chars。

（5）返回字符串长度

返回字符串长度 Len 函数的格式如下：

```
Len(test)
```

在 len 中，一个中文汉字其长度计算为 1，在 Lenb 函数中，一个中文汉字其长度计算为 2。

（6）指定返回格式

指定返回格式 TEXT 函数的格式如下：

```
TEXT(value, format_text)
```

其中，value 为数值、计算结果为数字值的公式，或对包含数字值的单元格的引用；format_text 为“单元格格式”对话框中“数字”选项卡上“分类”框中的文本形式的数字格式。

将数值转换为指定的文本格式，平时多用于数据格式的处理，例如，保留百分比、保留两位小数、返回时间的格式。指定返回格式 TEXT 函数应用举例如表 5-1 所示。

表 5-1 指定返回格式 TEXT 函数应用举例

转换前	转换后	公式
0.2	20%	=TEXT(A1,"0%")
22:35	22:35:00	=TEXT(A2,"hh:mm:ss")
22.38	$0,022.4	=TEXT(A3,"$0,000.0")

（7）拆分单元格

通过单击“数据”→“数据工具”→“分列”按钮进行，根据自己的数据情况选择相应的分列条件。

（8）数据透视

数据透视表的核心思想是聚合运算，将字段名相同的数据聚合起来，通过聚合的数字进行数据展示。

通过单击“插入”→“表格”→“数据透视表”的功能即可添加一张新的 Sheet 表单，将原始数据和汇总计算数据分离。

可以看到，在新的 Sheet 中列和行的设置，则是按不同轴向展现数据。简单地说，想要什么结构的报表，就用什么样的拖动方式。

5.2.2 转换数据

转换数据有两种情况，分别是数据表的行列互换和数据类型的转换。数据表的行列互换是根据操作的需要进行行列相互交换，行变成列，列变成行，也就是矩阵常用的一种基本操作——转置。

1. 数据表的行列互换

数据表的行列互换操作步骤如下：

① 假设有如图 5-33 所示的原始数据。

② 选中需要转换的数据区域并进行复制。

③ 选择用来存放复制的数据区域，右击，在弹出的快捷菜单中选择“选择性粘贴”命令，打开如图 5-34 所示的对话框，选中“转置”复选框。

	A	B
1	学号	高级语言程序设计
2	2018091110	90
3	2018091111	78
4	2018091112	87
5	2018091113	98
6	2018091114	90
7	2018091115	88
8	2018091116	99
9	2018091117	78
10	2018091118	76

图 5-33 原始数据

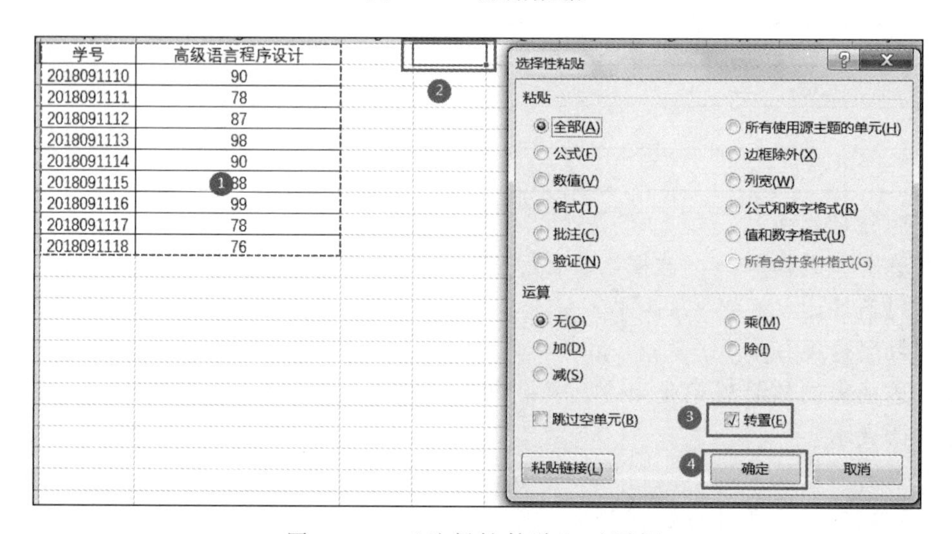

图 5-34 “选择性粘贴”对话框

④ 单击“确定”按钮，得到行列互换的数据表，如图 5-35 所示。

D	E	F	G	H	I	J	K	L	M
学号	2018091110	2018091111	2018091112	2018091113	2018091114	2018091115	2018091116	2018091117	2018091118
高级语言程序设计	90	78	87	98	90	88	99	78	76

图 5-35 行列互换后的数据表

2. 数据类型的转换

有时为了处理数据的需要，需要对数据类型进行转换，例如，在输入身份证时发现输入的信息不能完全正确地显示出来，这时就需要将单元格默认的整型转换成文本型。数据类型的转换操作步骤如下：

选中要转换类型的数据区域，右击，在弹出的快捷菜单中选择“设置单元格格式”命令，在打开的“设置单元格格式”对话框中选择击“数字”选项卡，或者单击“开始”→“数字”→ ⌞ 按钮，在打开的对话框中按照需要选择所需的数据类型，如图 5-36 所示。

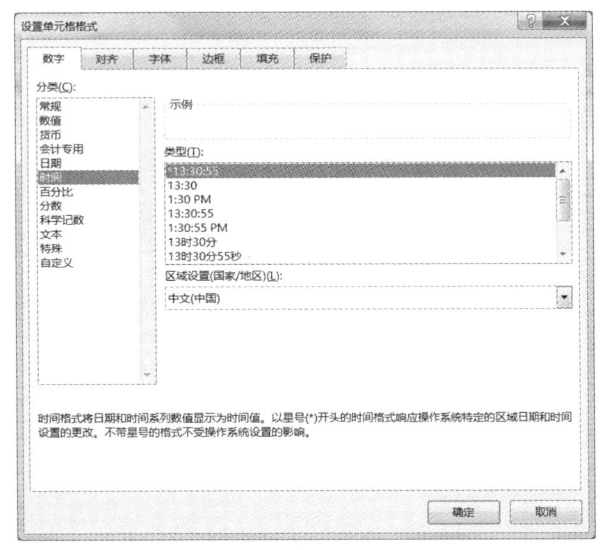

图 5-36　“设置单元格格式”对话框

5.2.3　数据计算

数据计算

在进行数据处理时，有时不能直接从源数据提供的信息得到符合要求的数据，但是可以通过数据经过一定的计算得到。数据计算一般通过 Excel 提供的函数来完成。下面给出如图 5-37 所示的原始数据，通过相关函数来完成其要求的功能。

	A	B	C	D	E
1	员工姓名	出生年月	就职单位	评价	工资
2	张明	1961/1/23	北京××信息技术有限公司上海分公司	['年底双薪', '技能培训', '带薪年假', '绩效奖金']	10k-20k
3	张小明	1978/9/8	深圳市 ×× 网络科技有限公司	['节日礼物', '带薪年假', '扁平管理',]	10k-20k
4	徐红	1972/12/25	上海 ×× 商务服务有限公司	['技能培训', '节日礼物', '岗位晋升', '五险一金']	15k-25k
5	徐小红	1965/4/5	陕西××数据通信股份有限公司		20k-25k
6	徐文辉	1980/6/12	杭州××闪购网络科技有限公司	['技能培训', '岗位晋升', '管理规范',]	6k-12k
7	吴华	1995/4/3	南京××信息技术有限公司	['年底双薪', '带薪年假', '岗位晋升',]	10k-18k
8	吴小华	1966/3/17	广州××软件技术有限公司	['技能培训', '年底双薪', '节日礼物', '绩效奖金']	7k-14k
9	胡东	1988/12/24	深圳市 ×× 网络科技有限公司	['股票期权', '绩效奖金', '年底双薪', '五险一金']	10k-15k
10	胡小东	1973/10/19	上海××网络信息科技有限公司	['绩效奖金', '专项奖金', '定期体检', '免费晚餐']	6k-8k
11	赵田	1979/10/10	上海××软件有限公司	['技能培训', '年底双薪', '股票期权', '带薪年假']	8k以上
12	赵小明	2000/12/12	北京××在线科技有限公司	['技能培训', '绩效奖金', '岗位晋升',]	10k-20k
13	朱度	1985/2/20	上海 ×× 电子商务有限公司	['技能培训', '节日礼物', '年底双薪', '绩效奖金']	12k-24k
14	朱平	1987/2/20	上海 ×× 科技有限公司	['年底双薪', '年终分红', '带薪年假',]	8k-10k
15	朱小平	1973/9/26	北京×× 信息技术有限公司上海分公司	['年底双薪', '技能培训', '带薪年假', '绩效奖金']	12k-24k
16	甘露	1962/10/5	深圳市 ×× 网络科技有限公司	['股票期权', '绩效奖金', '年底双薪', '五险一金']	10k-15k
17	甘苦	1964/12/30	上海××网络科技有限公司	['年底双薪', '带薪年假', '绩效奖金', '岗位晋升']	6k-8k
18	黄山	1964/12/6	浙江 ×× 网络技术有限公司	['技能培训', '年底双薪', '节日礼物', '绩效奖金']	12k-15k
19	黄澄澄	1982/11/12	上海××金融信息服务有限公司	['专项奖金', '股票期权', '弹性工作', '扁平管理']	10k-20k

图 5-37　初始数据

1. 计算每个员工的年龄

① 在原数据表中增加一列，字段名为年龄，且该列数据类型为数值型，然后选中第一个单元格，输入公式“=YEAR(NOW())-YEAR(B2)”后，按【Enter】键，如图 5-38 所示。

② 填充公式。直接选中该单元格，将鼠标放置该单元格右下角的黑色小框上变成黑色十字形后向下拖动，直到最后记录所对应的单元格放开，如图 5-39 所示。

③ 最后得到了所有记录所对应的年龄，如图 5-40 所示。

NOW =YEAR(NOW())-YEAR(B2)

	A	B	C	D	E	F	G	H
1	员工姓名	出生年月	就职单位	评价	工资	年龄		
2	张明	1961/1/23	北京××信息技术有限公司上海分公司	['年底双薪', '技能培训', '带薪年假', '绩效奖金']	10k-20k	=YEAR(NOW())-YEAR(B2)		
3	张小明	1978/9/8	深圳市 ×× 网络科技有限公司	['节日礼物', '带薪年假', '扁平管理',]	10k-20k			
4	徐红	1972/12/25	上海××通商务服务有限公司	['技能培训', '节日礼物', '岗位晋升', '五险一金']	15k-25k			
5	徐小红	1965/4/5	陕西××数据通信股份有限公司		20k-25k			
6	徐文辉	1980/6/12	杭州××闪购网络科技有限公司	['技能培训', '岗位晋升', '管理规范',]	6k-12k			
7	吴华	1995/4/3	南京××信息技术有限公司	['年底双薪', '带薪年假', '岗位晋升',]	10k-18k			
8	吴小华	1966/3/17	广州××软件技术有限公司	['技能培训', '年底双薪', '节日礼物', '绩效奖金']	7k-14k			
9	胡东	1988/12/24	深圳市 ×× 网络科技有限公司	['股票期权', '绩效奖金', '年底双薪', '五险一金']	10k-15k			
10	胡小东	1973/10/19	上海××网络信息科技有限公司	['绩效奖金', '专项奖金', '定期体检', '免费晚餐']	6k-8k			
11	赵田	1979/10/10	上海××软件有限公司	['技能培训', '年底双薪', '股票期权', '带薪年假']	8k以上			
12	赵小明	2000/12/12	北京××在线科技有限公司	['技能培训', '绩效奖金', '岗位晋升',]	10k-20k			
13	朱度	1985/2/20	上海××电子商务有限公司	['技能培训', '节日礼物', '年底双薪', '绩效奖金']	12k-24k			
14	朱平	1987/2/20	上海 ×× 科技有限公司	['年底双薪', '年终分红', '带薪年假',]	8k-10k			
15	朱小平	1973/9/26	北京××信息技术有限公司上海分公司	['年底双薪', '技能培训', '带薪年假', '绩效奖金']	12k-24k			
16	甘露	1962/10/5	深圳市 ×× 网络科技有限公司	['股票期权', '绩效奖金', '年底双薪', '五险一金']	10k-15k			
17	甘苦	1964/12/30	上海××网络科技有限公司	['年底双薪', '带薪年假', '绩效奖金', '岗位晋升']	6k-8k			
18	黄山	1964/12/6	浙江××网络技术有限公司	['技能培训', '年底双薪', '节日礼物', '绩效奖金']	12k-15k			
19	黄澄澄	1982/11/12	上海××金融信息服务有限公司	['专项奖金', '股票期权', '弹性工作', '扁平管理']	10k-20k			

图 5-38 输入公式

F2 =YEAR(NOW())-YEAR(B2)

	A	B	C	D	E	F
1	员工姓名	出生年月	就职单位	评价	工资	年龄
2	张明	1961/1/23	北京××信息技术有限公司上海分公司	['年底双薪', '技能培训', '带薪年假', '绩效奖金']	10k-20k	59
3	张小明	1978/9/8	深圳市××网络科技有限公司	['节日礼物', '带薪年假', '扁平管理',]	10k-20k	
4	徐红	1972/12/25	上海××商务服务有限公司	['技能培训', '节日礼物', '岗位晋升', '五险一金']	15k-25k	
5	徐小红	1965/4/5	陕西××数据通信股份有限公司		20k-25k	
6	徐文辉	1980/6/12	杭州××闪购网络科技有限公司	['技能培训', '岗位晋升', '管理规范',]	6k-12k	
7	吴华	1995/4/3	南京××信息技术有限公司	['年底双薪', '带薪年假', '岗位晋升',]	10k-18k	
8	吴小华	1966/3/17	广州××软件技术有限公司	['技能培训', '年底双薪', '节日礼物', '绩效奖金']	7k-14k	
9	胡东	1988/12/24	深圳市××网络科技有限公司	['股票期权', '绩效奖金', '年底双薪', '五险一金']	10k-15k	
10	胡小东	1973/10/19	上海××网络信息科技有限公司	['绩效奖金', '专项奖金', '定期体检', '免费晚餐']	6k-8k	
11	赵田	1979/10/10	上海××软件有限公司	['技能培训', '年底双薪', '股票期权', '带薪年假']	8k以上	
12	赵小明	2000/12/12	北京××在线科技有限公司	['技能培训', '绩效奖金', '岗位晋升',]	10k-20k	
13	朱度	1985/2/20	上海××电子商务有限公司	['技能培训', '节日礼物', '年底双薪', '绩效奖金']	12k-24k	
14	朱平	1987/2/20	上海××科技有限公司	['年底双薪', '年终分红', '带薪年假',]	8k-10k	
15	朱小平	1973/9/26	北京××信息技术有限公司上海分公司	['年底双薪', '技能培训', '带薪年假', '绩效奖金']	12k-24k	
16	甘露	1962/10/5	深圳市××网络科技有限公司	['股票期权', '绩效奖金', '年底双薪', '五险一金']	10k-15k	
17	甘苦	1964/12/30	上海××网络科技有限公司	['年底双薪', '带薪年假', '绩效奖金', '岗位晋升']	6k-8k	
18	黄山	1964/12/6	浙江××网络技术有限公司	['技能培训', '年底双薪', '节日礼物', '绩效奖金']	12k-15k	
19	黄澄澄	1982/11/12	上海××金融信息服务有限公司	['专项奖金', '股票期权', '弹性工作', '扁平管理']	10k-20k	

图 5-39 填充公式

	A	B	C	D	E	F
1	员工姓名	出生年月	就职单位	评价	工资	年龄
2	张明	1961/1/23	北京××信息技术有限公司上海分公司	['年底双薪', '技能培训', '带薪年假', '绩效奖金']	10k-20k	59
3	张小明	1978/9/8	深圳市 ×× 网络科技有限公司	['节日礼物', '带薪年假', '扁平管理',]	10k-20k	42
4	徐红	1972/12/25	上海 ×× 商务服务有限公司	['技能培训', '节日礼物', '岗位晋升', '五险一金']	15k-25k	48
5	徐小红	1965/4/5	陕西××数据通信股份有限公司		20k-25k	55
6	徐文辉	1980/6/12	杭州××闪购网络科技有限公司	['技能培训', '岗位晋升', '管理规范',]	6k-12k	40
7	吴华	1995/4/3	南京××信息技术有限公司	['年底双薪', '带薪年假', '岗位晋升',]	10k-18k	25
8	吴小华	1966/3/17	广州××软件技术有限公司	['技能培训', '年底双薪', '节日礼物', '绩效奖金']	7k-14k	54
9	胡东	1988/12/24	深圳市××网络科技有限公司	['股票期权', '绩效奖金', '年底双薪', '五险一金']	10k-15k	32
10	胡小东	1973/10/19	上海××网络信息科技有限公司	['绩效奖金', '专项奖金', '定期体检', '免费晚餐']	6k-8k	47
11	赵田	1979/10/10	上海××软件有限公司	['技能培训', '年底双薪', '股票期权', '带薪年假']	8k以上	41
12	赵小明	2000/12/12	北京××在线科技有限公司	['技能培训', '绩效奖金', '岗位晋升',]	10k-20k	20
13	朱度	1985/2/20	上海××电子商务有限公司	['技能培训', '节日礼物', '年底双薪', '绩效奖金']	12k-24k	35
14	朱平	1987/2/20	上海 ×× 科技有限公司	['年底双薪', '年终分红', '带薪年假',]	8k-10k	33
15	朱小平	1973/9/26	北京××信息技术有限公司上海分公司	['年底双薪', '技能培训', '带薪年假', '绩效奖金']	12k-24k	47
16	甘露	1962/10/5	深圳市××网络科技有限公司	['股票期权', '绩效奖金', '年底双薪', '五险一金']	10k-15k	58
17	甘苦	1964/12/30	上海××网络科技有限公司	['年底双薪', '带薪年假', '绩效奖金', '岗位晋升']	6k-8k	56
18	黄山	1964/12/6	浙江××网络技术有限公司	['技能培训', '年底双薪', '节日礼物', '绩效奖金']	12k-15k	56
19	黄澄澄	1982/11/12	上海××金融信息服务有限公司	['专项奖金', '股票期权', '弹性工作', '扁平管理']	10k-20k	38

图 5-40 求得的结果

2. 计算每个员工的平均工资

（1）拆分“工资”列

将原始信息的“工资”列分成“最低工资”列和“最高工资”列。操作步骤如下：

① 选中工资列下面的字段值区域，然后单击“数据”→“数据工具”→“分列”按钮，如图 5-41 所示。

	A	B	C	D	E
1	员工姓名	出生年月	就职单位	评价	工资
2	张明	1961/1/23	北京×× 信息技术有限公司上海分公司	['年底双薪', '技能培训', '带薪年假', '绩效奖金']	10k-20k
3	张小明	1978/9/8	深圳市 ×× 网络科技有限公司	['节日礼物', '带薪年假', '扁平管理',]	10k-20k
4	徐红	1972/12/25	上海 ×× 商务服务有限公司	['技能培训', '节日礼物', '岗位晋升', '五险一金']	15k-25k
5	徐小红	1965/4/5	陕西××数据通信股份有限公司		20k-25k
6	徐文辉	1980/6/12	杭州××闪购网络科技有限公司	['技能培训', '岗位晋升', '管理规范',]	6k-12k
7	吴华	1995/4/3	南京××信息技术有限公司	['年底双薪', '带薪年假', '岗位晋升',]	10k-18k
8	吴小华	1966/3/17	广州××软件技术有限公司	['技能培训', '年底双薪', '节日礼物', '绩效奖金']	7k-14k
9	胡东	1988/12/24	深圳市××网络科技有限公司	['股票期权', '绩效奖金', '年底双薪', '五险一金']	10k-15k
10	胡小东	1973/10/19	上海××网络信息科技有限公司	['绩效奖金', '专项奖金', '定期体检', '免费晚餐']	6k-8k
11	赵田	1979/10/10	上海×× 软件有限公司	['技能培训', '年底双薪', '股票期权', '带薪年假']	8k以上
12	赵小明	2000/12/12	北京××在线科技有限公司	['技能培训', '绩效奖金', '岗位晋升',]	10k-20k
13	朱度	1985/2/20	上海 ×× 电子商务有限公司	['技能培训', '节日礼物', '年底双薪', '绩效奖金']	12k-24k
14	朱平	1987/2/20	上海×× 科技有限公司	['年底双薪', '年终分红', '带薪年假',]	8k-10k
15	朱小平	1973/9/26	北京 ×× 信息技术有限公司上海分公司	['年底双薪', '技能培训', '带薪年假', '绩效奖金']	12k-24k
16	甘露	1962/10/5	深圳市 ×× 网络科技有限公司	['股票期权', '绩效奖金', '年底双薪', '五险一金']	10k-15k
17	甘苦	1964/12/30	上海××网络科技有限公司	['年底双薪', '带薪年假', '绩效奖金', '岗位晋升']	6k-8k
18	黄山	1964/12/6	浙江××网络技术有限公司	['技能培训', '年底双薪', '节日礼物', '绩效奖金']	12k-15k
19	黄澄澄	1982/11/12	上海××金融信息服务有限公司	['专项奖金', '股票期权', '弹性工作', '扁平管理']	10k-20k

图 5-41 分列

② 在打开的“文本分列向导”中，总共有 3 步，按照提示进行操作即可。在向导第二步中，因为原数据最低和最高工资之间的分隔符是“-”符号，所以，这一步需要选中“其他”复选框并输入分隔符，如图 5-42 所示。

③ 文本分列向导操作完毕后，单击“完成”按钮，得到如图 5-43 所示的分列结果，最后将这两列的字段名改成最低工资和最高工资。

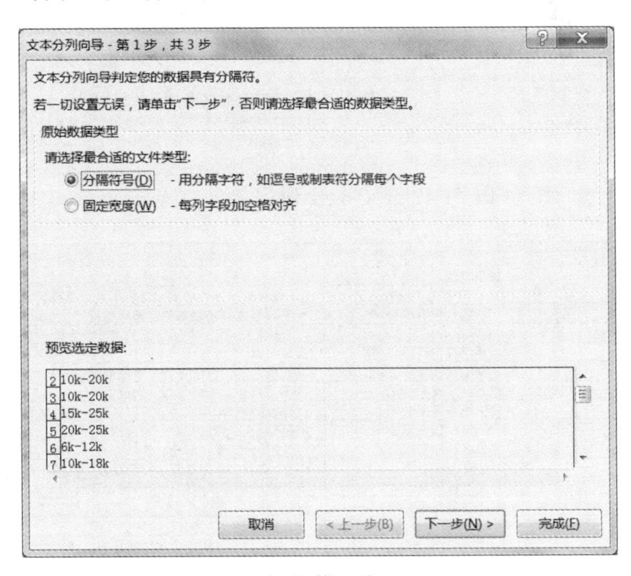

（a）第一步

图 5-42 文本分列向导

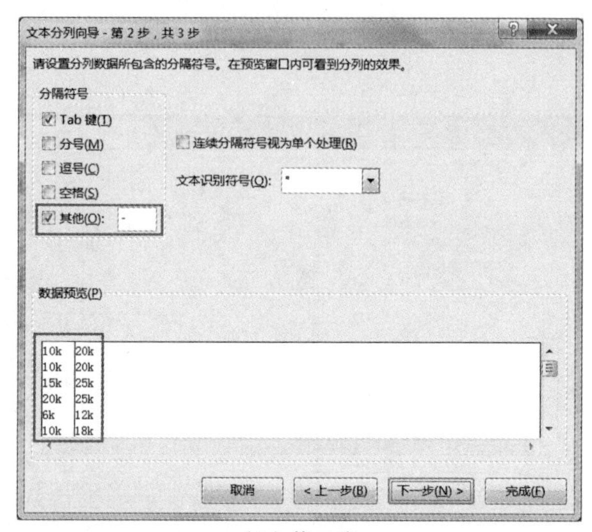

（b）第二步

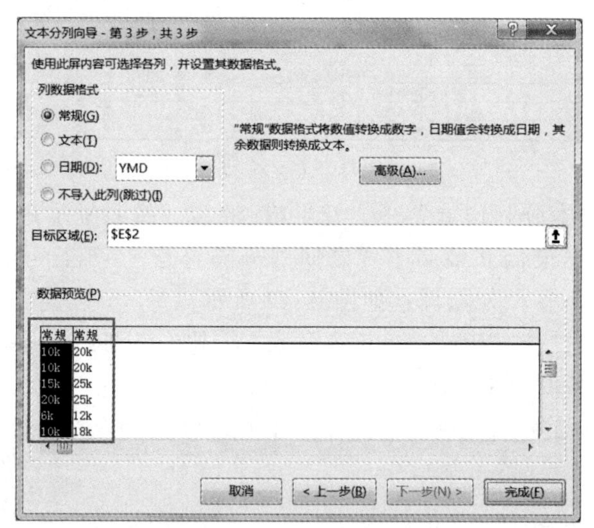

（c）第三步

图 5-42 文本分列向导（续）

	A	B	C	D	E	F
1	员工姓名	出生年月	就职单位	评价	最低工资	最高工资
2	张明	1961/1/23	北京×× 信息技术有限公司上海分公司	['年底双薪', '技能培训', '带薪年假', '绩效奖金']	10k	20k
3	张小明	1978/9/8	深圳市 ×× 网络科技有限公司	['节日礼物', '带薪年假', '扁平管理',]	10k	20k
4	徐红	1972/12/25	上海 ×× 商务服务有限公司	['技能培训', '节日礼物', '岗位晋升', '五险一金']	15k	25k
5	徐小红	1965/4/5	陕西××数据通信股份有限公司		20k	25k
6	徐文辉	1980/6/12	杭州××闪购网络科技有限公司	['技能培训', '岗位晋升', '管理规范',]	6k	12k
7	吴华	1995/4/3	南京××信息技术有限公司	['年底双薪', '带薪年假', '岗位晋升',]	10k	18k
8	吴小华	1966/3/17	广州××软件技术有限公司	['技能培训', '年底双薪', '节日礼物', '绩效奖金']	7k	14k
9	胡东	1988/12/24	深圳市 ×× 网络科技有限公司	['股票期权', '绩效奖金', '年底双薪', '五险一金']	10k	15k
10	胡小东	1973/10/19	上海××网络信息科技有限公司	['绩效奖金', '专项奖金', '定期体检', '免费晚餐']	6k	8k
11	赵田	1979/10/10	上海××软件有限公司	['技能培训', '年底双薪', '股票期权', '带薪年假']	8k以上	
12	赵小明	2000/12/12	北京××在线科技有限公司	['技能培训', '绩效奖金', '岗位晋升',]	10k	20k
13	朱度	1985/2/20	上海××电子商务有限公司	['技能培训', '节日礼物', '年底双薪', '绩效奖金']	12k	24k
14	朱平	1987/2/20	上海 ×× 科技有限公司	['年底双薪', '年终分红', '带薪年假',]	8k	10k
15	朱小平	1973/9/26	北京××信息技术有限公司上海分公司	['年底双薪', '技能培训', '带薪年假', '绩效奖金']	12k	24k
16	甘露	1962/10/5	深圳市 ×× 网络科技有限公司	['股票期权', '绩效奖金', '年底双薪', '五险一金']	10k	15k
17	甘苦	1964/12/30	上海××网络科技有限公司	['年底双薪', '带薪年假', '绩效奖金', '岗位晋升']	6k	8k
18	黄山	1964/12/6	浙江×× 网络技术有限公司	['技能培训', '年底双薪', '节日礼物', '绩效奖金']	12k	15k
19	黄澄澄	1982/11/12	上海××金融信息服务有限公司	['专项奖金', '股票期权', '弹性工作', '扁平管理']	10k	20k

图 5-43 分列结果

（2）将工资数据变为可计算数据

虽然现在得到了最低工资和最高工资，但发现并不是能够用于计算的数据，还需要把数字后面的“k”去掉。完成这一步的操作有多种方法，下面介绍其中 2 种。

方法一：用替换法。

选中最低工资和最高工资字段值区域，选择“开始”→“编辑”→“查找和选择”→“替换”命令，打开如图 5-44 所示的“查找和替换”对话框，在“查找内容”文本框中输入“k”，替换为空（表示空值，什么也不输入），最后单击“全部替换”按钮，个别特殊数据手工调整即可。最终结果如图 5-45 所示。

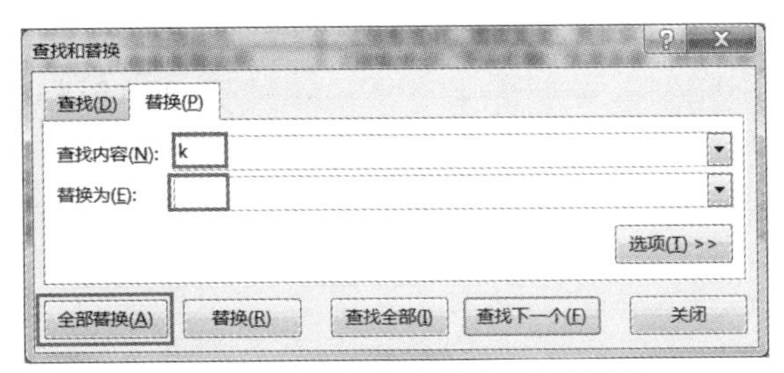

图 5-44　“查找和替换“对话框

	A	B	C	D	E	F
1	员工姓名	出生年月	就职单位	评价	最低工资	最高工资
2	张明	1961/1/23	北京×× 信息技术有限公司上海分公司	['年底双薪', '技能培训', '带薪年假', '绩效奖金']	10	20
3	张小明	1978/9/8	深圳市 ×× 网络科技有限公司	['节日礼物', '带薪年假', '扁平管理',]	10	20
4	徐红	1972/12/25	上海 ×× 商务服务有限公司	['技能培训', '节日礼物', '岗位晋升', '五险一金']	15	25
5	徐小红	1965/4/5	陕西××数据通信股份有限公司		20	25
6	徐文辉	1980/6/12	杭州××闪购网络科技有限公司	['技能培训', '岗位晋升', '管理规范',]	6	12
7	吴华	1995/4/3	南京××信息技术有限公司	['年底双薪', '带薪年假', '岗位晋升',]	10	18
8	吴小华	1966/3/17	广州××软件技术有限公司	['技能培训', '年底双薪', '节日礼物', '绩效奖金']	7	14
9	胡东	1988/12/24	深圳市 ×× 网络科技有限公司	['股票期权', '绩效奖金', '年底双薪', '五险一金']	10	15
10	胡小东	1973/10/19	上海××网络信息科技有限公司	['绩效奖金', '专项奖金', '定期体检', '免费晚餐']	6	8
11	赵田	1979/10/10	上海××软件有限公司	['技能培训', '年底双薪', '股票期权', '带薪年假']	8以上	
12	赵小明	2000/12/12	北京××在线科技有限公司	['技能培训', '绩效奖金', '岗位晋升',]	10	20
13	朱度	1985/2/20	上海××电子商务有限公司	['技能培训', '节日礼物', '年底双薪', '绩效奖金']	12	24
14	朱平	1987/2/20	上海 ×× 科技有限公司	['年底双薪', '年终分红', '带薪年假',]	8	10
15	朱小平	1973/9/26	北京×× 信息技术有限公司上海分公司	['年底双薪', '技能培训', '带薪年假', '绩效奖金']	12	24
16	甘露	1962/10/5	深圳市 ×× 网络科技有限公司	['股票期权', '绩效奖金', '年底双薪', '五险一金']	10	15
17	甘苦	1964/12/30	上海××网络科技有限公司	['年底双薪', '带薪年假', '绩效奖金', '岗位晋升']	6	8
18	黄山	1964/12/6	浙江××网络技术有限公司	['技能培训', '年底双薪', '节日礼物', '绩效奖金']	12	15
19	黄澄澄	1982/11/12	上海××金融信息服务有限公司	['专项奖金', '股票期权', '弹性工作', '扁平管理']	10	20

图 5-45　最终结果

方法二：用函数法。

① 在原始数据旁边新增一列用于存放删除单位“k”后的数据，然后选中非字段名的第一个单元格（如 F4），在 F4 单元格中输入公式“=LEFT(E4,LEN(E4)-1)”，完后按【Enter】键即可，如图 5-46 所示。然后，用前面的公式填充方法就能得到如图 5-46 所示的结果。

F4　=LEFT(E4,LEN(E4)-1)

从左到右取字符　操作的单元格　文件的长度减1，也就是最后一位不取

	A	B	E	F	G	H
1						
2						
3	员工姓名	出生年月	最低工资1	最低工资2	最高工资1	最高工资2
4	张明	1961/1/23	10k	10	20k	
5	张小明	1978/9/8	10k		20k	
6	徐红	1972/12/25	15k		25k	
7	徐小红	1965/4/5	20k		25k	
8	徐文辉	1980/6/12	6k		12k	

图 5-46　输入公式

② 或者在原始数据旁边新增一列，用于存放删除单位“k”后的数据，然后选中非字段名的第一个单元格如 F4，在 F4 单元格中输入公式“=VALUE(LEFT(E4,LEN(E4)-1))”，完后按【Enter】键即可。然后用前面的公式填充方法就能得到如图 5-46 的结果。

（3）计算平均工资

平均工资=(最低工资+最高工资)/2，直接在表格中增加一列“平均工资”，在第一个存放字段值的单元格中输入“=AVERAGE(E2:F2)”后按【Enter】键即可。然后，用前面的公式填充方法就能得到如图 5-47 所示的结果。

G2　=AVERAGE(E2:F2)

	A	B	E	F	G
1	员工姓名	出生年月	最低工资	最高工资	平均工资
2	张明	1961/1/23	10	20	15
3	张小明	1978/9/8	10	20	15
4	徐红	1972/12/25	15	25	20
5	徐小红	1965/4/5	20	25	22.5
6	徐文辉	1980/6/12	6	12	9
7	吴华	1995/4/3	10	18	14
8	吴小华	1966/3/17	7	14	10.5
9	胡东	1988/12/24	10	15	12.5
10	胡小东	1973/10/19	6	8	7
11	赵田	1979/10/10	8	8	8
12	赵小明	2000/12/12	10	20	15
13	朱度	1985/2/20	12	24	18
14	朱平	1987/2/20	8	10	9
15	朱小平	1973/9/26	12	24	18
16	甘露	1962/10/5	10	15	12.5
17	甘苦	1964/12/30	6	8	7
18	黄山	1964/12/6	12	15	13.5
19	黄澄澄	1982/11/12	10	20	15

图 5-47　平均工资

3．将员工进行分类

根据第 1 步得到的结果将员工按青年（年龄小于 45 岁以下）、中年（年龄大于或等于 45 岁）进行分类，又称数据分组。数据分组就是根据数据的类别或数值的大小进行分组。Excel 实现数据分组主要是使用 IF 函数或者 VLOOKUP 函数。具体操作步骤如下：

增加一列“类别”，在第一个存放字段值的单元格中输入公式“=IF(H2>=45,"中年","青年")”后按【Enter】键，如图 5-48 所示。然后用前面的公式填充方法就能得到如图 5-49 所示的结果。

I2　=IF(H2>=45,"中年","青年") ❷

	A	B	E	F	G	H	I	J
1	员工姓名	出生年月	最低工资	最高工资	平均工资	年龄	❶ 类别	
2	张明	1961/1/23	10	20	15	59	=IF(H2>=45,"中年","青年")	
3	张小明	1978/9/8	10	20	15	42		
4	徐红	1972/12/25	15	25	20	48		
5	徐小红	1965/4/5	20	25	22.5	55		
6	徐文辉	1980/6/12	6	12	9	40		
7	吴华	1995/4/3	10	18	14	25		
8	吴小华	1966/3/17	7	14	10.5	54		
9	胡东	1988/12/24	10	15	12.5	32		
10	胡小东	1973/10/19	6	8	7	47		
11	赵田	1979/10/10	8	8	8	41		
12	赵小明	2000/12/12	10	20	15	20		
13	朱度	1985/2/20	12	24	18	35		
14	朱平	1987/2/20	8	10	9	33		
15	朱小平	1973/9/26	12	24	18	47		
16	甘露	1962/10/5	10	15	12.5	58		
17	甘苦	1964/12/30	6	8	7	56		
18	黄山	1964/12/6	12	15	13.5	56		
19	黄澄澄	1982/11/12	10	20	15	38		

图 5-48　输入公式

I2 =IF(H2>=45,"中年","青年")

	A	B	E	F	G	H	I
1	员工姓名	出生年月	最低工资	最高工资	平均工资	年龄	类别
2	张明	1961/1/23	10	20	15	59	中年
3	张小明	1978/9/8	10	20	15	42	青年
4	徐红	1972/12/25	15	25	20	48	中年
5	徐小红	1965/4/5	20	25	22.5	55	中年
6	徐文辉	1980/6/12	6	12	9	40	青年
7	吴华	1995/4/3	10	18	14	25	青年
8	吴小华	1966/3/17	7	14	10.5	54	中年
9	胡东	1988/12/24	10	15	12.5	32	青年
10	胡小东	1973/10/19	6	8	7	47	中年
11	赵田	1979/10/10	8	8	8	41	青年
12	赵小明	2000/12/12	10	20	15	20	青年
13	朱度	1985/2/20	12	24	18	35	青年
14	朱平	1987/2/20	8	10	9	33	青年
15	朱小平	1973/9/26	12	24	18	47	中年
16	甘露	1962/10/5	10	15	12.5	58	中年
17	甘苦	1964/12/30	6	8	7	56	中年
18	黄山	1964/12/6	12	15	13.5	56	中年
19	黄澄澄	1982/11/12	10	20	15	38	青年

图 5-49 执行结果

5.2.4 数据抽样

数据抽样就是从海量的数据中抽取一部分数据出来作为样本进行分析，依此推论总体状况的一种分析方法。抽取的原则是随机原则，对应 Excel 的 RAND 函数。

1. RAND 函数

① 函数名称：RAND。

② 主要功能：返回大于或等于 0 及小于 1 的均匀分布随机数，每次计算工作表时都将返回一个新的数值。

③ 使用格式：RAND( )。

④ 参数说明：无参数。

说明：如果要生成 a 与 b 之间的随机实数，使用公式 RAND()*(b-a)+a；如果要使用函数 RAND 生成一个随机数，并且使之不随单元格计算而改变，可以在编辑栏中输入"=RAND()"，保持编辑状态，然后按【F9】键，将公式永久性地改为随机数。

2. 数据抽样的操作步骤

① 假设有 A1:B19 的 18 条数据，需要从中随机抽取 5 条数据的序号。操作步骤为：先新建用来存放抽取得到的数据序号，称为"数据抽样序号"，其次在 D2 单元格中输入公式"=INT(1+RAND()*17)"，按【Enter】键。然后，用前面的公式填充方法就能得到如图 5-50 所示的结果。

② 把抽取到的 5 个序号的姓名在相邻列显示出来。操作步骤为：先新建用来存放抽取得到的数据序号对应的姓名，称为"数据抽样对应的姓名"，其次在 E2 单元格中输入公式"=VLOOKUP(D2,A:B,2,0)"，按【Enter】键。然后，用前面的公式填充方法就能得到如图 5-51 所示的结果。

D2　=INT(1+RAND()*17)

取整

产生1~18之间的随机数

	A	B	C	D	E
1	序号	员工姓名		数据抽样序号	数据抽样对应的姓名
2	1	张明		14	
3	2	张小明		1	
4	3	徐红		12	
5	4	徐小红		8	
6	5	徐文辉		13	
7	6	吴华			
8	7	吴小华			
9	8	胡东			
10	9	胡小东			
11	10	赵田			
12	11	赵小明			
13	12	朱度			
14	13	朱平			
15	14	朱小平			
16	15	甘露			
17	16	甘苦			
18	17	黄山			
19	18	黄澄澄			

图 5-50　随机抽取 5 个样本

E2　=VLOOKUP(D2,A:B,2,0)

vlookup函数参数说明如下：
D2表示要查找的数据，A：B表示去查找的区域，2表示查找结果在查找区域的第几列，0表示精确匹配

	A	B	C	D	E
1	序号	员工姓名		数据抽样序号	数据抽样对应的姓名
2	1	张明		14	朱小平
3	2	张小明		1	张明
4	3	徐红		12	朱度
5	4	徐小红		8	胡东
6	5	徐文辉		3	徐红
7	6	吴华			
8	7	吴小华			
9	8	胡东			
10	9	胡小东			
11	10	赵田			
12	11	赵小明			
13	12	朱度			
14	13	朱平			
15	14	朱小平			
16	15	甘露			
17	16	甘苦			
18	17	黄山			
19	18	黄澄澄			

图 5-51　抽取结果

习　　题

一、选择题

1. 在 Excel 中，关于“删除”和“清除”的正确叙述是（　　）。

   A. 删除指定区域是将该区域中的数据连同单元格一起从工作表中删除；清除指定区域仅清除该区域中的数据而单元格本身仍保留

   B. 删除的内容不可以恢复，清除的内容可以恢复

   C. 删除和清除均不移动单元格本身，但删除操作将原单元格清空；而清除操作将原单元格中内容变为 0

D. 【Del】键的功能相当于删除命令

2. 某公式中引用了一组单元格(C3:D7,A2,F1),该公式引用的单元格总数为(　　)。

A. 4　　B. 8　　C. 12　　D. 16

3. 在单元格中输入公式时，输入的第一个符号是（　　）。

A. =　　B. +　　C. -　　D. $

4. 对一个标题行的工作表进行排序，当在“排序”对话框的“当前数据清单”框中选择“没有标题行”选项按钮时，该标题行（　　）。

A. 将参加排序　　B. 将不参加排序

C. 位置总在第一行　　D. 位置总在倒数第一行

5. Microsoft Excel 中，当使用错误的参数或运算对象类型时，或者当自动更正公式功能不能更正公式时，将产生错误值（　　）。

A. #####!　　B. #div/0!　　C. #name?　　D. #VALUE!

6. 在 Excel 中，关于“筛选”的正确叙述是（　　）。

A. 自动筛选和高级筛选都可以将结果筛选至另外的区域中

B. 执行高级筛选前必须在另外的区域中给出筛选条件

C. 自动筛选的条件只能是一个，高级筛选的条件可以是多个

D. 如果所选条件出现在多列中，并且条件间有与的关系，必须使用高级筛选

7. 在 Excel 中，函数 SUM(A1:A4)等价于（　　）。

A. SUM(A1*A4)　　B. SUM(A1+A4)

C. SUM(A1/A4)　　D. SUM(A1+A2+A3+A4)

8. 在 Excel 中，用【Shift】或【Ctrl】键选择多个单元格后，活动单元格的数目是(　　)。

A. 一个单元格　　B. 所选的单元格总数

C. 所选单元格的区域数　　D. 用户自定义的个数

9. Excel 文件的扩展名是（　　）。

A. *.xlsx　　B. *.xsl　　C. *.xlw　　D. *.doc

10. 在 Excel 的工作表中，每个单元格都有其固定的地址，如 A5 表示（　　）。

A. A 代表 A 列，5 代表第 5 行

B. A 代表 A 行，5 代表第 5 列

C. A5 代表单元格的数据

D. 以上都不是

11. 在 Excel 中，设 E 列单元格存放工资总额，F 列用以存放实发工资。其中，当工资总额>800 时，实发工资=工资总额-（工资总额-800）×税率；当工资总额≤800 时，实发工资=工资总额。设税率=0.05，则 F 列可根据公式实现。其中 F2 的公式应为(　　)。

A. =IF(E2>800，E2-(E2-800)*0.05，E2)

B. =IF(E2>800，E2，E2-(E2-800)*0.05)

C. =IF("E2>800"，E2-(E2-800)*0.05，E2)

D. =IF("E2>800"，E2，E2-(E2-800)*0.05)

12. Excel 工作簿中既有一般工作表又有图表，当选择“文件”菜单中的“保存文件”命令时，则（　　）。

A. 只保存工作表文件　　B. 保存图表文件

C. 分别保存　　D. 二者作为一个文件保存

13. 在 Excel 的单元格内输入日期时，年、月、分隔符可以是（　　）。(不包括引号)

A. “\” 或 “-”　B. “/” 或 “-”　C. “/” 或 “\”　D. “.” 或 “|”

14. 在 Excel 中，错误值总是以（　　）开头。

A. $　B. #　C. @　D. &

15. Excel 中活动单元格是指（　　）。

A. 可以随意移动的单元格　　B. 随其他单元格变化而变化的单元格

C. 已经改动了的单元格　　D. 正在操作的单元格

16. 已知在 Excel 中对于“一、二、三、四、五、六、日”的升序顺序为“二、六、日、三、四、五、一”，下列有关“星期一、星期二、星期三、星期四、星期五、星期六、星期日”的降序排序正确的是（　　）。

A. 星期一、星期五、星期四、星期三、星期日、星期六、星期二

B. 星期一、星期二、星期三、星期四、星期五、星期六、星期日

C. 星期日、星期一、星期二、星期三、星期四、星期五、星期六

D. 星期六、星期日、星期一、星期二、星期三、星期四、星期五

17. 在使用自动套用格式来改变数据透视表报表外观时，应选择的选项卡为（　　）。

A. 插入　B. 格式　C. 工具　D. 数据

18. 用户要自定义排序次序，需要选择的选项卡是（　　）。

A. 插入　B. 开始　C. 公式　D. 数据

19. 在 Excel 中，以下选项引用函数正确的是（　　）。

A. =(SUM)A1:A5　　B. =SUM(A2,B3,B7)

C. =SUM A1:A5　　D. =SUM(A10,B5:B10:28)

20. Excel 公式复制时，为使公式中的（　　）必须使用绝对引用。

A. 单元格地址随新位置而变化　B. 范围随新位置而变化

C. 范围不随新位置而变化　　D. 范围大小随新位置而变化

21. 在 Excel 的数据清单中，若根据某列数据对数据清单进行排序，可以利用工具栏中的“降序”按钮，此时用户应先（　　）。

A. 选取该列数据　　B. 选取整个数据清单

C. 单击该列数据中任一单元格　D. 单击数据清单中任一单元格

22. 以下说法正确的是（　　）。

A. 在公式中输入“=$A5+$A6”表示对 A5 和 A6 的列地址绝对引用

B. 在公式中输入“=$A5+$A6”表示对 A5 和 A6 的行、列地址相对引用

C. 在公式中输入“=$A5+$A6”表示对 A5 和 A6 的行、列地址绝对引用

D. 在公式中输入“=$A5+$A6”表示对 A5 和 A6 的行地址绝对引用

23. 在对数字格式进行修改时，如果出现“#######”，其原因是（　　）。

A. 格式语法错误　　B. 单元格长度不够

C. 系统出现错误　　D. 以上答案都不正确

24. 在 Excel 中，需要返回一组参数的最大值，则应该使用函数（　　）。

A. MAX　　B. LOOKUP　　C. HLOOKUP　　D. SUM

25. Excel 中的嵌入图表是指（　　）。

A. 工作簿中只包含图表的工作表

B. 包含在工作表中的工作簿

C. 置于工作表中的图表

D. 新创建的工作表

26. 若 A1:A5 命名为 xi,数值分别为 10、7、9、27 和 2,C1:C3 命名为 axi，数值为 4、18 和 7，则 AVERAGE(xi,axi)等于（　　）。

A. 10.5　　B. 22.5　　C. 14.5　　D. 42

27. 一张工作表各列数据的第一行均为标题，若在排序时选取标题行一起参与排序，则排序后标题行在工作表数据清单中将（　　）。

A. 总出现在第一行

B. 总出现在最后一行

C. 按指定的排序顺序而定其出现位置

D. 总不显示

28. 在 Excel 数据清单中，按某一字段内容进行归类，并对每一类做出统计的操作是（　　）。

A. 排序　　B. 分类汇总　　C. 筛选　　D. 记录单处理

29. 在 Excel 中，当公式中引用了无效的单元格时，产生的错误值是（　　）。

A. #DIV/0!　　B. #REF!　　C. #NULL!　　D. #NUM!

30. 可同时选定不相邻的多个单元格的快捷键是（　　）。

A. Ctrl　　B. Alt　　C. Shift　　D. Tab

31. 求工作表中 A1:A6 单元格中数据的和不可用（　　）。

A. =A1+A2+A3+A4+A5+A6　　B. =SUM（A1:A6）

C. =(A1+A2+A3+A4+A5+A6)　　D. =SUM (A1+A6)

二、填空题

1. Excel 表格可以作数据库处理，数据分为__________和__________。

2. Excel 表的每一列表示相同格式的数据称为__________，数据区的每一行，称为一条__________。

3. 工作簿（Book）是__________、图表及宏表的集合，它以文件的形式存放在计算机的__________中。

4. Excel 将自动给其命名，其扩展名为__________。

5. 每一个工作簿都可以包含多张__________。

6. 工作表（Sheet）是 Excel 用来存储和处理数据的最主要的文档，用于编辑、显示和分析一组数据的表格，它由排成__________和__________的单元格组成，每张工作表由__________行和__________列单元格组成。

7. __________是构成工作表的基本元素，用于输入、显示和计算数据，一个单元格内只能存放一个数据，是工作表中__________的方格。

8. 单元格区域由多个单元格组成，__________是当前被选取的单元格，用粗框框住。

9. 在不同工作表之间，引用单元格的一般格式为__________。

10. 单元格引用有__________、__________、__________和三维地址 4 种形式。

11. 函数由函数名与操作参数构成，一般格式为__________。

12. SUM 函数主要功能是__________。

13. 在 Excel 的单元格中可以输入多种类型的数据，输入的数据类型分为__________类。

14. 默认情况下，字符数据自动沿单元格__________，数值自动沿单元格__________。

15. 在单元格中输入分数形式的数据，应先在编辑框中输入__________和一个空格，然后再输入__________，否则 Excel 会把分数当作__________处理。

16. 对于有规律的序列，也可只输入前两项，然后单击第一个单元格右下角黑色小方块，又称为__________，向下（或向上）拖动即可。

17. 数据的基本操作是指数据的__________、__________和__________。

18. 使用快捷键__________（剪切）、Ctrl+C__________和__________（粘贴）完成。

19. 文本文件是____。

20. 描述数据的中心趋势统计有 3 个指标：__________、__________、__________。

21. 描述数据分布有 5 个指标：极差、__________、方差、__________和四分位数极差。

22. 转换数据有两种：__________和数据类型的转换。

23. 数据抽样就是____。

24. 工作表包含在工作簿中，一个工作簿最多可包含__________张工作表。

25. 单元格地址用来标识一个单元格的坐标，它由__________组合表示。

三、简答题

1. Microsoft Excel 的基本功能有哪些？
2. 数据透视表的核心思想是什么？
3. Excel 中检测重复数据并处理数据有哪些不同的方法？
4. 哪些数据需要清洗？
5. Excel 导入不同类型数据的步骤分别是什么？
6. “选择性粘贴”具有特殊功能，常用的有哪些？
7. Excel 中检测重复数据并处理数据有多种不同的方法，常用的有哪些？

四、操作题

1. 图 5-52 所示为原始数据，图 5-53 所示为操作后的结果，写出操作步骤。

	A
1	张三,本科,助教
2	王明,硕士,讲师
3	李平平,博士,教授

图 5-52　原始数据

	A	B	C
1	张三	本科	助教
2	王明	硕士	讲师
3	李平平	博士	教授

图 5-53　操作后的结果

2. 图 5-54 所示为原始数据，图 5-55 所示为操作后的结果，写出操作步骤。

	A	B	C	D	E	F
1	部门	人员				
2	保卫科	张文静	赵小军			
3	销售部	何美丽	杜春娟	肖叶军	孟成志	满亚才
4		杜立涛	赵赛飞			
5	生产部	梁应珍	张宁一	袁丽梅	保世森	刘惠琼
6		葛宝云	李英明	郭倩	代云峰	
7	采购部	解德培	张晓祥	白雪花	杨为民	杨正祥
8		杨开文	高明阳	晓飞		
9	总经办	周志红	方佶蕊	陈丽娟	何明明	

图 5-54　原始数据

	A	B
1	部门	人员姓名
2	保卫科	张文静,赵小军
3	销售部	何美丽,杜春娟,肖叶军,孟成志,满亚才,杜立涛,赵赛飞
4	生产部	梁应珍,张宁一,袁丽梅,保世森,刘惠琼,葛宝云,李英明,郭倩,代云峰
5	采购部	解德培,张晓祥,白雪花,杨为民,杨正祥,杨开文,高明阳,晓飞
6	总经办	周志红,方佶蕊,陈丽娟,何明明

图 5-55　操作后的结果

第6章 大数据可视化工具

大数据可视化的过程有数据获取、数据预处理、数据可视化，前面两步在前面的章节已做了详细介绍，本章将详细介绍大数据可视化的过程。大数据可视化的工具有很多，其中 Excel 是常用的入门级数据可视化工具，在线数据可视化工具如 Google Chart API、D3(Data Driven Documents)，互动图形用户界面（GUI）控制工具如 Crossfilter，地图工具如 OpenLayers、Modest Maps 等，编程实现工具如 Python 和 Processing 等，还有商业的主流工具，如 Tableau、SAS 等。

本章介绍常用的 3 种工具：Tableau、水晶易表以及 Python。

6.1 Tableau 工具

Tableau 公司成立于 2003 年，是来自斯坦福的三位校友 Christian Chabot（首席执行官）、Chris Stole（开发总监）和 Pat Hanrahan（首席科学家）在远离硅谷的西雅图注册成立。其中，Chris Stole 是计算机博士；Pat Hanrahan 是皮克斯动画工作室的创始成员之一，曾负责视觉特效渲染软件的开发，两度获得奥斯卡最佳科学技术奖。

Tableau 的产品线很丰富，不仅包括制作报表、视图和仪表板的桌面设计和分析工具 Tableau Desktop，还包括适用于企业部署的 Tableau Server 产品，适用于网页上创建和分享数据可视化内容的免费服务 Tableau Public 产品等。Tableau Desktop（桌面）是设计和创建美观的视图与仪表板、实现快捷数据分析功能的桌面分析工具，它能帮助用户生动地分析实际存在的任何结构化数据，以快速生成美观的图表、坐标图、仪表盘与报告。Tableau Desktop 包括个人版（Tableau Desktop Personal）和专业版（Tableau Desktop Professional）两个版本，支持 Windows 和 Mac 操作系统。Tableau Server（服务器）是一款商业智能应用程序，用于学习和使用基于浏览器的数据分析，发布和管理 Tableau Desktop 程序制作的报表，也可以发布和管理数据源。Tableau Online（在线）针对云分析而建立，是 Tableau Server 的一种托管版本，可以为用户省去硬件部署、维护及软件安装的时间与成本，提供的功能与 Tableau Server 没有区别，按每人每年的方式付费使用。Tableau Mobile（移动）是基于 iOS 和 Android 平台移动终端的应用程序。Tableau Public（公共）是一款免费的桌面应用程序，用户可以连接 Tableau Public 服务器上的数据，设计和创建自己的工作表、仪表板和工作簿，并把成果保存到大众皆可访问的 Tableau Public 服务器上（不可以把成果保存到本地计算机上）。Tableau Reader（阅读器）是免费的桌面应用软件，可以用来帮助用户查看内置于 Tableau Desktop 的分析视角与可视化内容，和团队与工作组分享自己的分析观点。

利用 Tableau 简便的拖放式界面，用户可以自定义视图、布局、形状、颜色等，帮助展现自己的数据视角。下面以 Tableau Desktop 2019.4.2 试用版本为例介绍 Tableau 下载、安装和大数据可视化的使用。

6.1.1 Tableau 下载和安装

1. Tableau 下载

Tableau 软件的下载直接登录 Tableau 中文简体官方网站（http://www.tableau.com/zh-cn），在首页上将鼠标移至左上角并指向"产品"菜单项，根据需要选择相应的产品，如选择并单击 Tableau Desktop，如图 6-1 所示，可打开 Tableau Desktop 产品页，单击"免费试用"选项，可下载 Tableau Desktop 完全版，安装完成后可获得 14 天免费的使用权限,也可直接下载 Tableau Public 免费版。

下载完成后,其保存的路径下会有一个对应的 exe 文件,如 TableauDesktop-64bit-2019-4-2.exe。

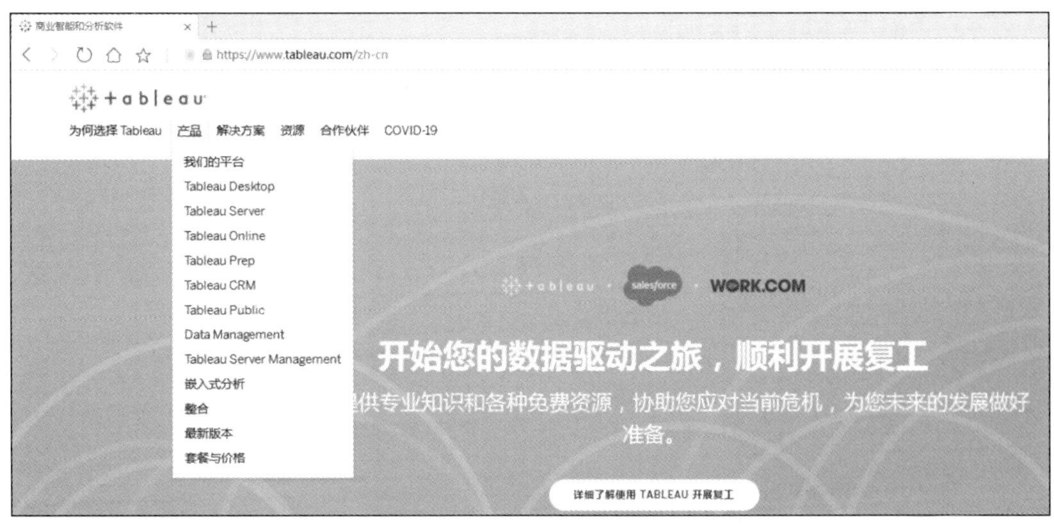

图 6-1 Tableau 官网首页

2. Tableau 安装

① 双击下载得到的文件，将进入安装首页，如图 6-2 所示。

② 查看阅读软件的产品"许可条款"，选中"我已阅读并接受本许可协议中的条款"复选框，单击"安装"按钮，即可在计算机上安装该软件。安装进度如图 6-3 所示。

图 6-2　安装首页

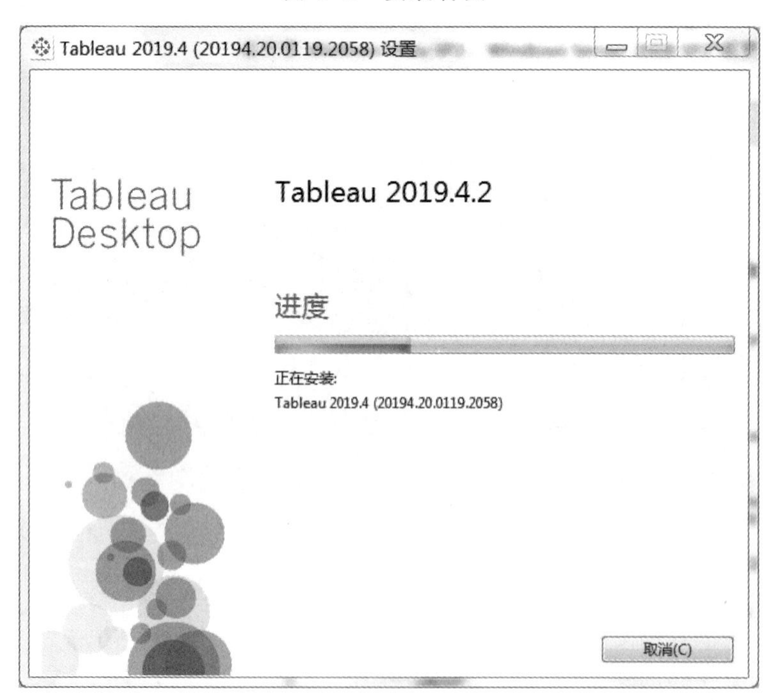

图 6-3　安装进度

③ 安装完成后，会在桌面上出现 Tableau 软件的快捷图标。双击该图标，将启动 Tableau Desktop 软件，如图 6-4 所示。第一次使用 Tableau，会弹出激活 Tableau 的对话框，根据需要选择其中一项，然后单击“立即开始试用”，则得到需要进行用户注册的界面，在该界面上根据提示填写完相关信息后单击“注册”按钮，如图 6-5 所示。

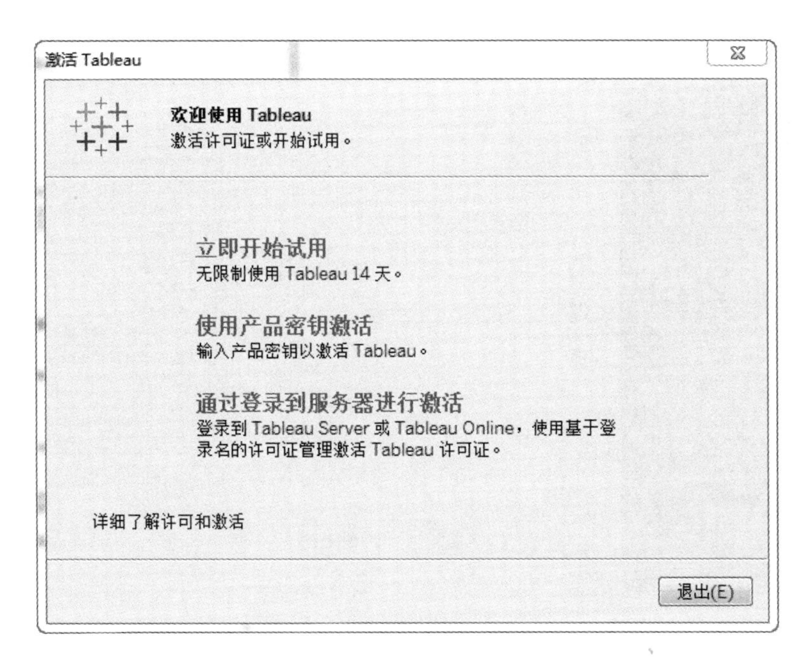

图 6-4　启动 Tableau

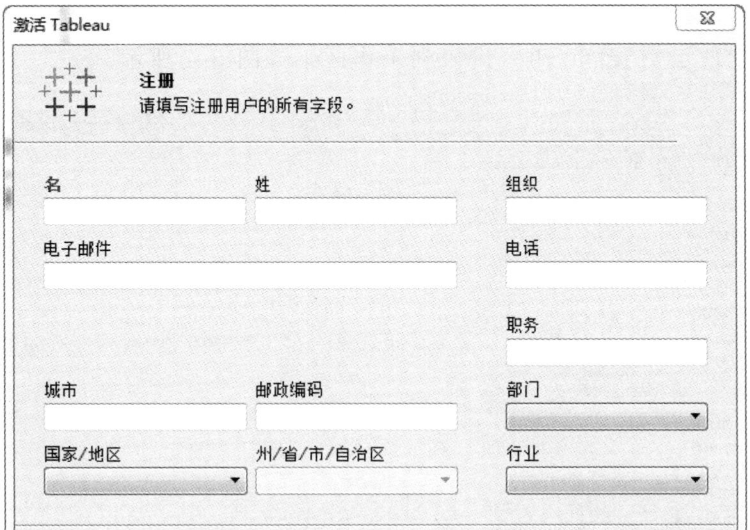

图 6-5　用户注册

6.1.2　Tableau 界面

1. 开始页面

用户注册完成后就可使用 Tableau 软件，Tableau 的开始界面如图 6-6 所示。其中包含了最近使用的工作簿、已保存的数据连接、示例工作簿和其他一些入门资源，这些内容将帮助初学者快速入门。

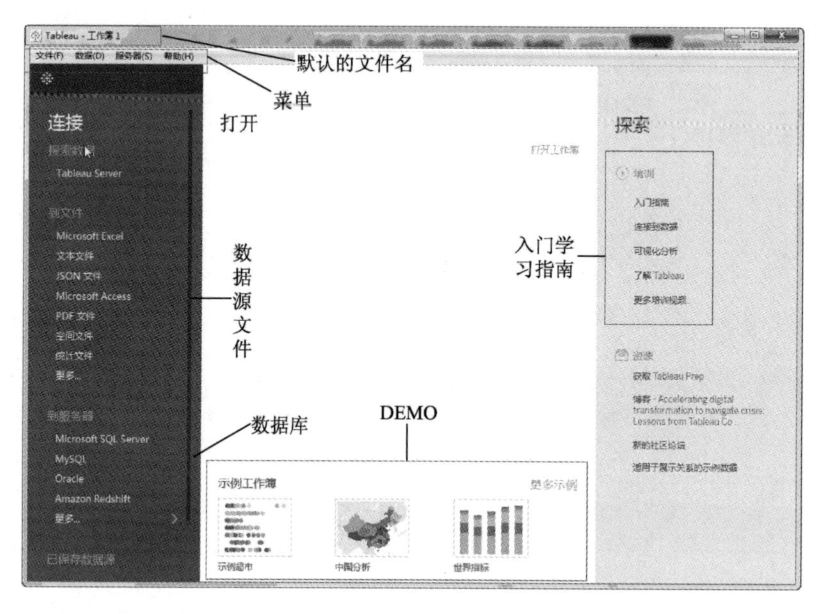

图 6-6 开始页面

2. Tableau 的工作区

选中并单击左侧支持的 Microsoft Excel 数据文件，在打开的对话框中选择 Tableau 提供的数据源文件示例–超市.xls，进入到工作区，如图 6-7 所示。

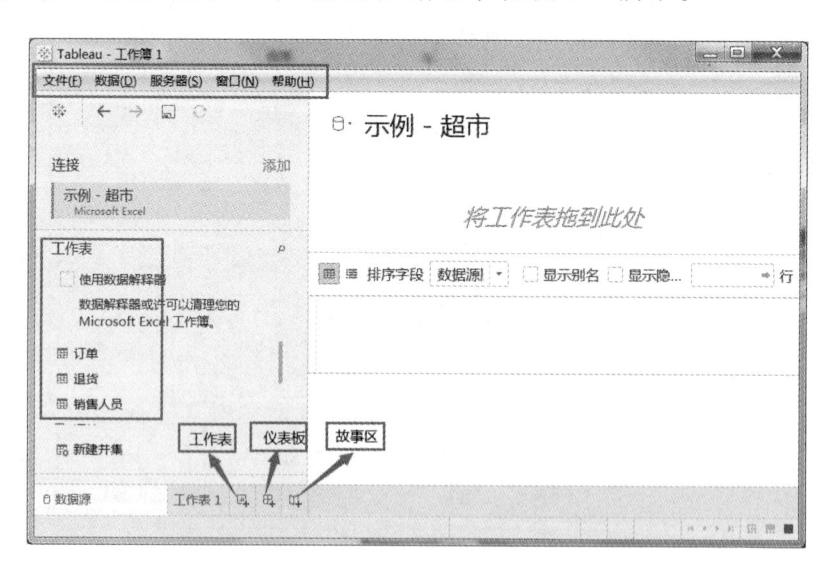

图 6-7 Tableau 的工作区

Tableau 工作区是制作视图、设计仪表板、生成故事、发布和共享工作簿的工作环境，包括工作表工作区、仪表板工作区和故事工作区，以及公共菜单栏和工具栏。

① 工作表：又称视图，是可视化分析的最基本单元。

② 仪表板：是多个工作表和一些对象（如图像、文本、网页和空白等）的组合，可以按照一定方式对其进行组织和布局，以便揭示数据关系和内涵。

③ 故事：是按顺序排列的工作表或仪表板的集合，故事中各个单独的工作表或仪表板称为“故事点”。可以使用创建的故事，向用户叙述某些事实，或者以故事方式揭示各种事实之间的上下文或事件发展的关系。

④ 工作簿：包含一个或多个工作表，以及一个或多个仪表板和故事，是用户在 Tableau 中工作成果的容器。用户可以把工作成果组织、保存或发布为工作簿，以便共享和存储。

3．Tableau 工作表工作区

导入数据源之后，左侧可以看到该数据源文件“示例–超市.xls”中有 3 个工作表，分别为订单、退货和销售人员，选中其中一个工作表“订单”按住鼠标右键拖到工作区右上区域“将表拖到此处”,然后在工作区的右下半区域会显示工作表中的全部数据信息，如图 6–8 所示。

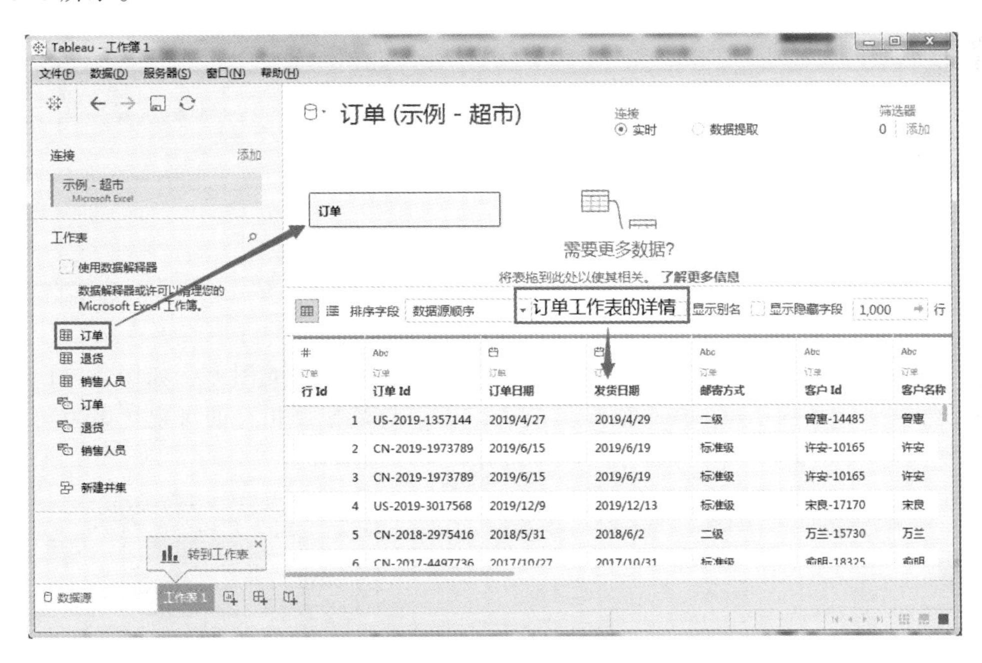

图 6–8　导入工作表

单击图 6–8 中最底端的“工作表”按钮，就进入了工作表工作区，如图 6–9 所示。工作表工作区仅用于创建单个视图。该工作区中包含工作表菜单、工作表工具栏、数据字段窗口以及其他含有功能区和图例的卡如智能推荐、页面、筛选器和标记等。它的功能是通过将字段拖放到功能区中生成数据视图。

下面详细介绍工作表工作区的主要组成部分的基本功能。

① 数据：位于工作表工作区的左侧，在此会显示出所有已连接的数据源，根据需要选择使用的数据源，在表的列表框中显示该数据源中所有的维度和度量字段。可以通过单击数据窗口右上角的最小化按钮来隐藏和显示数据窗口。点击该按钮，数据窗口会折叠到工作区底部，再次单击该按钮可显示数据窗口。

② 分析：分析面板包含了常用的分析功能，如图 6–10 所示。用户可以直接拖动相应的功能到视图中，对数据进行观察和分析。主要包括汇总、模型和自定义三类功能。

- 汇总：提供常用的功能，包括常量线、平均线、含四分位点的中值、盒须图和合

计等，可直接拖放到视图中应用。

- 模型：提供常用的分析模型，包括趋势线、预测、群集等。
- 自定义：提供参考线、参考区间、分布区间和盒须图的快捷使用。

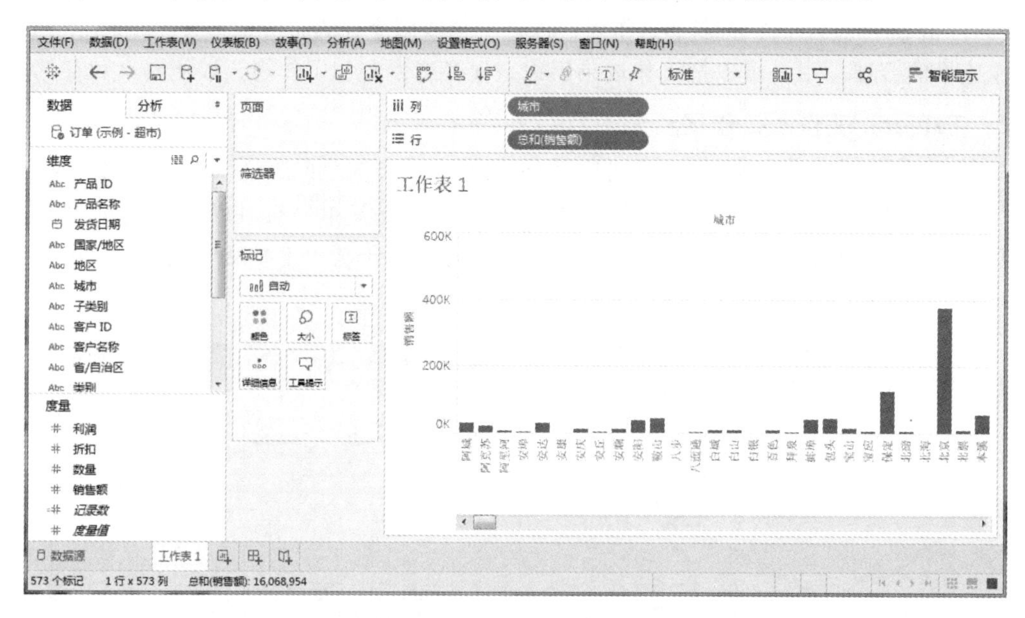

图 6-9 工作表工作区

③ 智能推荐：在工作区的右侧，包含了 24 种不同类型的图形，如图 6-11 所示。Tableau 会根据选定的字段，在智能显示中突出显示与数据最相符的可视化图表类型，可根据求解问题的需要在不同图形之间进行选择。

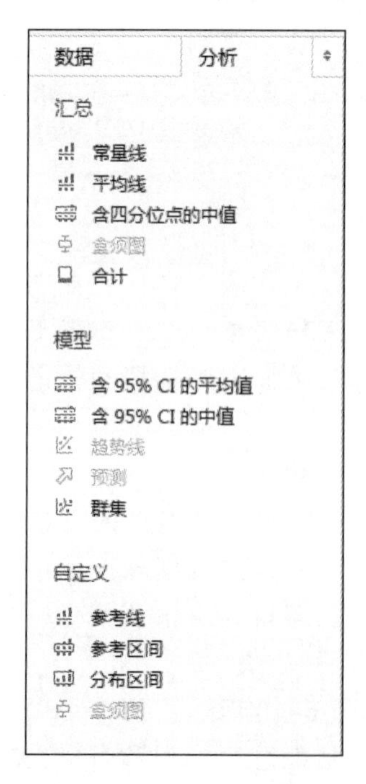

图 6-10 分析面板

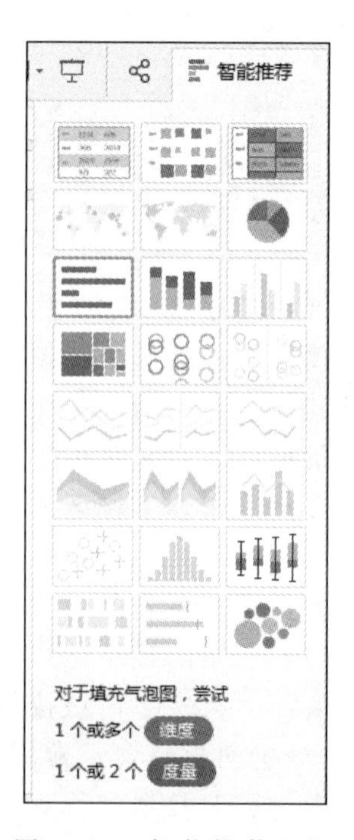

图 6-11 智能推荐面板

④ 行、列：用来存放某个字段，当需要用某个字段制作视图时，直接从表列表框中选择字段并拖放字段到行或列上。可以将任意数量的字段放置在这两个功能区上。

⑤ 页面：可在此功能区上基于某个维度的成员或某个度量的值将一个视图拆分为多个视图，相当于“分页”。使用方法是将某个字段拖放至此，这时就会在右侧出现一个播放菜单，如图 6-12 所示，通过左右按钮动态地播放该字段，其对应的数据会随这个维度的变化而发生变化，感觉像翻书一样，一页一页地翻过。如果需要更换，直接将原来页面中的字段拖出该框，然后再拖入新的字段。

图 6-12　播放菜单

⑥ 筛选器：指定要包含和排除的数据，所有经过筛选的字段都显示在筛选器上。如果需要把某个字段作为筛选器来使用，只要直接将某个字段拖放至此，然后就会弹出一个“筛选器”对话框，如图 6-13 所示。

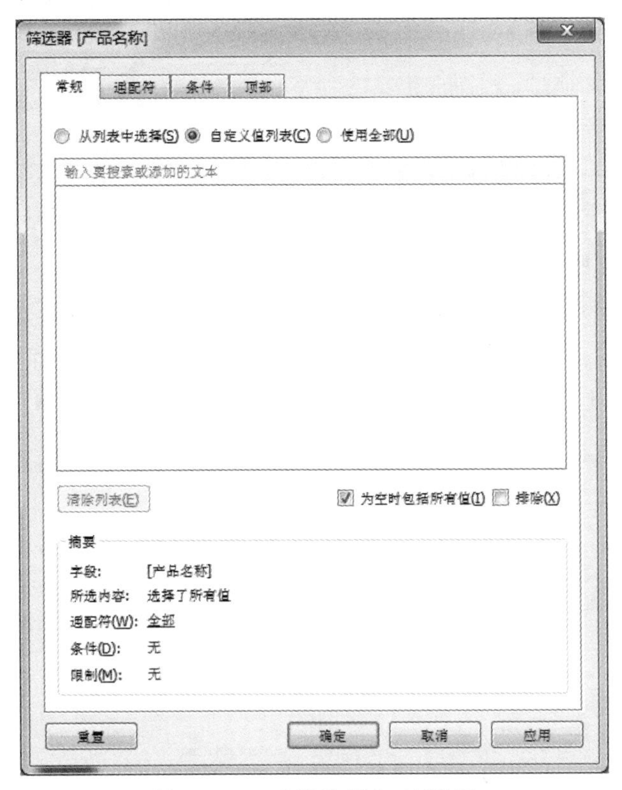

图 6-13　“筛选器”对话框

⑦ 标记：标记面板中的功能经常会被用到，主要用于进一步修饰工作表和修改工作表样式，如图 6-14 所示。单击标记下方的下拉按钮，会出现如图 6-15 所示的菜单，选择不同的图形，默认为自动。除此之外，该卡下面还有“颜色”“大小”“文本”框，作用分别是当某个字段拖放到该框上时，则视图中相应的该字段就用颜色来表示、用尺寸大小来表示、用作标签来表示。对于“详细信息”框，当某个字段不用直接放在行或列上时就可拖放到此框上。

⑧ 工作表视图区。位于界面的右侧空白区域，创建和显示视图的区域，一个视图

就是行和列的集合，由以下组件组成：标题、轴、区、单元格和标记。除这些内容外，还可以选择显示标题、说明、字段标签、摘要和图例等。

图 6-14　标记卡

图 6-15　标记子菜单

4. Tableau 仪表板工作区

仪表板工作区使用布局容器把工作表和一些像图片、文本、网页类型的对象按一定的布局方式组织在一起。在工作区页面单击新建仪表板图标，或者选择菜单“仪表板”→“新建仪表板”，打开仪表板工作区，仪表板窗口将替换工作表左侧的数据窗口，如图 6-16 所示。

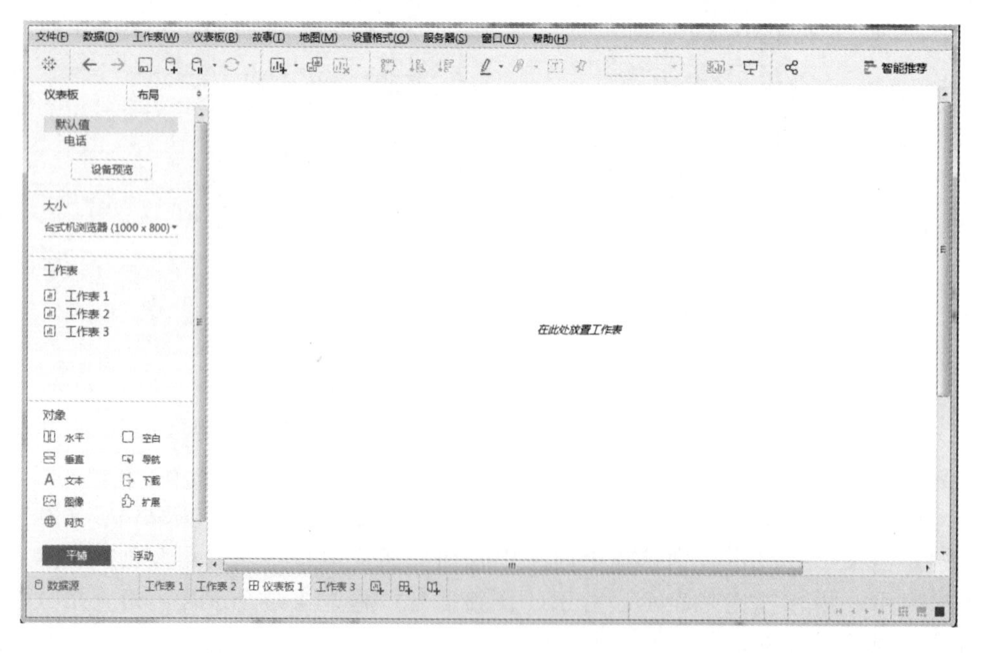

图 6-16　仪表板工作区

仪表板工作区中的主要组成部分如下：

① 仪表板：在界面的左侧，如图 6-17 所示，可以设置仪表板窗口大小。通过“布局”设置单个工作表的大小，如图 6-18 所示。

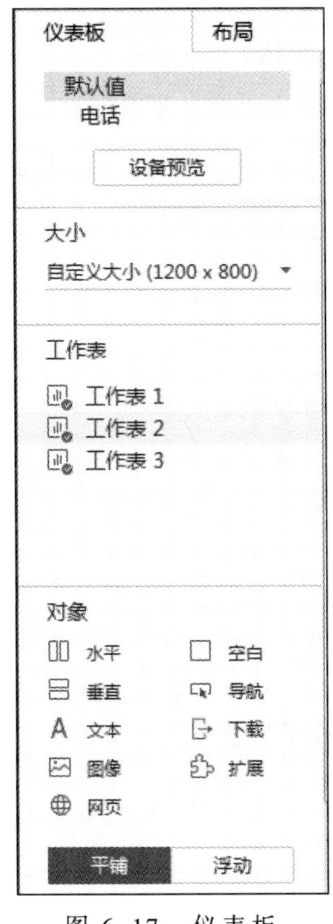

图 6-17　仪表板

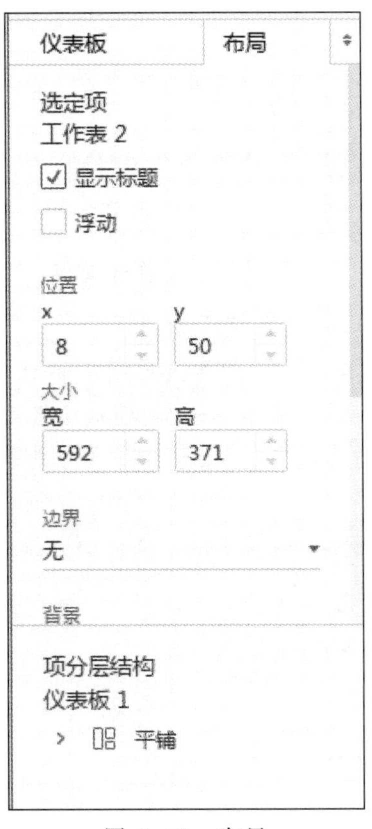

图 6-18　布局

② 工作表：列出了在当前工作簿中创建的所有工作表，如图 6-19 所示，可以选中一个或多个工作表并将其从仪表板工作表面板拖至右侧的仪表板区域中，拖动到右侧过程中将出现一个灰色阴影区域，指示出可以放置该工作表的位置。在将工作表添加至仪表板后，仪表板工作表面板中会用复选标记来标记该工作表。

③ 对象：包含仪表板支持的对象，如文本、图像、网页和空白区域，如图 6-20 所示。从仪表板对象面板拖放所需对象至右侧的仪表板窗口中，完成添加仪表板对象。

④ 平铺、浮动：平铺和浮动决定了工作表和对象被拖放到仪表板后的效果和布局方式。默认情况下，仪表板使用平铺布局，这样设置的效果是每个工作表和对象都排列到一个分层网格中。也可以将布局更改为浮动，这样视图和对象就可以重叠。

⑤ 仪表板视图区：位于界面的右侧空白区域，创建和调整仪表板的工作区域，用于添加工作表及各类对象。

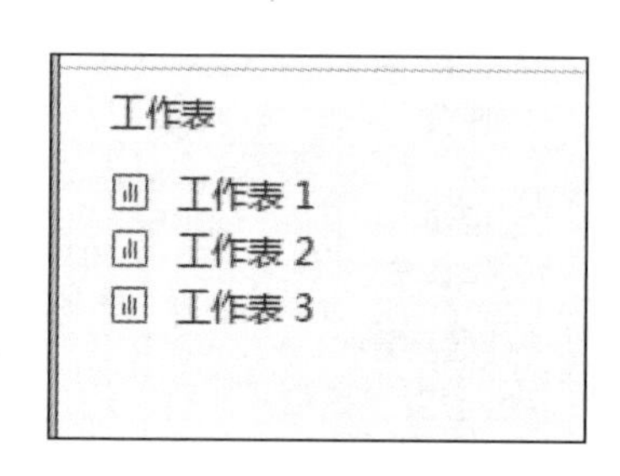

图 6-19　工作表面板

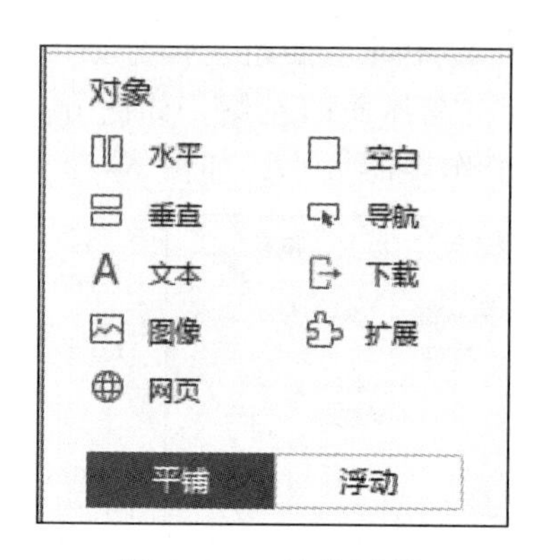

图 6-20　对象面板

5. Tableau 故事工作区

在 Tableau 中一般将故事用作演示工具，按顺序排列视图或仪表板。

选择菜单“故事”→“新建故事”命令，或者单击工具栏上的“新建故事”按钮，然后选择“新建故事”。故事工作区与创建工作表和仪表板的工作区有很大区别，如图 6-21 所示。

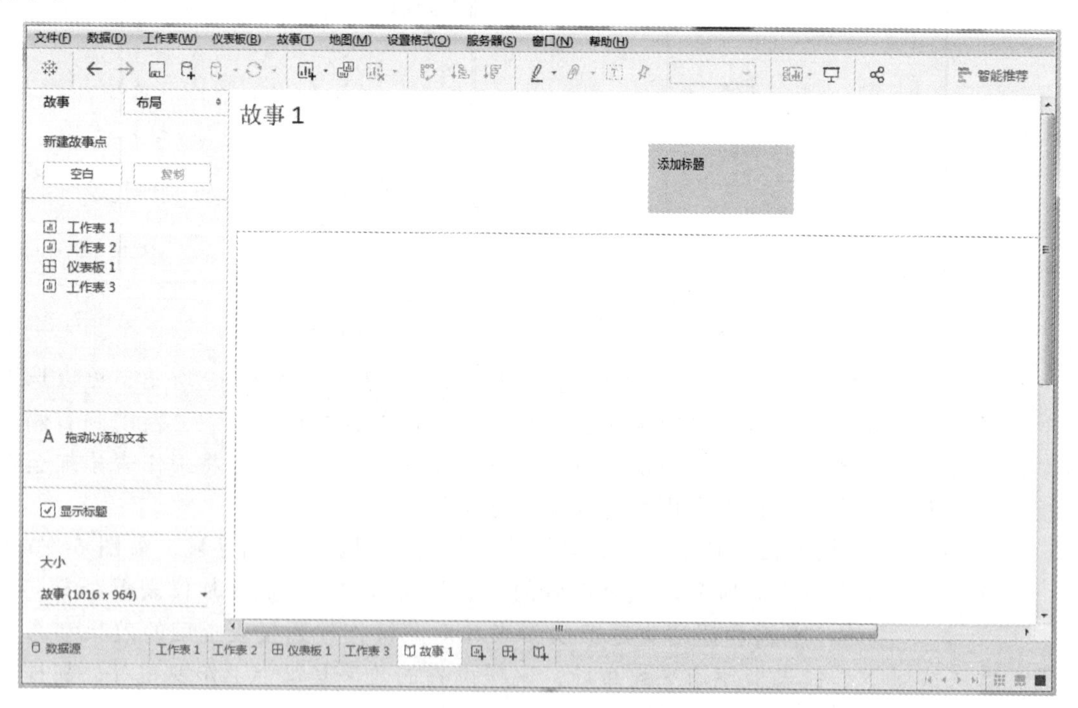

图 6-21　Tableau 故事工作区

故事工作区中的主要组成部分如下：

① 仪表板和工作表列表窗口。显示在当前工作簿中创建的工作表和仪表板的列表，将其中的一个工作表或仪表板拖到故事区域，即可创建故事点，单击可快速跳转至所在的工作表或仪表板。

② 故事设置：设置创建故事的大小，也可以设置是否显示故事标题。故事的大小可以从预定义的大小中选择一个，或以像素为单位设置自定义大小，如图 6-22 所示。

③ 布局：设置故事的导航器样式，如图 6-23 所示。

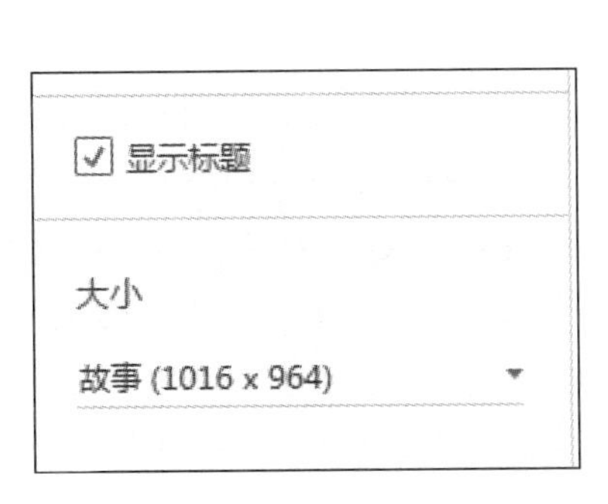

图 6-22　故事设置

图 6-23　布局

④ 空白、复制：单击新建故事点面板中的“空白”按钮可以创建新故事点，单击“复制”按钮可以将当前故事点用作新故事点的起点，如图 6-24 所示。

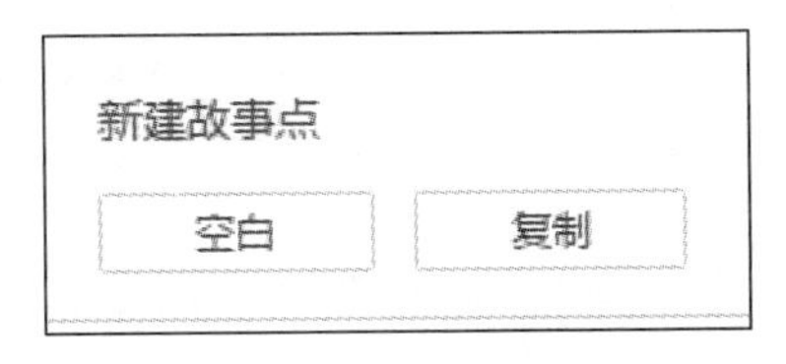

图 6-24　新建故事点

⑤ 故事视图区：位于界面的右侧空白区域，创建故事的工作区域，用于添加工作表、仪表板或者说明框对象。

6. 菜单栏和工具栏

除了工作表、仪表板和故事工作区，Tableau 工作区环境还包括公共的菜单栏和工具栏。无论在哪个工作区环境下，菜单栏和工具栏都位于工作区的顶部。

（1）菜单栏

菜单栏包括文件、数据、工作表和仪表板等菜单，每个菜单下都包含很多子菜单选项，如图 6-25 所示。

文件(F)　数据(D)　工作表(W)　仪表板(B)　故事(T)　分析(A)　地图(M)　设置格式(O)　服务器(S)　窗口(N)　帮助(H)

图 6-25　菜单栏

①“文件”菜单：包括打开、保存和另存为等功能。其中最常用的功能是“打印为 PDF”选项，它允许把工作表或仪表板导出为 PDF。“导出打包工作簿”选项允许把当前的工作簿以打包形式导出。如果记不清文件存储位置，或者想要改变文件的默认存储位置，可以使用“文件”菜单中的“存储库位置”命令来查看文件存储位置和改变文件的默认存储位置。

②“数据”菜单：其中的“粘贴”命令非常方便，如果在网页上发现了一些 Tableau 的数据，并且想要使用 Tableau 进行分析，可以从网页上复制下来，然后使用此选项把数据导入到 Tableau 中进行分析。一旦数据被粘贴，Tableau 将从 Windows 剪贴板中复制这些数据，并在数据窗口中增加一个数据源。

“编辑混合关系”命令在数据融合时使用，它可以用于创建或修改当前数据源关联关系，并且如果两个不同数据源中的字段名不相同，此选项非常有用，它允许明确地定义相关的字段。

③“工作表”菜单：其作用是对当前工作表进行操作。“工作表”菜单如图 6-26 所示。其中“工具提示”是指当鼠标停留在某点时就会显示该点所代表的信息，选择“工具提示”命令，会打开如图 6-27 所示的“编辑工具提示”对话框。在该对话框中，对信息显示的格式进行设置。工作表菜单中的“显示摘要”是显示视图中所用字段的汇总数据，包括总和、平均值、中位数和众数等。其中，常用的功能是“导出”选项和“复制”选项。“导出”选项允许把工作表导出为图像、Excel 交叉表或者 Access 数据库文件(.mdb)；使用“复制”选项中的“交叉表”选项会创建一个当前工作表的交叉表版本，并把它存放在一个新的工作表中。

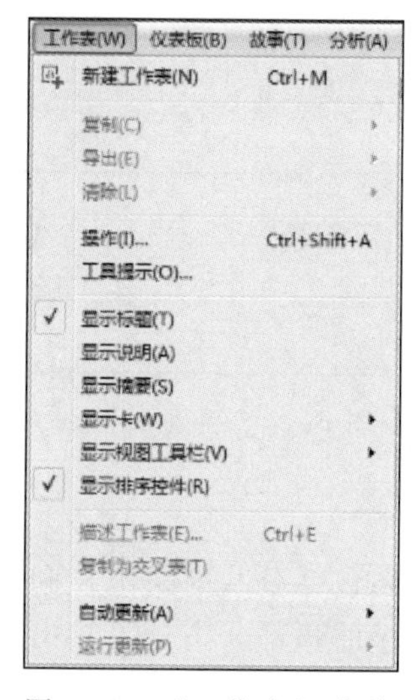

图 6-26 “工作表”菜单

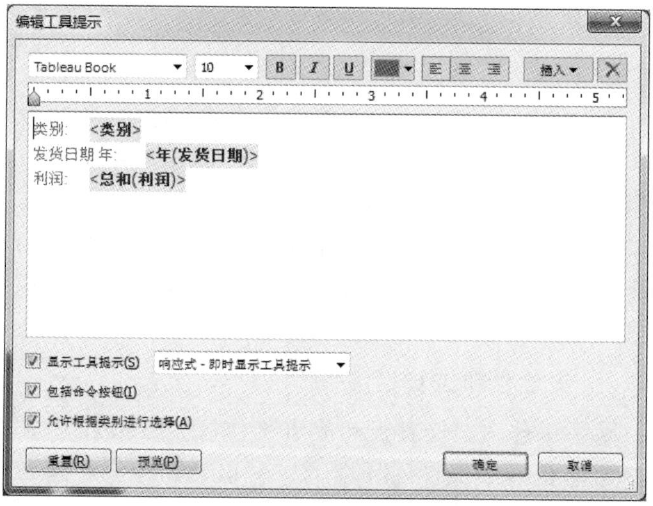

图 6-27 工具提示对话框

④ 仪表板菜单：其作用是对仪表板内的工作表进行操作。“仪表板”菜单(见图 6-28)中的选项只有在仪表板工作区环境下可用。

⑤“故事”菜单：其作用是创建故事。故事由工作表或仪表板组成，多个工作表或仪表板构成故事中的一个又一个情节。“故事”菜单（见图 6-29）中的选项只有在故事工作区环境下可用，可以利用其中的选项新建故事。利用“设置格式”命令设置故事的背景、标题和说明，还可以利用“导出图像”命令把当前故事导出为图像。

⑥“分析”菜单：其作用是对视图中的数据做进一步操作。“分析”菜单如图 6-30 所示。其中：

“聚合度量”默认选中，如果想看某个字段的独立值就取消该选项；单击“堆叠标记”右侧的按钮，会出现 3 个选项：自动、开和关；“百分比”是用来指定某个字段计算百分数的范围；“合计”是用来汇总数据；“创建计算字段”是用来编辑公式以创建新的字段。

在熟悉了 Tableau 的基本视图创建方法后，可以使用“分析”菜单中的一些选项来创建高级视图，或者利用它们来调整 Tableau 中的一些默认行为，如利用其中的“聚合度量”选项来控制对字段的聚合或解聚，也可以利用“创建计算字段”和“编辑计算字段”选项创建当前数据源中不存在的字段。

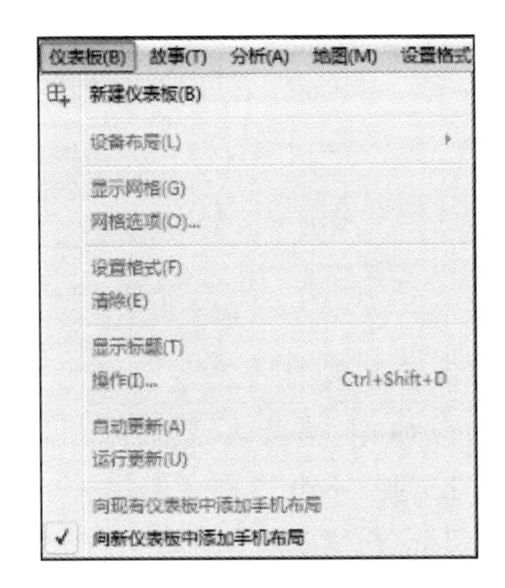

图 6-28　“仪表板”菜单

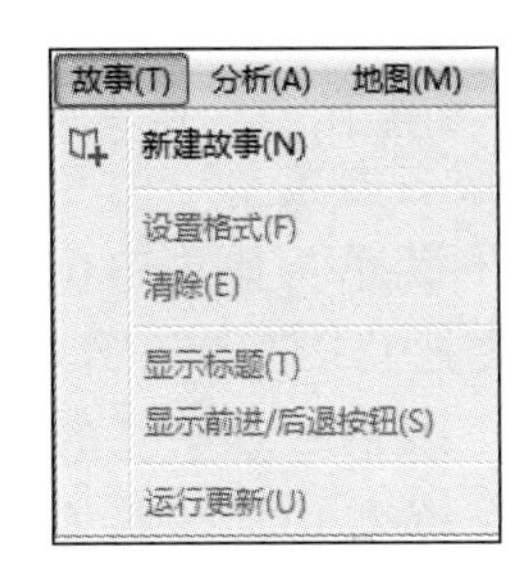

图 6-29　故事菜单

⑦“地图”菜单：其作用是对地图进行操作和设置。“地图”菜单（见图 6-31）中“地图选项”里的“样式”可以更改地图颜色配色方案，如选择普通、灰色或者黑色地图样式，也可以使用“地图选项”中的“冲蚀”滑块控制背景地图的强度或亮度，滑块向右移得越远，地图背景就越模糊。“地图”菜单中的“地理编码”命令可以导入自定义地理编码文件，绘制自定义地图。

⑧“设置格式”菜单：其作用是设置工作表的格式。命令“设置格式”菜单（见图 6-32）很少使用，因为在视图或仪表板上的某些特定区域右击可以更快捷地调整格式。但有些“设置格式”菜单中的选项通过快捷键方式无法实现，例如，想要修改一个交叉表中单元格的尺寸，只能利用“设置格式”菜单中的“单元格大小”命令来调整；如果不喜欢当前工作簿的默认主题风格，只能利用“工作簿主题”选项来切换至其他两个子选项“现代”或“古典”。

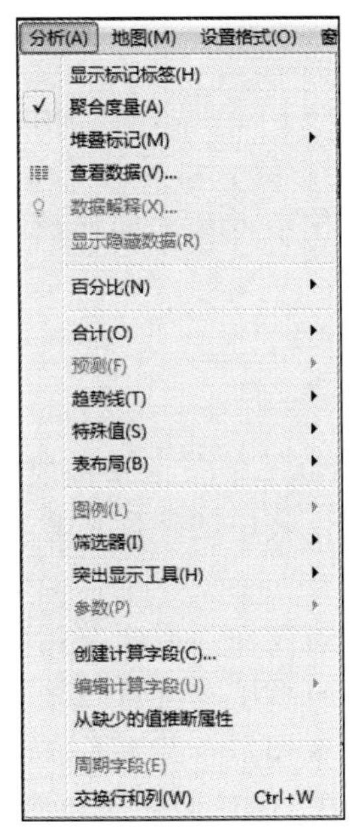

图 6-30 分析菜单

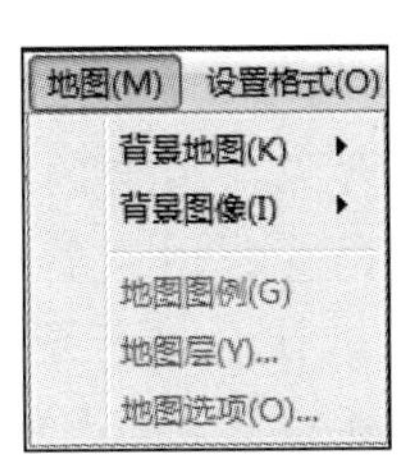

图 6-31　“地图”菜单

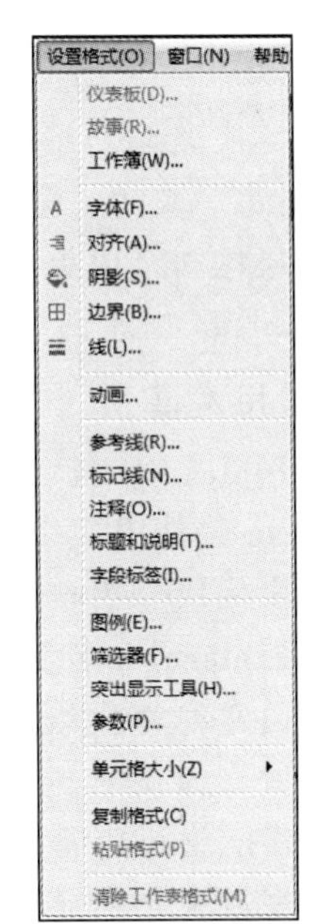

图 6-32 设置格式菜单

⑨“服务器”菜单：单击“服务器”菜单，如图 6-33 所示。如果想要把工作成果发布到大众皆可访问的公共服务器 Tableau Public 上，或者从上面下载或打开工作簿，可以使用服务器菜单中的 Tableau Public 命令。如果需要登录到 Tableau 服务器，或者需要把工作成果发布到 Tableau 服务器上，需要使用服务器菜单中的“登录”命令。

图 6-33 服务器菜单

⑩“窗口”菜单：如果工作簿很大，其中包含了很多工作表，并且想要把其中某个工作表共享给别人，可以使用“窗口”菜单中的“书签”命令创建一个书签文件（.tbm），还可以通过“窗口”菜单中的“其他”命令，来决定显示或隐藏工具栏、状态栏和边条。

⑪“帮助”菜单：“帮助”菜单让用户直接连接到 Tableau 的在线帮助文档、培训视频、示例工作簿和示例库，也可以设置工作区语言。此外，如果加载仪表板时比较缓慢，可以使用“设置和性能”选项中的子选项“启动性能记录”激活 Tableau 的性能分析工具，优化加载过程。

（2）工具栏

工具栏（见图 6-34）包含“新建数据源”、“新建工作表”和“保存”等按钮，还包含“排序”“突出显示”等分析和导航工具。通过选择“窗口”→“显示工具栏”命令可隐藏或显示工具栏。工具栏有助于快速访问常用工具和操作，其中有些命令仅对工作表工作区有效，有些命令仅对仪表板工作区有效，有些命令仅对故事工作区有效。

图 6-34 工具栏

6.1.3 Tableau 的可视化实践

简便、快速地创建视图和仪表板是 Tableau 的最大优点之一，下面通过案例来展示 Tableau 创建、设计、保存视图和仪表板的基本方法和主要操作步骤，以了解 Tableau 支持的数据角色和字段类型的概念，熟悉 Tableau 中各功能区的使用方法和操作技巧，最终利用 Tableau 快速创建基本的视图、仪表板和故事。

1. 常用术语

（1）Tableau 数据

Tableau 软件中操作的基本对象是工作表，而工作表主要是由一条条记录构成，记录又是由字段构成。当把工作表导入 Tableau 后，会自动识别工作表中的字段信息决定数据角色。Tableau 工作表中的字段分为维度和度量。

维度通常称为分类数据字段，包含无法聚合的离散数据，如性别、层次结构等，还包含特征值，如日期、名称和地理数据等，用于显示详细信息的维度。度量往往是数值字段，将其拖放到功能区时，Tableau 默认会进行聚合运算，在视图区产生相应的轴。维度和度量字段有个明显的区别就是图标，即维度图标颜色为蓝色，度量图标颜色为绿色。当然，也可能在识别过程中误把个别维度类型数据变成度量类型，这时只要用手工方式适当调整就可以。例如，打开一个“示例-超市.xlsx”数据源，导入订单工作表后，在工作表工作区左侧窗口就可看到该工作表中所有的字段自动划分为维度和度量，部分截图如图6-35所示。

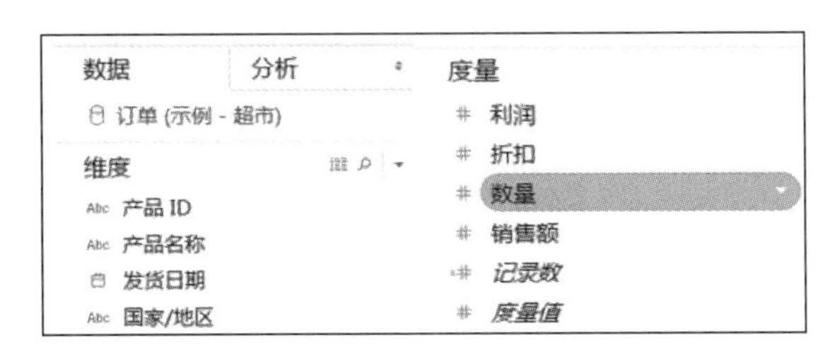

图6-35 维度和度量窗口

离散与连续是另一种数据角色分类。在Tableau中将字段从数据窗口的“维度”区域拖到列行功能区时，会默认该字段为离散字段，并将该字段的每一个值在视图中显示为行或列的标题；连续字段被拖到列行功能区时，会创建轴，轴上是连续刻度。

（2）Tableau数据类型

Tableau作为数据分析工具之一，将数据分为维度和度量两种不同的数据角色，其实不管是哪一种角色，每个数据都有数据类型，不同的数据类型能参与的运算不尽相同。Tableau支持的数据类型有6种：String（文本型，又称字符型）、Number（数值型）、Boolean（布尔型）、Date（日期型）、Geographic Role（地理值）和Date&Time（日期时间型），另外还有一种群集组。源数据加载后，Tableau会自动分配数据类型，并用不同的图标来表示，如表6-1所示。

表6-1 Tableau数据类型及图标

图　标	数据类型	图　标	数据类型
Abc	文本型又称字符型	T|F	布尔型
📅	日期型	🌐	地理值（用于地图）
📅🕓	日期时间型	[群集图标]	群集组
#	数值型		

为了操作方便，可更改某些数据的数据类型。操作方法是单击字段的数据类型图标，从弹出的下拉列表中，选择一种新的数据类型，如图6-36所示。

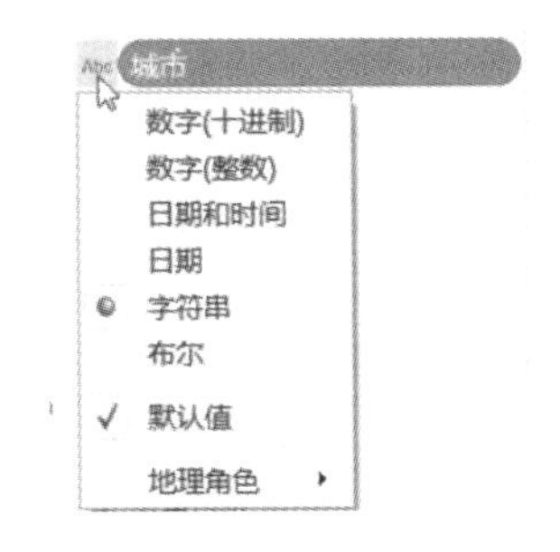

图6-36 更改数据类型

（3）Tableau运算符

运算符是一个符号，是对数字、字符串、日期等进行数学或逻辑操作。Tableau支持的基本运算符如表6-2所示，运算符的优先级如表6-3所示。

表 6-2 基本运算符

运算符	描述
+	① 对数字作加法； ② 将字符串串联在一起； ③ 增加日期的天数
-	① 对数字作减法； ② 对表达式求反； ③ 日期与日期相减； ④ 减去日期的天数
*	数字乘法
/	数字除法
%	返回数字除法的余数
^	计算数字的指定次幂
=，<，>，>=，<=，!=	比较数字、日期、字符串，返回布尔值
AND，OR，NOT	逻辑运算符： ① AND：当两侧同时为 True 时，则结果为 True 否则为 False ② OR：当两侧同时为 False 时，则结果为 False 否则为 True ③ NOT：对一个布尔表达式或表达式求反

表 6-3 运算符的优先级

优先级	运算符	优先级	运算符
1	–（求反）	5	==、>、<、>=、<=、!=
2	^（乘方）	6	NOT
3	*、/、%	7	AND
4	+，–	8	OR

（4）Tableau 文件类型

Tableau 使用多种不同的专用文件类型来保存工作：工作簿、书签、打包数据文件、数据提取和数据连接文件。

① 工作簿（.twb）：Tableau 工作簿文件具有 .twb 文件扩展名。工作簿中含有一个或多个工作表，以及零个或多个仪表板和故事。

② 书签（.tbm）：Tableau 书签文件具有 .tbm 文件扩展名。书签包含单个工作表，是快速分享所做工作的简便方式。

③ 打包工作簿（.twbx）：Tableau 打包工作簿具有 .twbx 文件扩展名。打包工作簿是一个 zip 文件，包含一个工作簿以及任何支持本地文件的数据和背景图像。这种格式最适合对工作进行打包以便与不能访问原始数据的其他人共享。

④ 数据提取（.hyper 或.tde）：根据创建数据提取时使用的版本，Tableau 数据提取文件可能具有.hyper 或.tde 文件扩展名。提取文件是部分或整个数据的一个本地副本，可用于在脱机工作时与他人共享数据及提高性能。

⑤ 数据源(.tds)：Tableau 数据源文件具有.tds 文件扩展名。数据源文件是用于快速

连接到经常使用的原始数据的快捷方式。数据源文件不包含实际数据，而只包含连接到实际数据所必需的信息以及在实际数据基础上进行的任何修改，例如更改默认属性、创建计算字段、添加组等。

⑥ 打包数据源(.tdsx)：Tableau 打包数据源文件具有.tdsx 文件扩展名。打包数据源是一个 zip 文件，包含上面描述的数据源文件(.tds)以及任何本地文件数据，例如数据提取文件(.tde)、文本文件、Excel 文件、Access 文件和本地多维数据集文件。可使用此格式创建一个文件，以便与无法访问计算机上存储原始数据的其他人共享。

（5）Tableau 设计流程

利用 Tableau 进行可视化数据分析，预期的最终结果是工作表、甚至还有仪表板与故事。为了更快、更好地达成制定的目标，从源数据至新建故事过程中，具体设计流程如下：

① 连接到数据源：Tableau 连接到常用的数据源。它具有内置的连接器，在提供连接参数后负责建立连接。

② 构建数据视图：连接到数据源后，将获得 Tableau 环境中可用的所有数据，将它们分为维度、度量和创建任何所需的层次结构。Tableau 提供了轻松的拖放功能来构建视图。

③ 增强视图：创建的视图需要进一步增强，允许使用过滤器、聚合、轴标签、颜色和边框的格式。

④ 创建工作表：创建不同的工作表，以便对相同的数据或不同的数据创建不同的视图。

⑤ 创建和组织仪表板：仪表板包含多个链接它的工作表。因此，任何工作表中的操作都可以相应地更改仪表板中的结果。

⑥ 创建故事：故事是一个工作表，其中包含一系列工作表或仪表板，它们一起工作以传达信息。可以创建故事以显示事实如何连接，提供上下文，演示决策如何与结果相关，或者只做出有说服力的案例。

（6）Tableau 函数

Tableau 支持许多用于 Tableau 计算的函数，如创建计算字段就主要依赖各种类型的函数，以实现更强大的功能。Tableau 中的函数按照功能来分有数字函数、字符串函数、日期函数、类型转换函数、逻辑函数、聚合函数、直通函数、用户函数、表计算函数、空间函数和其他函数共计 11 种类型，如表 6-4 所示。

表 6-4　Tableau 函数

函数类型	基本描述	常用函数
数字函数	允许对字段中的数据值执行运算	ABS(),FLOOR(),MAX(),MIN(),COS()...
字符串函数	允许操作字符串数据（即由文本组成的数据）	CONTAINS(),FIND(),LEFT(),ENDSTITH(),REPLACE()...
日期函数	允许对数据源中的日期进行操作	DATEADD(),DATEDIFF(),MONTH(),DAY(),NOW()...
类型转换函数	允许将字段从一种数据类型转换为另一种数据类型	STR(),DATE(),DATETIME(),INT(),FLOAT()...

续表

函数类型	基本描述	常用函数
逻辑函数	允许确定某个特定条件为真还是假（布尔逻辑）	END(),CASE(),ELSEIF(),IF(),ISDATE()...
聚合函数	允许进行汇总或更改数据的粒度	COUNT(),COUNTD(),MAX(),MEDIAN(),SUN()...
直通函数	RAWSQL 可用于将 SQL 表达式直接发送到数据库	RAWSQL_BOOL(), RAWSQL_DATE(),RAWSQL_INT()...
用户函数	可用于创建用户筛选器或行级别安全筛选器	FULLNAME(),ISFULLNAME(string)...
表计算函数	表计算函数允许对表中的值执行计算	FIRST(),INDEX(),LAST(),LOOKUP()...
空间函数	允许执行高级空间分析，并将空间文件与其他格式的数据（如文本文件或电子表格）相结合	MakeLine(),MakePoint(),Distance()
其他函数	其他功能	REGEXP_REPLACE(),REGEXP_MATCH()...

2. 功能基础篇

通过前面 Tableau 基本工具的介绍，了解了该软件的基本界面和功能，下面通过工作表的制作介绍 Tableau 的基本功能。

（1）连接数据源

① 打开 Tableau Desktop，在左侧选择连接到文件 Microsoft Excel，在“打开”对话框中选择“2015—2019 国内生产总值.xlsx”，单击“打开”按钮，如图 6-37 所示。

Tableau 的基础功能

② 打开后进入 Tableau 的工作区，界面左侧显示了连接的 Excel 文件中包含的所有工作表。当前连接的“2015—2019 国内生产总值.xlsx”文件中只有一个工作表。然后，将此文件中的工作表拖入到工作区，并选择连接方式为“实时”。还有一种为“数据提取”，它们的区别是选择“实时”就意味着源数据发生更新时，Tableau Desktop 中也可以获得实时更新。在工作区下面就可浏览该表中的详细信息，如图 6-38 所示。

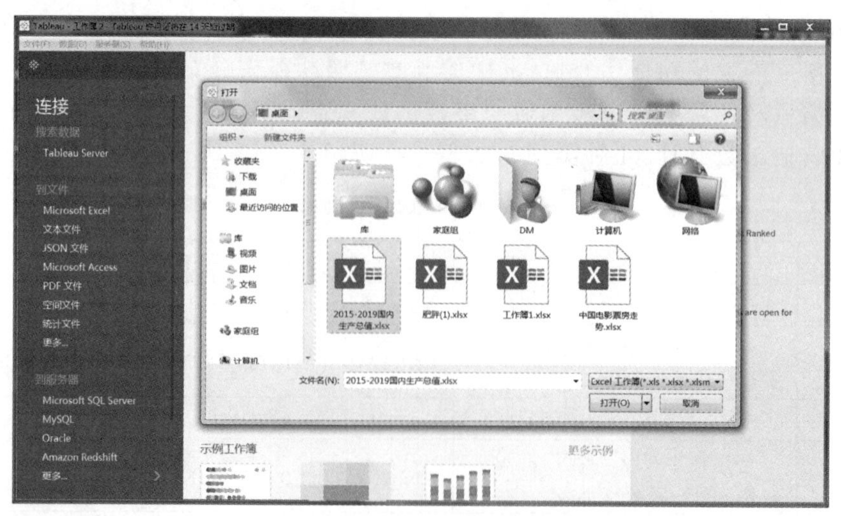

图 6-37　连接数据源

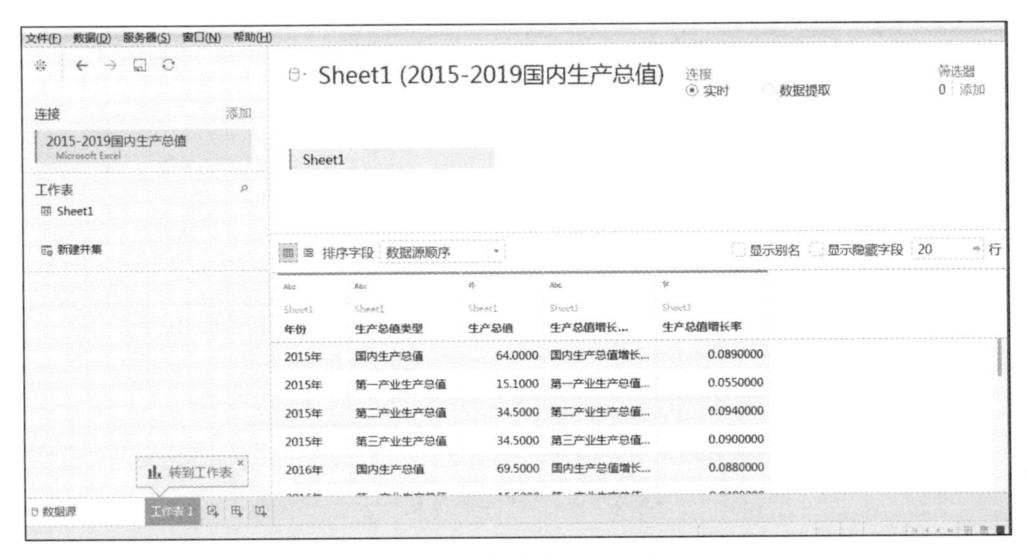

图 6-38　工作表拖入到工作区

（2）制作工作表

① 单击左下角的“工作表 1”按钮，进入工作表的工作区。

② 将左侧维度中的“年份”拖到右侧的列，“生产总值类型”拖到筛选器框并设置为第一生产总值，度量中的“生产总值”和“生产总值增长率”拖到右侧的行，可以得到上下各一个折线图图表，结果如图 6-39 所示。

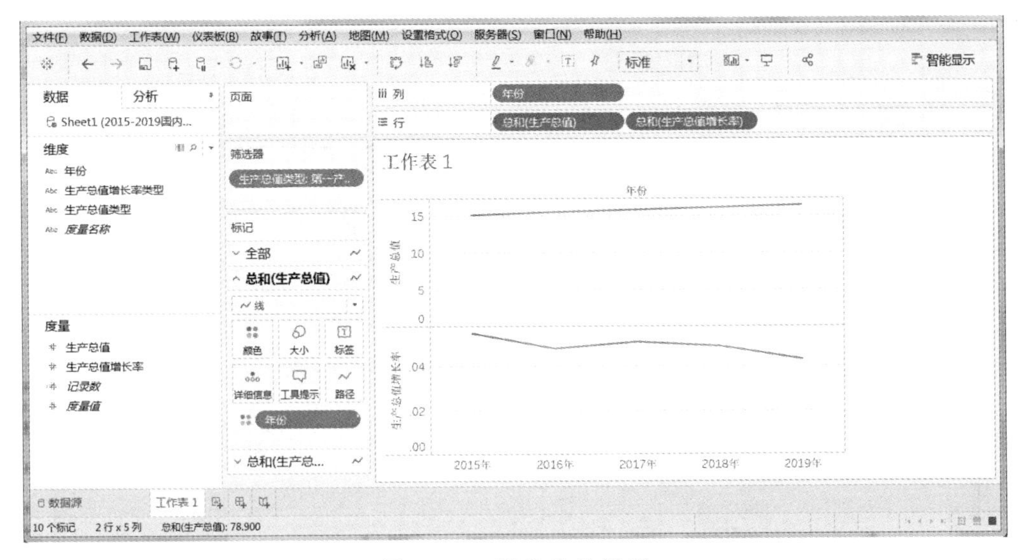

图 6-39　第②步效果图

③ 将得到的可视化结果进行修饰。将原图中的上下两个坐标改成双坐标轴，右击行中的“生产总值增长率”，或者选择“生产总值增长率”坐标轴的左侧右击，在弹出的快捷菜单中选择“双轴”命令，如图 6-40 所示。双轴设置后的效果如图 6-41 所示。

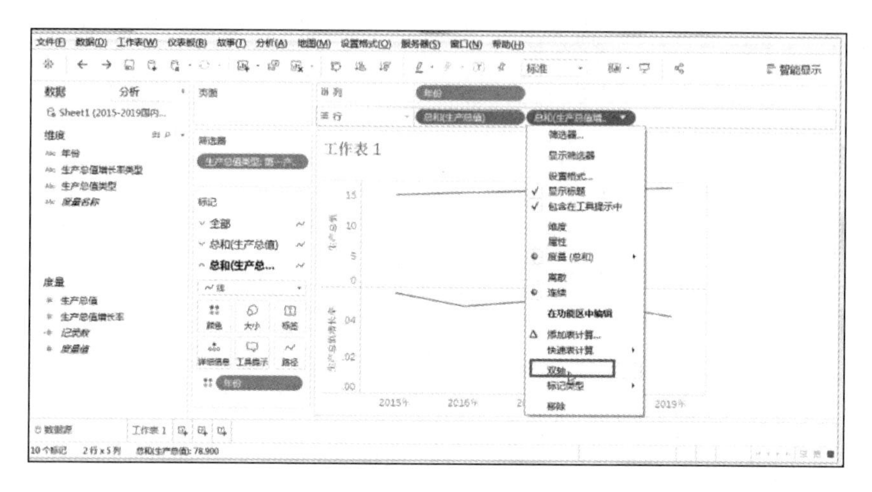

（a）行中的“生产总值增长率”

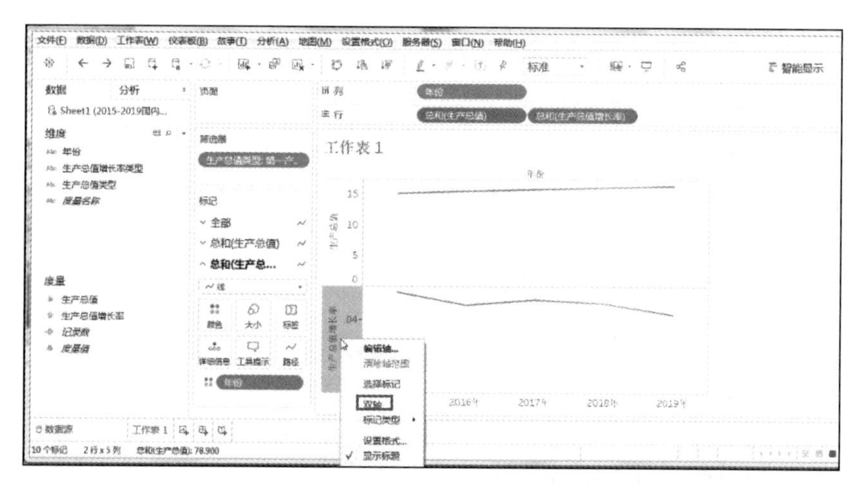

（b）“生产总值增长率”坐标轴的左侧

图 6-40　设置“生产总值增长率”

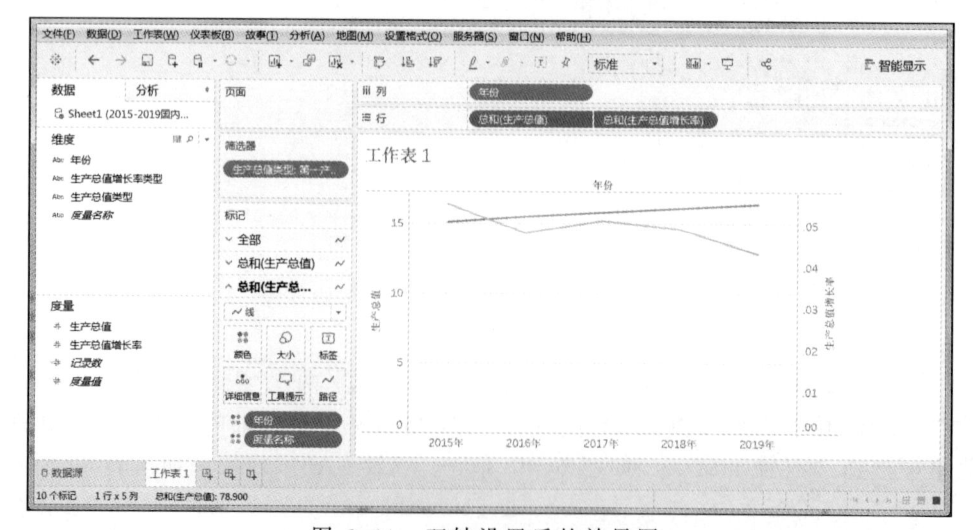

图 6-41　双轴设置后的效果图

• 将“生产总值”对应的图表设置成条线图，“生产总值增长率”保持不变。操作步骤为：单击“标记”中“总和（生产总值）”右侧的下拉按钮，在弹出的下拉列表中选择条形图。设置之后得到的结果如图 6-42 所示。

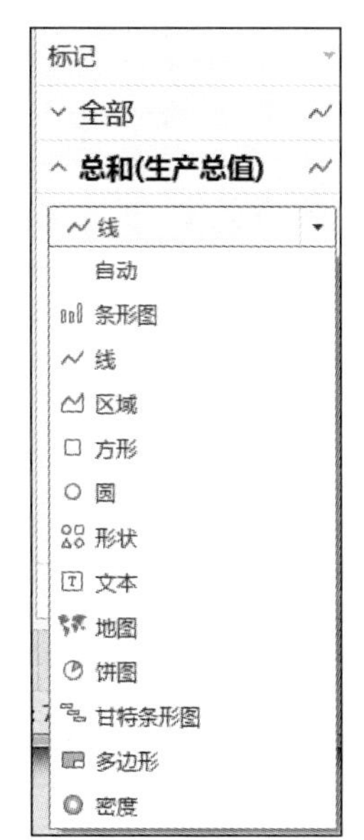

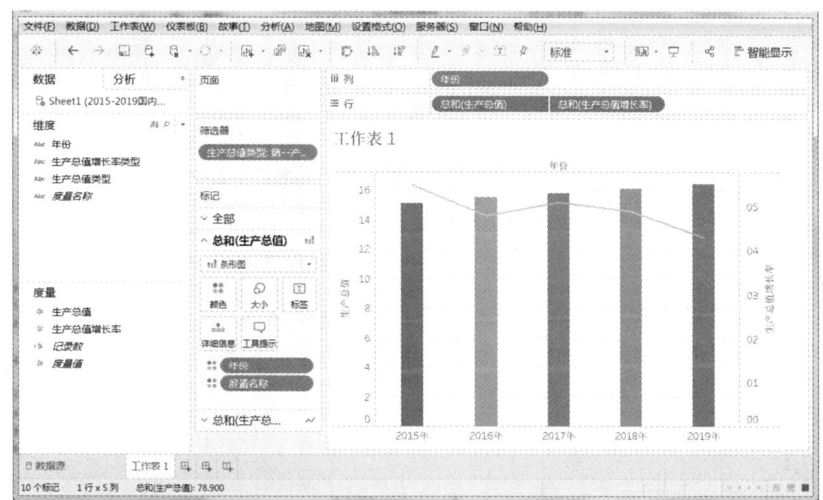

图 6-42　设置形状及设置后的结果

• 显示筛选器。操作步骤：首先选中左侧的筛选器，按住鼠标左键，拖到右侧；然后，单击设置的筛选器在弹出的下拉列表中选择“显示筛选器”，如图 6-43 所示。最后得到的结果如图 6-44 所示。通过使用筛选器，可以观察不同类型的生产总值的直观图表变化情况。

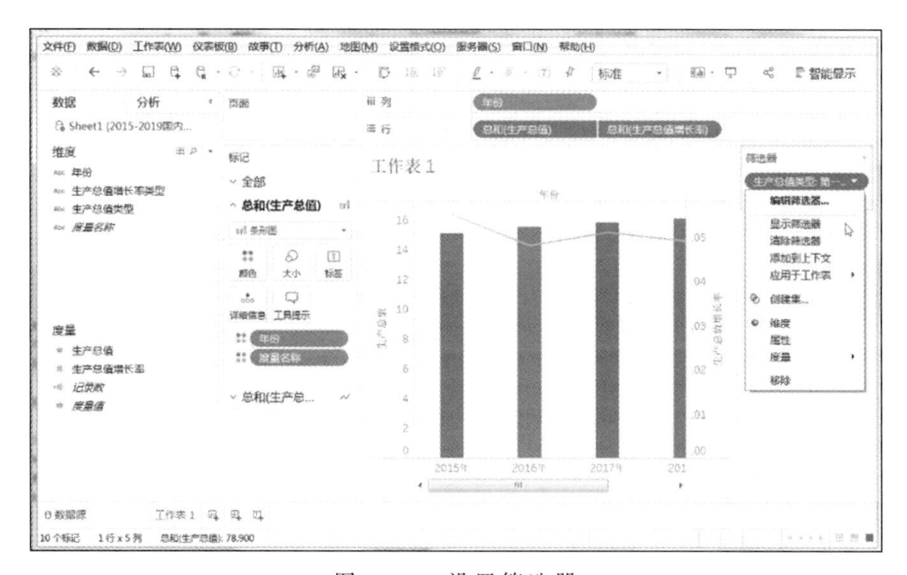

图 6-43　设置筛选器

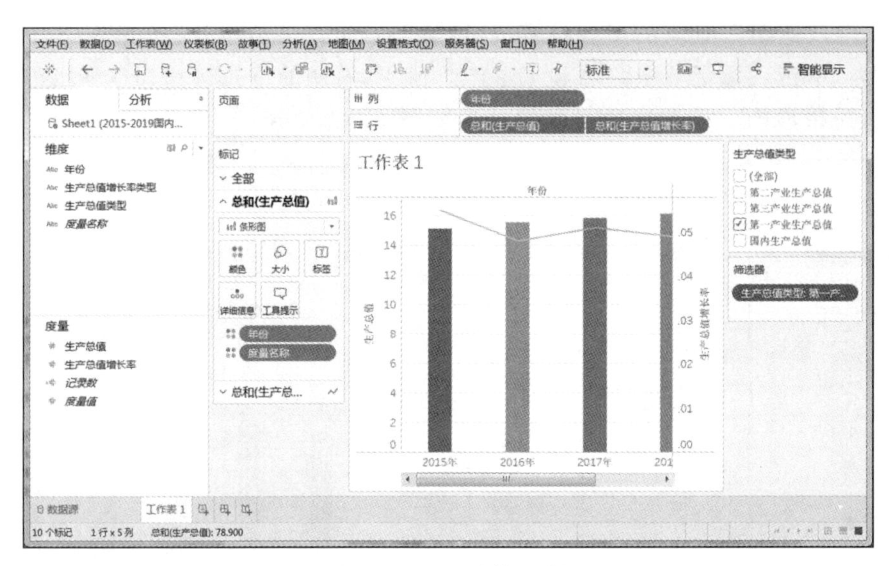

图 6-44　显示筛选器

Tableau 的中级功能

3. 功能中级篇

通过前面的介绍，了解了制作工作表的基本操作，下面通过创建仪表板和故事进一步学习 Tableau 可视化的功能。

（1）连接数据源

① 打开 Tableau Desktop，在左侧选择连接到文件 Microsoft Excel，在打开的文件选择对话框中选择“电影票房走势.xlsx”，单击“打开”按钮，如图 6-45 所示。

② 打开后进入 Tableau 的工作区，界面左侧显示了连接的 Excel 文件中包含的所有工作表。当前连接的“电影票房走势.xlsx”文件中只有一个工作表。然后，将此文件中的工作表拖入到工作区，并选择连接方式为实时，还有一种为数据提取。它们的区别则是选择实时就意味着源数据发生更新时，Tableau Desktop 中也可以获得实时更新。在工作区下面就可浏览该表中的详细信息，如图 6-46 所示。

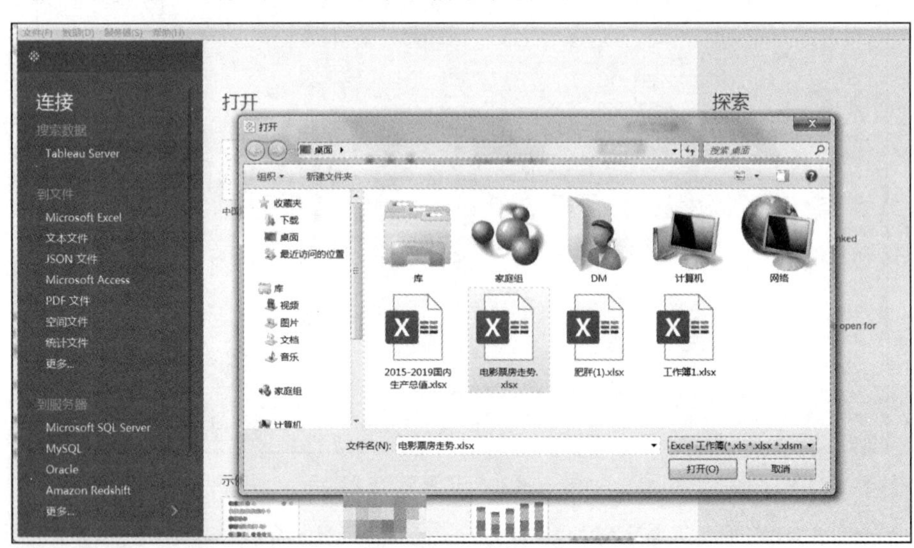

图 6-45　连接数据源

（2）制作工作表

① 单击右下角的“工作表 1”按钮，进入工作表的工作区。

② 将左侧维度中的“年份”拖到右侧的列，同时将“年份”拖到页面框，度量中的“票房”、“放映场次”和“观影人次”拖到右侧的行，可以得到右侧显示的图表，如图 6-47 所示。

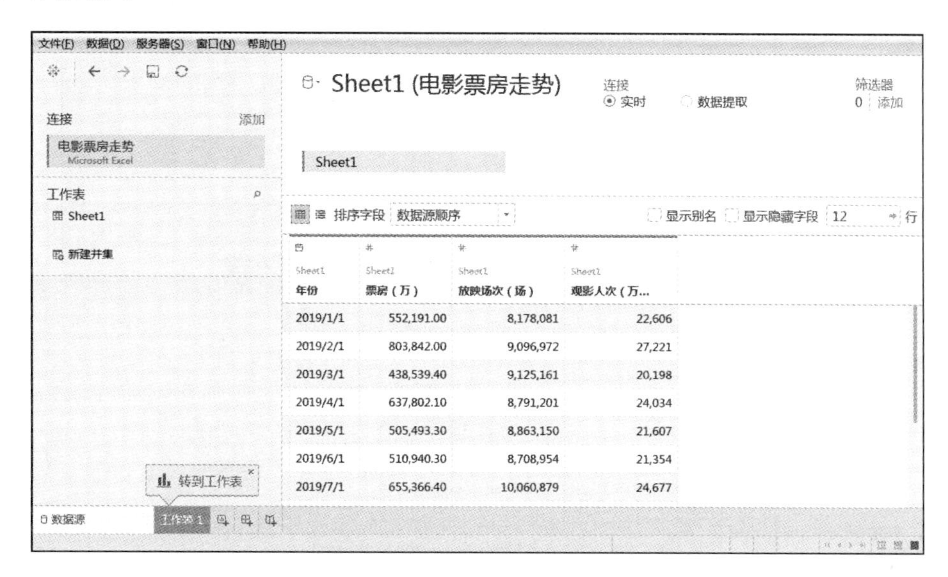

图 6-46 工作表拖入到工作区

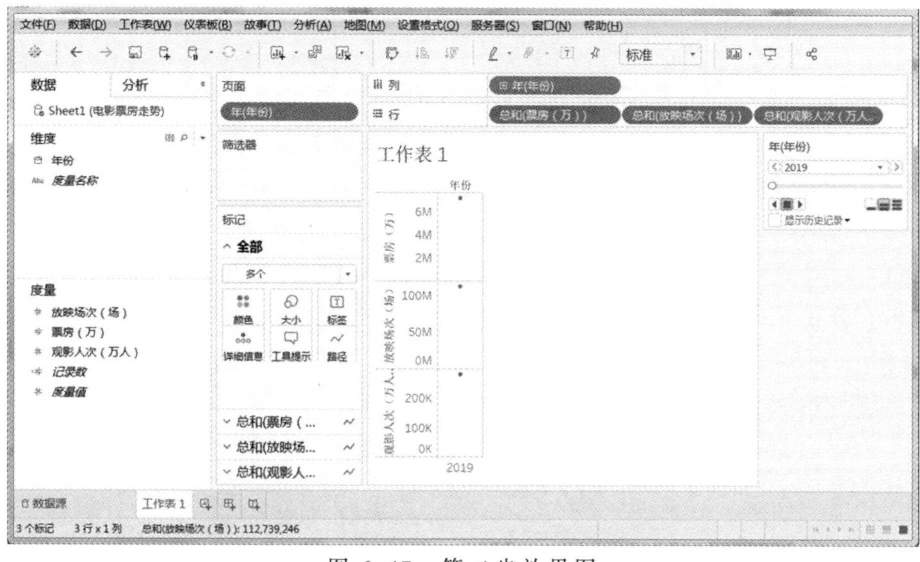

图 6-47 第二步效果图

③ 将得到的可视化结果进行修饰。

- 将坐标轴中的横坐标调整为 2019 年每月如 2019 年 1 月、2019 年 2 月等。右击列中的“年（年份）”，在弹出的快捷菜单中选择显示方式为“月 2015 年 5 月”，如图 6-48 所示。
- 将页面框中的“年份”调整为 2019 年每月如 2019 年 1 月、2019 年 2 月等。设置格式参见图 6-48。页面框中拖入“年份”字段后，在右侧会显示一个分页工作台。分页工作台用于在不同的页面中为不同的维度或度量值保存数据视图。本案例设置分页的目的是观察 2019 年每月的票房、放映场次和观影人次的变化。设置后的效果如图 6-49 所示。

图 6-48 时间字段设置

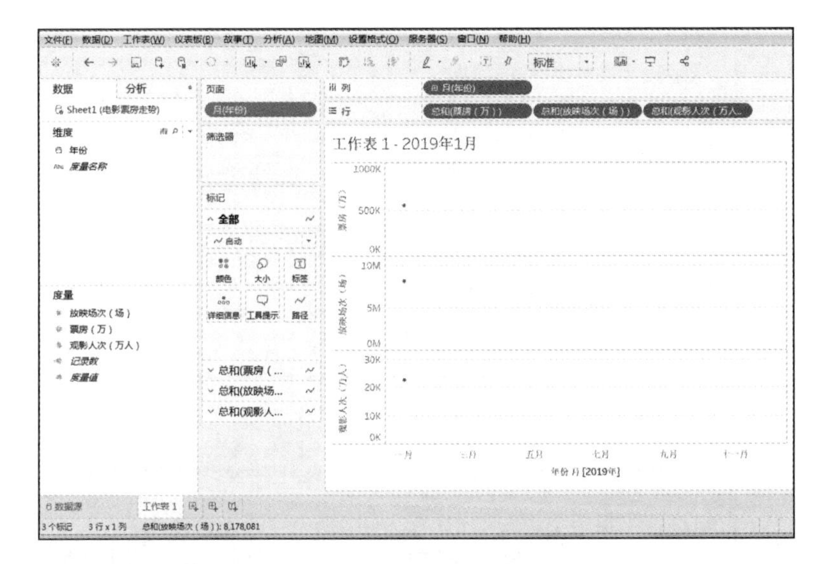

图 6-49 设置后的效果

- 分页工作台组成。分页工作台包括显示页面读出内容、显示页面滑块、显示播放控件和显示历史记录控件，如图 6-50 所示。单击“显示历史记录”旁边的下拉按钮显示对话框，在对话框中设置视图的效果，如图 6-51 所示。本案例选中“显示历史记录”复选框，并在显示历史记录对话框中选择“全部”“轨迹”，并对格式进行设置。

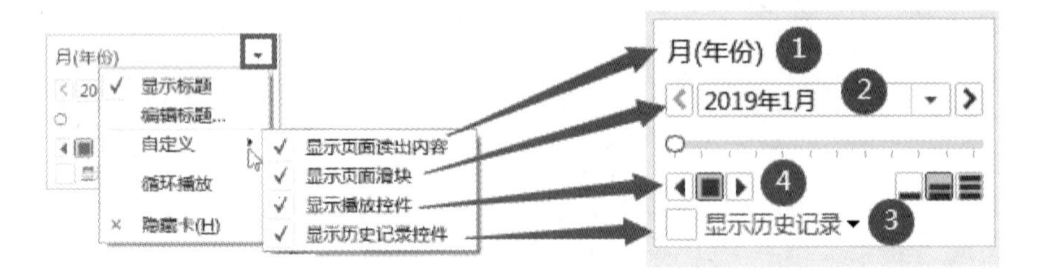

图 6-50 分页工作台

- 设置工作表工作区中显示的视图样式。这一功能的设置是用到标记功能区，如图 6-52 所示。首先，设置视图中的 3 个字段值显示方式，显示方式共有 12 种，如图 6-53 所示。其中，形状又包含多种可选择，如图 6-54 所示。本案例为 3 个字段选择形状且各不相同，最终效果如图 6-55 所示。然后，需要在视图上显示标签，设置操作时分别选中对应 3 个图表的左侧后，将对应字段拖到标签上松手即可，如图 6-56 所示。3 个字段全部操作结束后，最终效果如图 6-57 所示。

图 6-51　显示历史记录

图 6-52　标记功能区

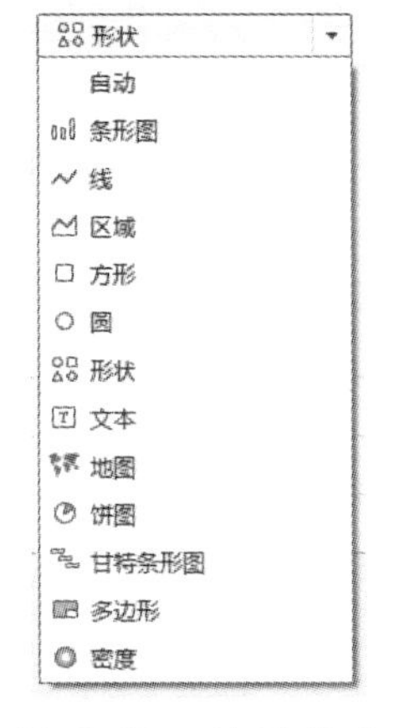

图 6-53　显示方式

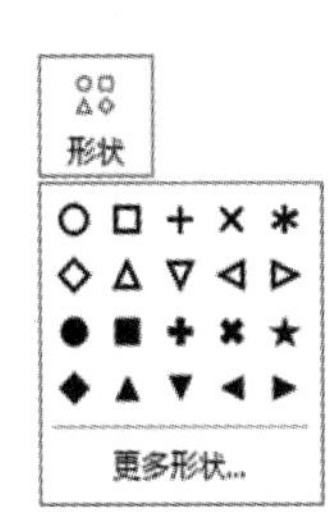

图 6-54　形状设置

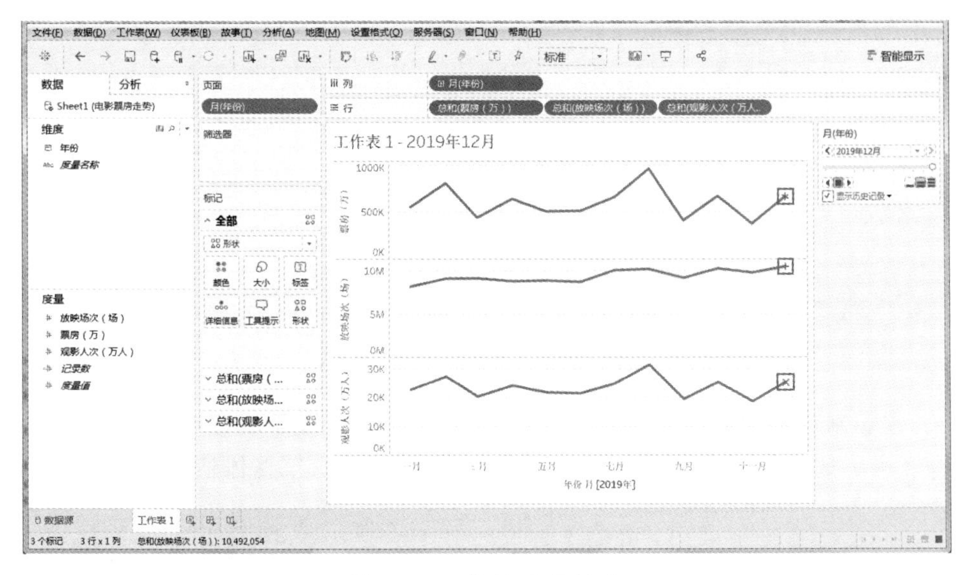

图 6-55　设置后的效果

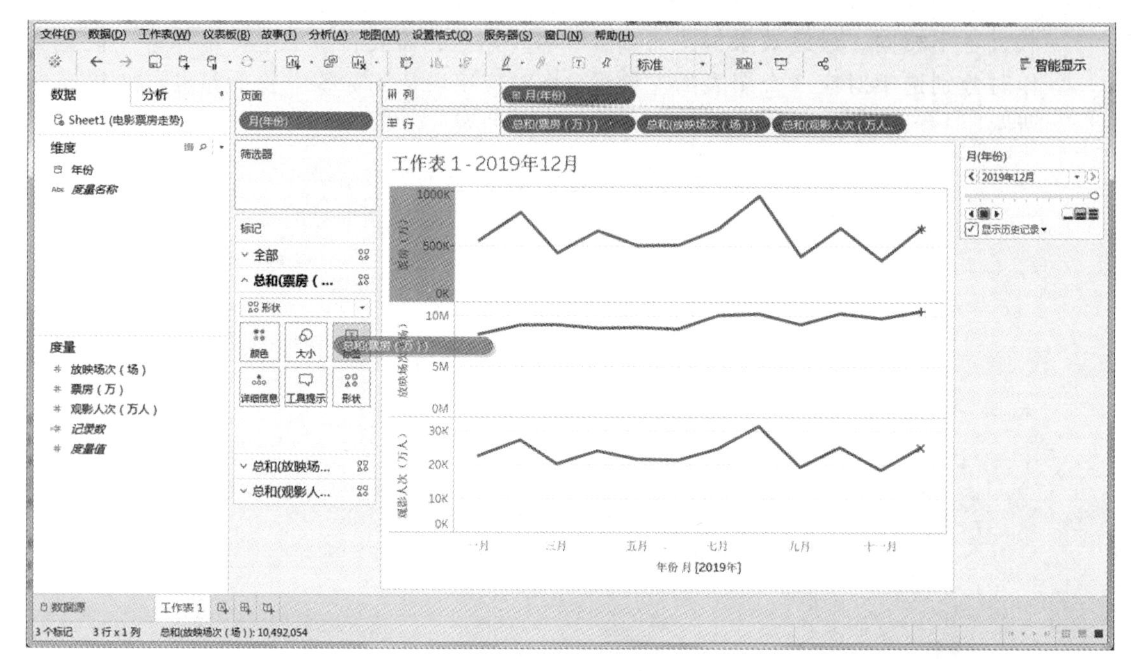

图 6-56　设置标签

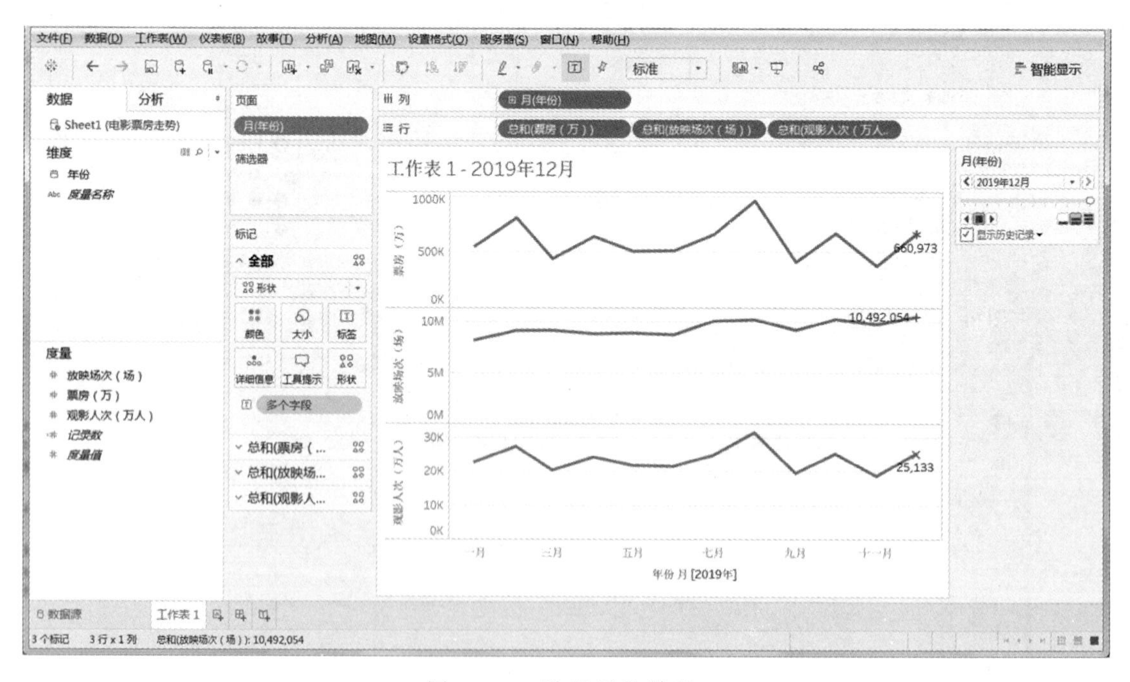

图 6-57　设置后的效果

④ 工作表制作完成后，直接单击页面工作台上的左右播放按钮就可以看到从 1 月到 12 月票房、放映场次、观影人次的变化，也可看到一年整体情况，效果如图 6-58 所示。

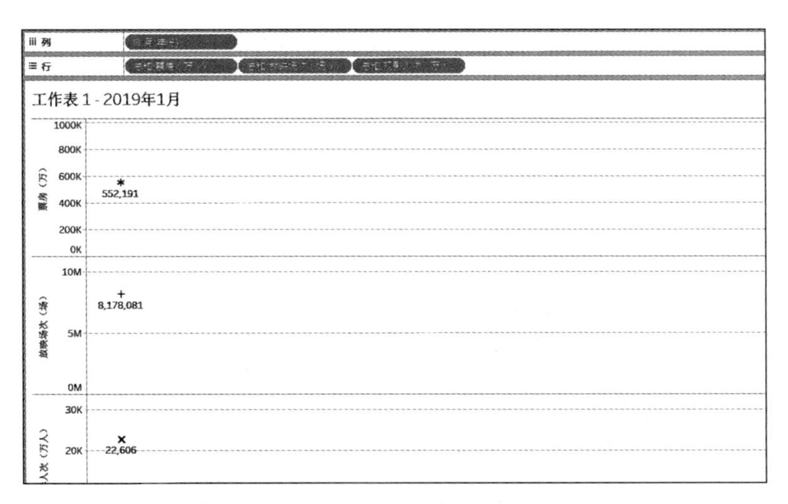

（a）1 月情况

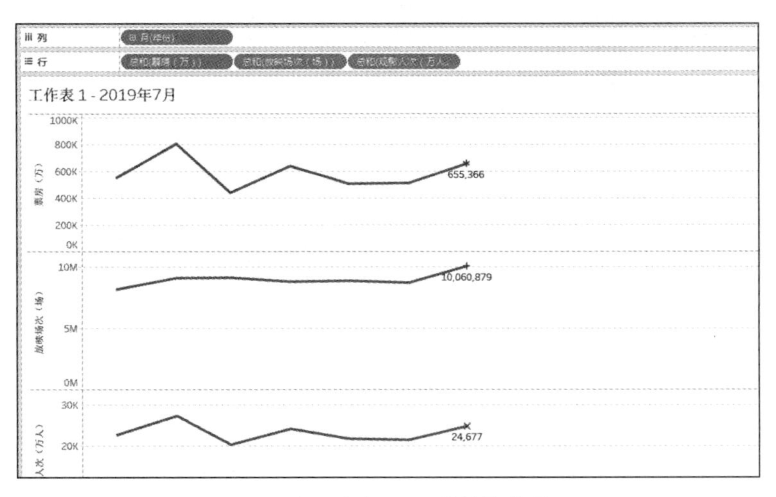

（b）7 月和 1 ~ 7 月整体情况

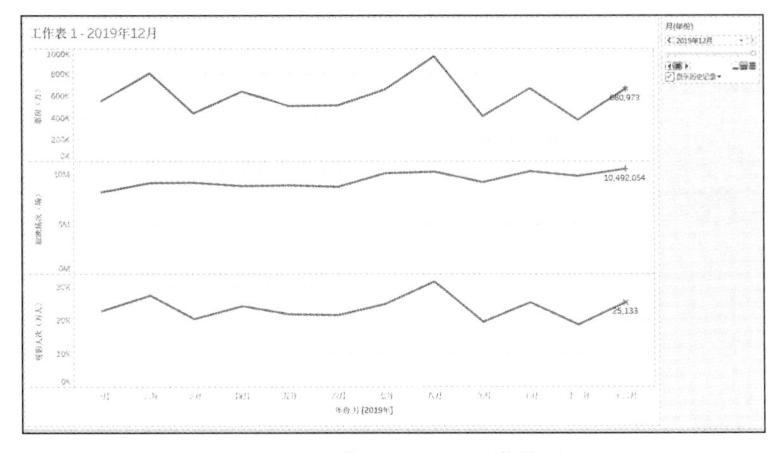

（c）12 月和 1 ~ 12 月整体情况

图 6-58　电影票房、放映、观影信息

⑤ 单击左下角的“新建工作表”按钮，按照相似的方法制作其他两张工作表。工

作表 2 完成的功能是 2019 年各月的放映场次对比分析，以树状图显示，颜色越深说明数据越大，当把鼠标放到任何一个颜色框上时就会显示对应的信息，这也是 Tableau 工作表的动态信息展示，如图 6-59 所示。另一张工作表 3 完成的功能是 2019 年各月的观影人次对比分析，以突出显示表显示，颜色越深说明数据越大，如图 6-60 所示。

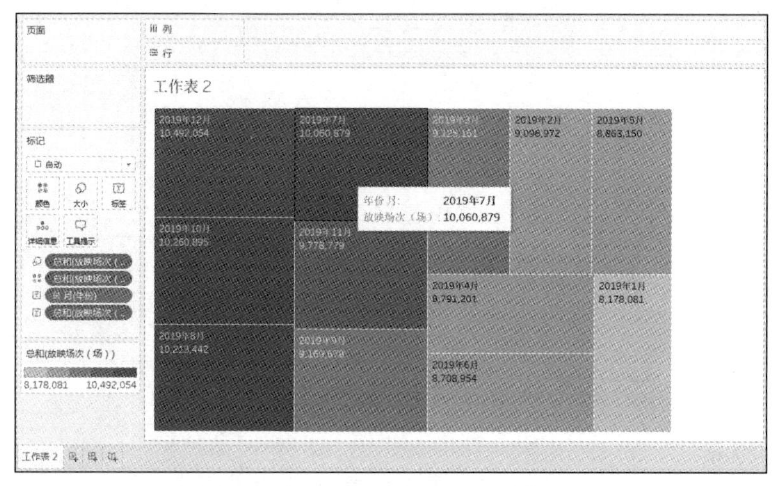

图 6-59　2019 年各月的放映场次对比分析

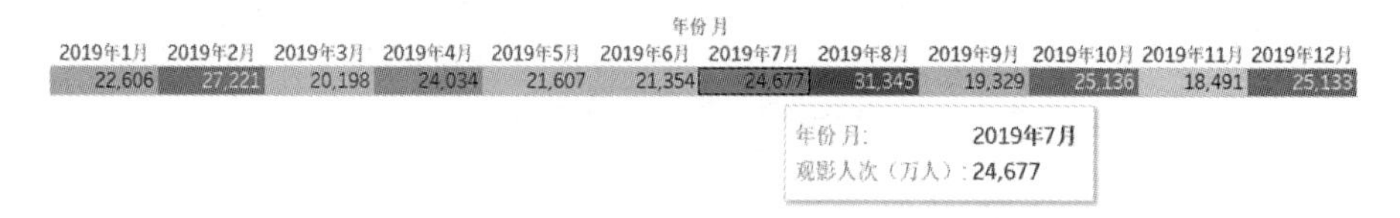

图 6-60　2019 年各月的观看人次对比分析

（3）制作仪表板

① 单击左下角四字格“新建仪表板”按钮，进入仪表板工作区，如图 6-61 所示。从图 6-61 中看出创建的 3 个工作表已出现在左侧。

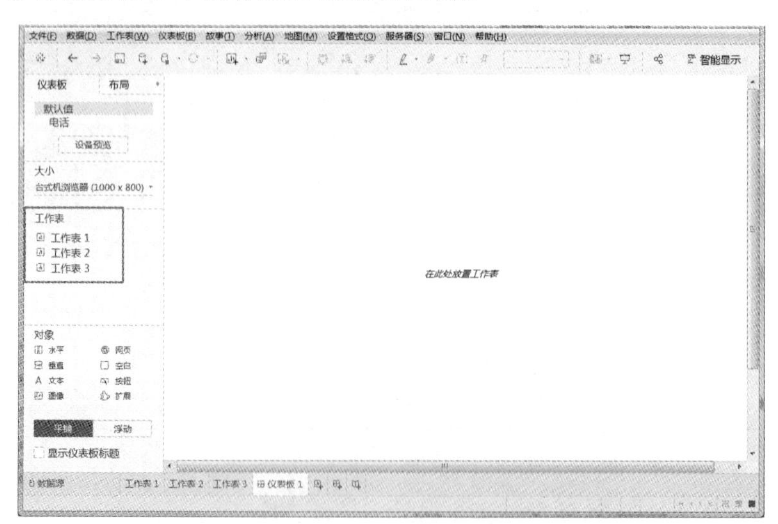

图 6-61　仪表板工作区

② 将左边三张工作表依次拖入工作区，如图 6-62 所示。

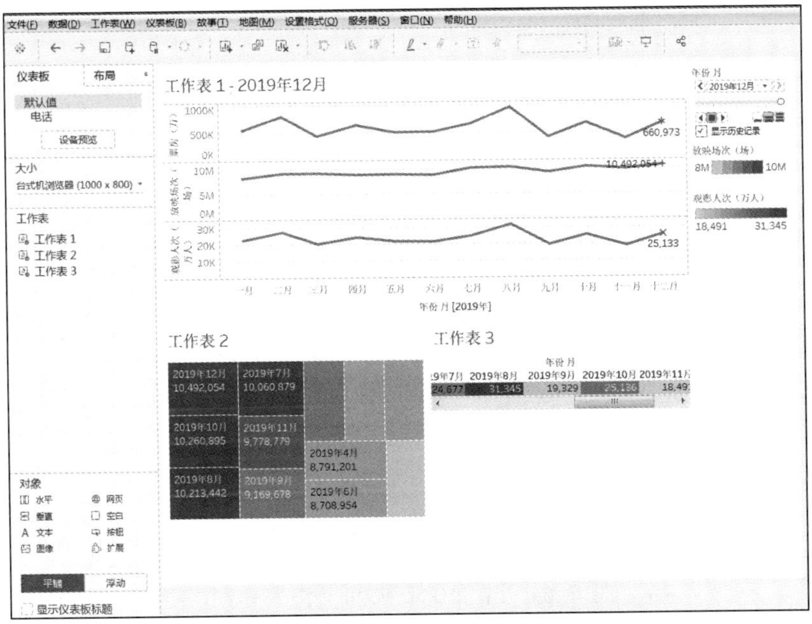

图 6-62　添加工作表的仪表板工作区

③ 设置仪表板工作区。

- 为了区分各工作表，就需要修改标题。操作方法：直接双击工作表标题，在弹出的对话框中输入表名后，单击“确定”按钮，如图 6-63 所示。

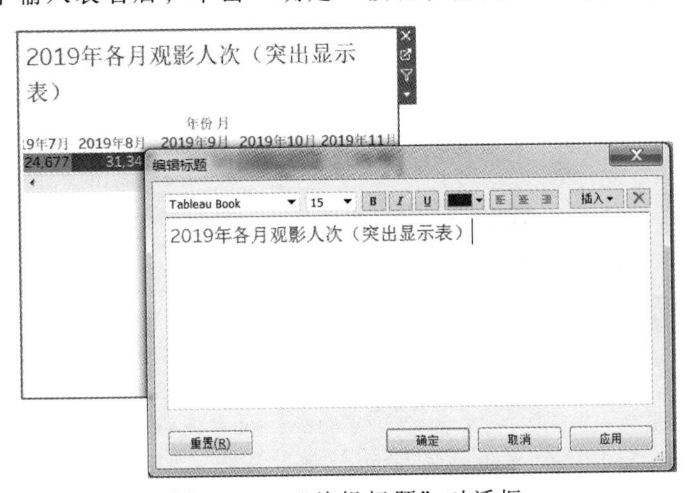

图 6-63　“编辑标题”对话框

- 选中左下角“显示仪表板标题”复选框，用相同的方法修改仪表板标题，效果如图 6-64 所示。
- 将右侧的相应提示信息框和滑动条移动到相应工作表下边。操作方法是选中其中一个信息框（见图 6-65），在其顶端出现一个移动按钮，按住鼠标左键移到相应位置后松开，最终效果如图 6-66 所示。

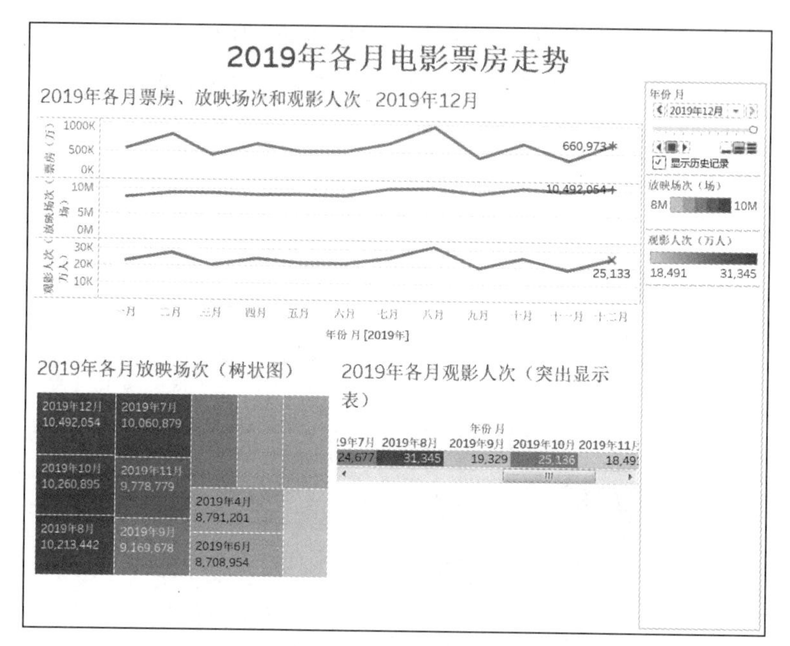

图 6-64 添加仪表板和工作表标题

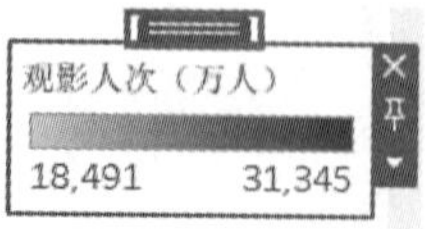

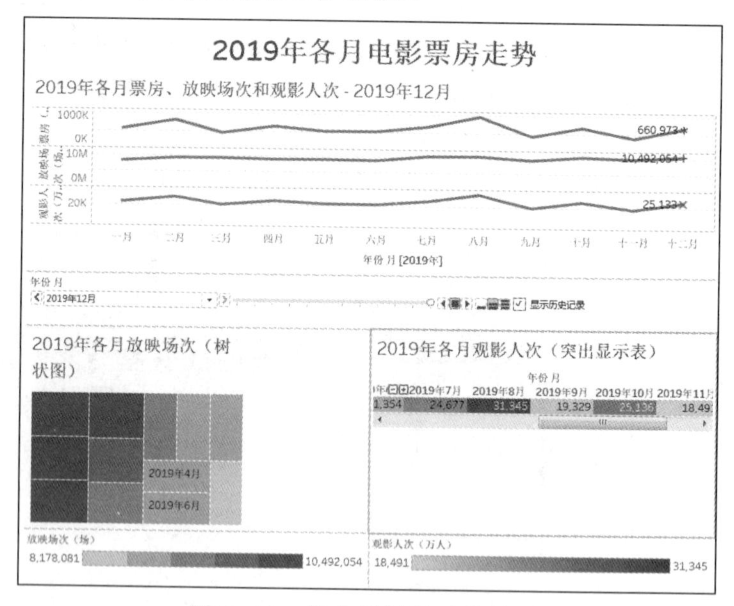

图 6-65 移动按钮

图 6-66 仪表板调整后的效果

- 调整仪表板的大小。仪表板视图区的左侧有个大小设置窗口，单击下拉列表按钮就可弹出一个对话框（见图 6-67），根据需要进行调整。
- 增加其他元素至仪表板。仪表板上除了放置已经制作好的工作表之外，也可以添加其他元素，如文本、图像、空白等信息，具体在左侧的对象窗口，如图 6-68 所示。直接双击相应按钮（如“图像”按钮），打开如图 6-69 所示对话框，在对话框中找到需要添加的图片，单击“确定”按钮。

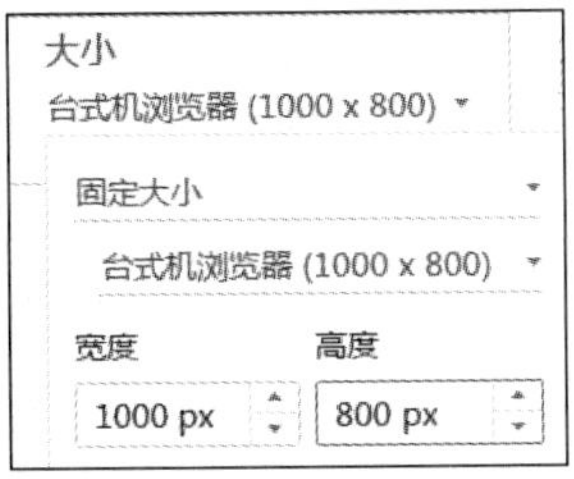

大小
台式机浏览器 (1000 x 800)
固定大小
台式机浏览器 (1000 x 800)
宽度 高度
1000 px 800 px

图 6-67 调整仪表板的大小

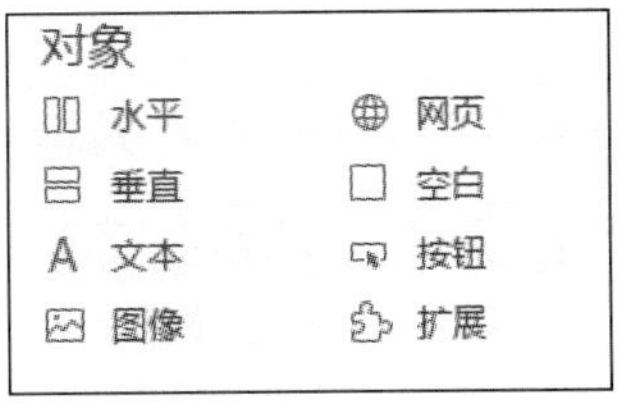

对象
水平 网页
垂直 空白
文本 按钮
图像 扩展

图 6-68 仪表板对象窗口

图 6-69 仪表板插入图像对话框

④ 完成的效果如图 6-70 所示。

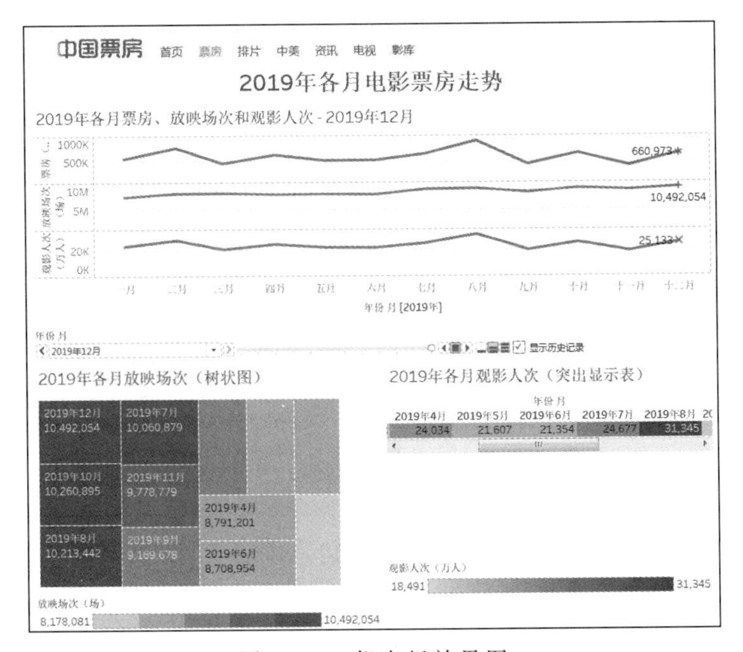

图 6-70 仪表板效果图

（4）制作故事

① 单击左下角“新建故事”按钮，进入故事工作区，如图 6-71 所示。从图中可以看出创建的 3 个工作表和仪表板已出现在左侧。

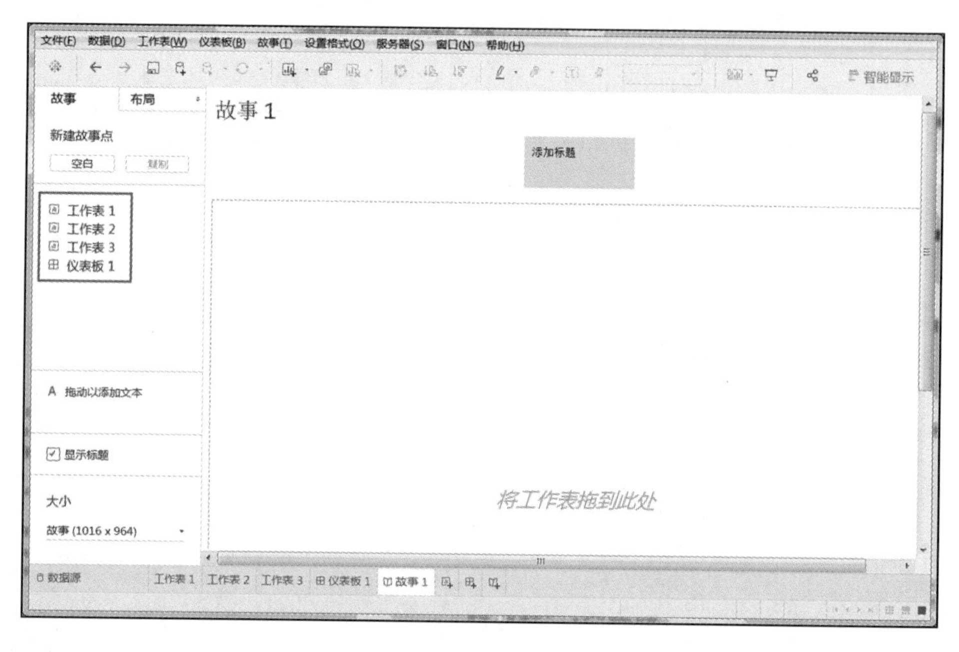

图 6-71　故事工作区

② 将左边三张工作表和仪表板依次拖入工作区。每拖完一张工作表或仪表板之后，需要点击左侧故事窗口中的新建故事点“空白”按钮，如图 6-72 所示。故事点就相当于故事的一个情节，每新建一个空白情节，需要添加一个标题，双击就可直接输入，如图 6-73 所示。

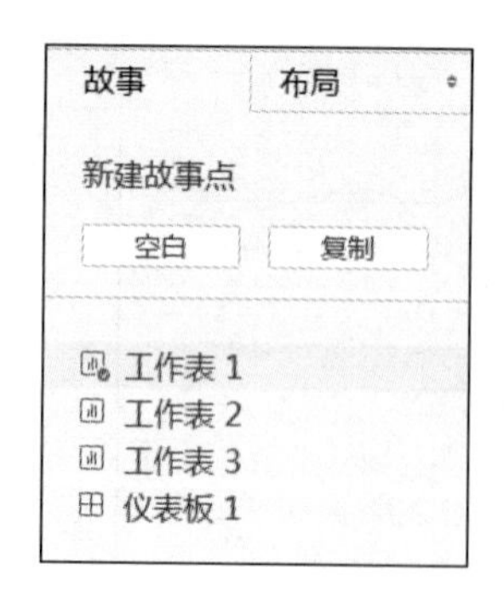

图 6-72　新建故事点窗口

图 6-73　添加故事点标题

③ 把左侧工作表和仪表板拖入工作区并确定了 4 个标题，最终效果如图 6-74 所示。每单击一下标题就弹出所对应内容，浏览方便快捷。

④ 设置故事导航方式。根据故事标题左右切换浏览，也可使用旁边的左右“>”“<”按钮进行浏览。除此之外，还可以通过其他方式浏览。单击左侧的“布局”选项，在打开的对话框中可以设置不同导航方式，如图 6-75 所示。

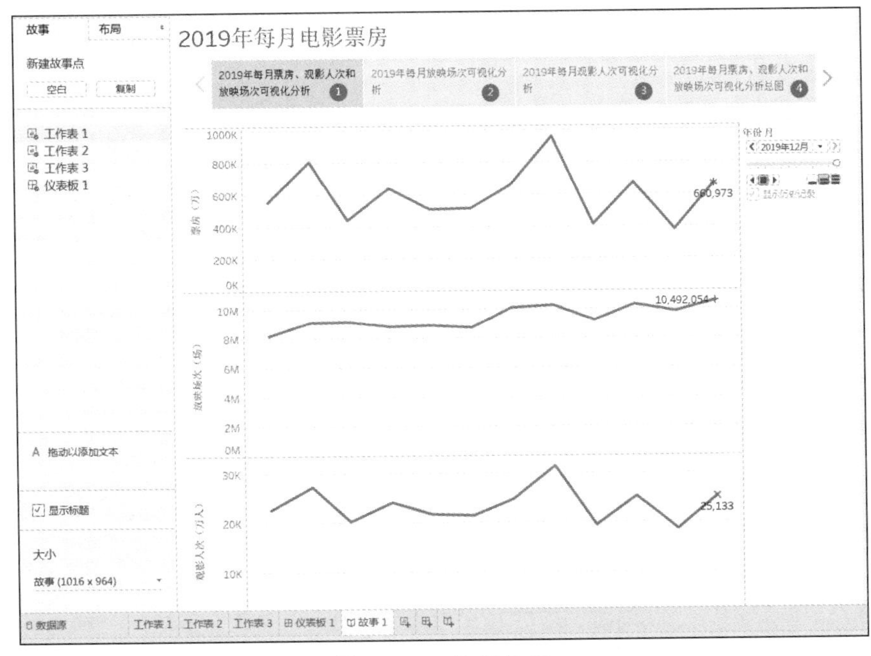

图 6-74　呈现故事

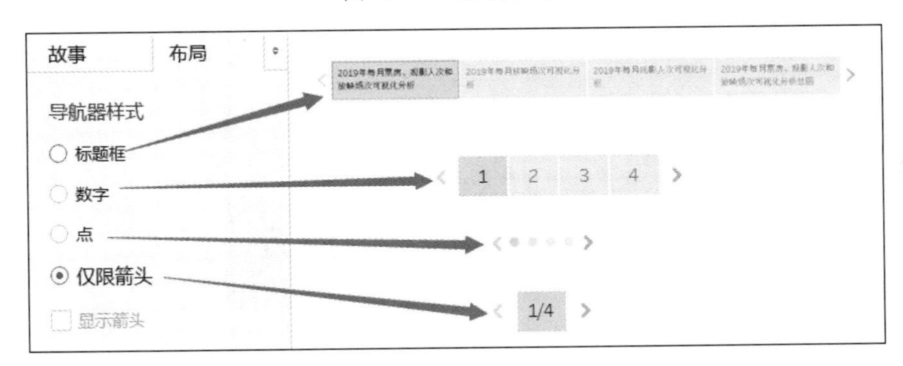

图 6-75　故事导航器样式

4. 功能高级篇

前面已经对工作表、仪表板和故事的功能作了详细介绍。下面通过创建词云图、创建数据桶和创建新字段介绍 Tableau 更复杂的功能。

（1）创建词云图

① 连接数据源。打开 Tableau Desktop，在左侧选择连接到文件 Microsoft Excel，在打开的文件选择对话框中选择 Tableau 提供的数据源“示例 – 超市.xlsx”，单击“打开”按钮。

② 打开后进入 Tableau 的工作区，界面左侧显示了连接的 Excel 文件中包含的所有工作表。当前连接的“示例 – 超市.xlsx”文件中有 3 个工作表。然后，将工作表“订单”拖入到工作区，如图 6-76 所示。

③ 单击左下角“工作表 1”按钮，进入工作表的工作区。将左侧维度中的“子类别”拖到右侧的列，度量中的“数量”拖到右侧的行，默认图表为条形图，如图 6-77 所示。

Tableau 的高级功能（一）

Tableau 的高级功能（二）

④ 将条形图改成气泡图，气泡图位于智能显示图表中最后一排、最后一种，设置后效果如图 6-78 所示。

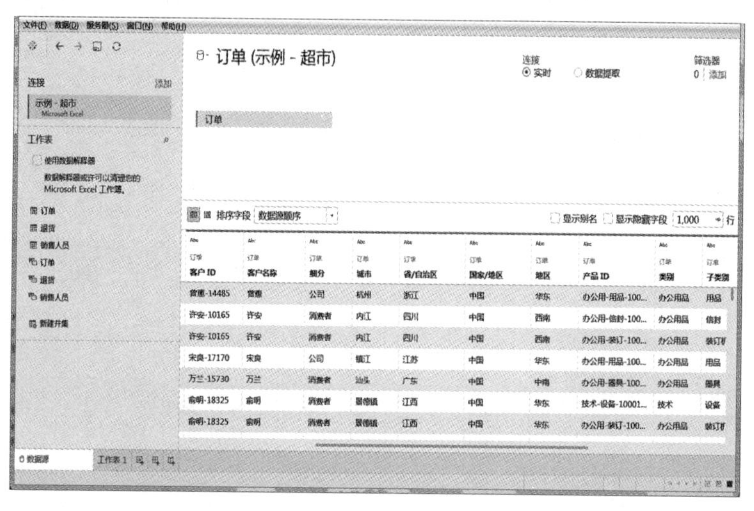

图 6-76　导入工作表

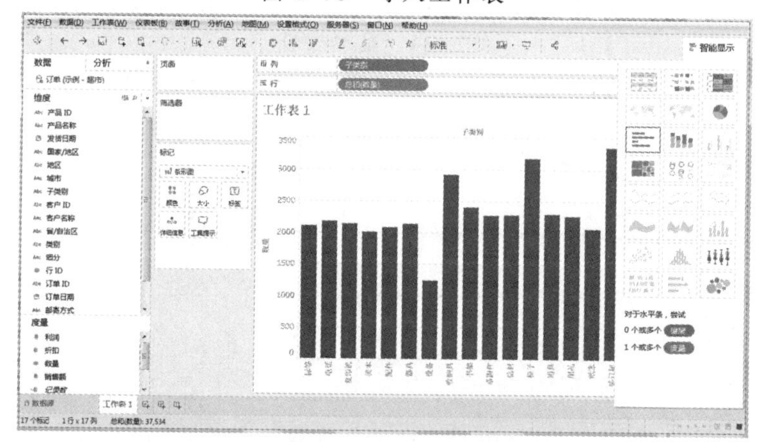

图 6-77　条形图

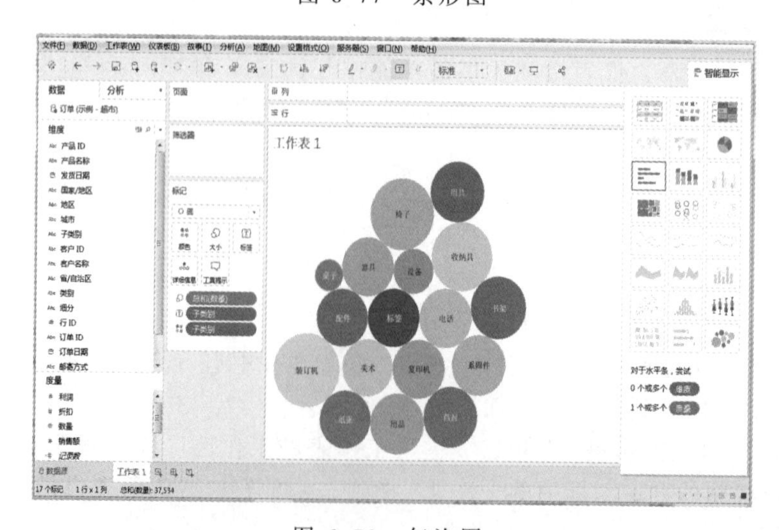

图 6-78　气泡图

⑤ 将左侧标记中的“圆”形状改成“文本”，效果如图 6-79 所示，这就是词云图。该子类别商品数量买得越多，其显示越大。例如，排名前三的是装订机、椅子和收纳具。

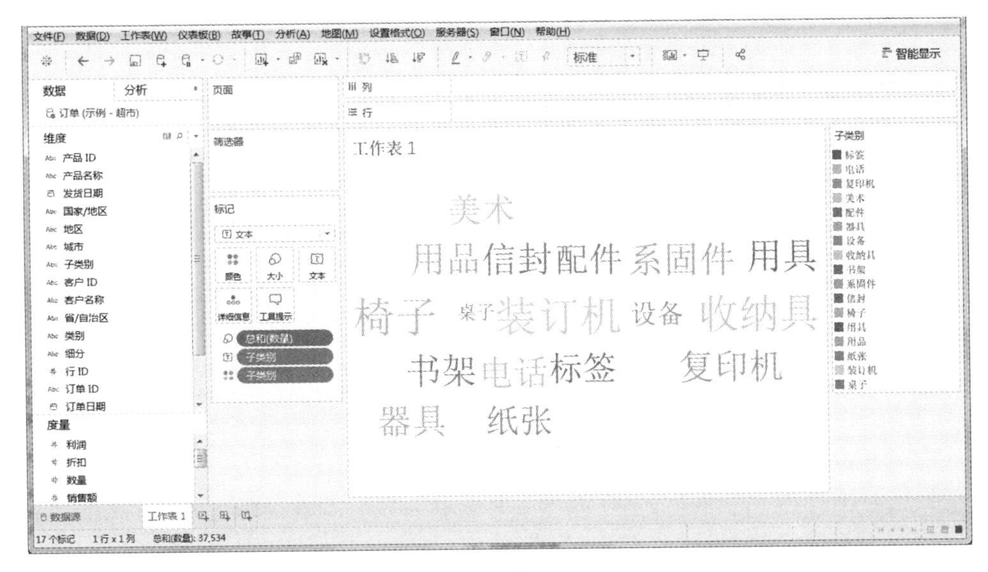

图 6-79　词云图

（2）创建数据桶

如果处理的数据中需要按某个数据进行分类后分析数据，则可以使用 Tableau 中的数据桶功能，下面将通过一个例题来介绍数据桶的使用。

① 连接数据源。打开 Tableau Desktop，在左侧选择连接到文件 Microsoft Excel，在打开的文件选择对话框中选择数据源“购买数据.xlsx”，点击“打开”按钮。

② 打开后进入 Tableau 的工作区，界面左侧显示了连接的 Excel 文件中包含的所有工作表。右侧显示了使用的工作表的全部记录信息。如图 6-80 所示。

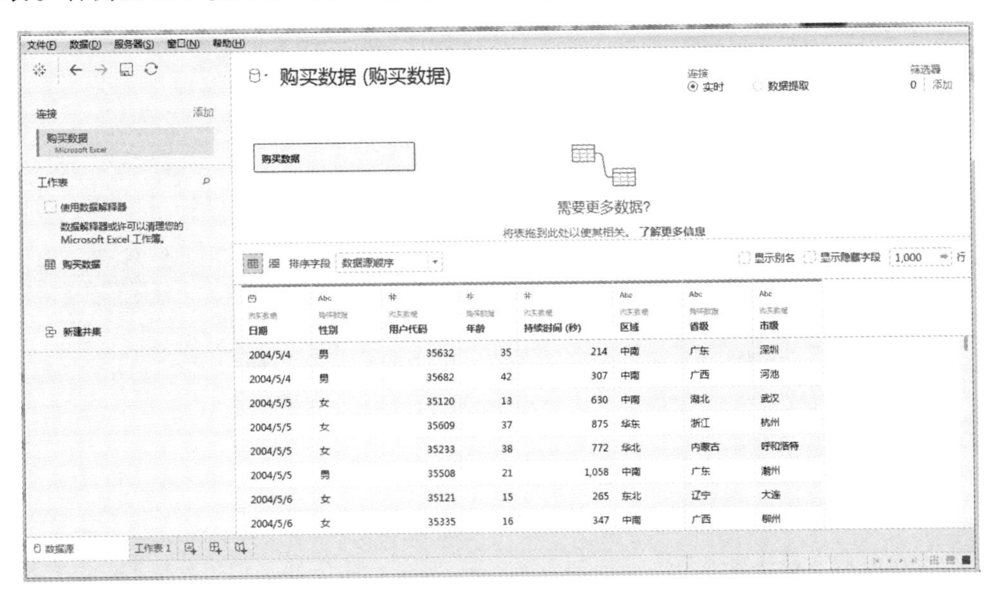

图 6-80　购买数据

③ 单击左下角“工作表 1”按钮，进入工作表工作区，如图 6-81 所示。

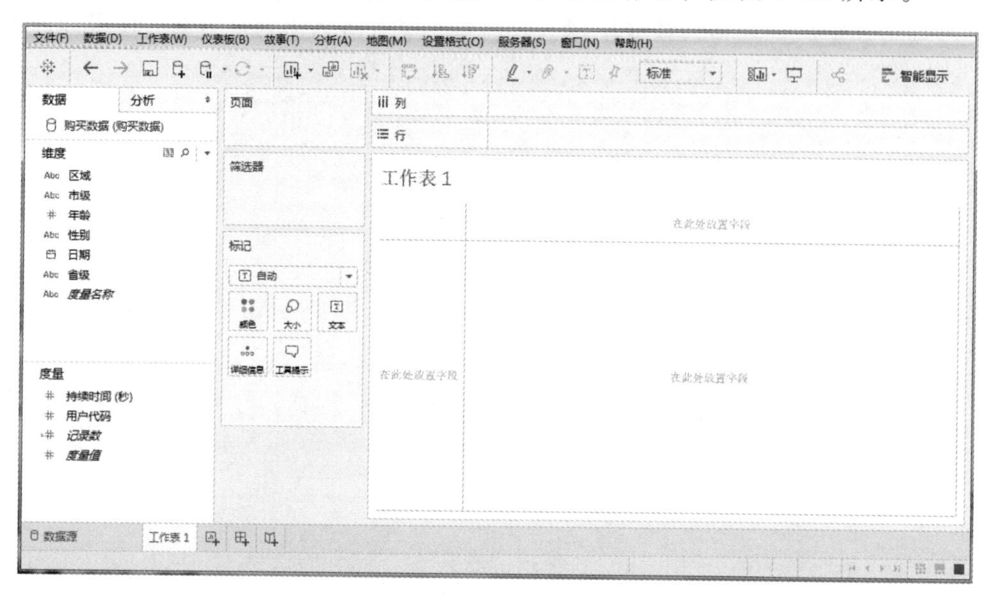

图 6-81　工作表工作区界面

- 将左侧在“度量”中的属性“用户代码”拖到“维度”。
- 将“年龄”离散化。方法是选中“年龄”右击，在弹出的快捷菜单中选择“转换为离散”命令（见图 6-82），然后选择“创建”→“数据桶”，如图 6-83 所示，在打开的对话框进行设置，如图 6-84 所示。在该对话框中，设置新得到字段的名称，默认为“年龄（数据桶）”，还可以输入数据桶大小，这里设置值为 3。数据桶的大小表示两个相邻数据段之间的数据差，类似于等差数列中的公差，如 9、12、15 等。

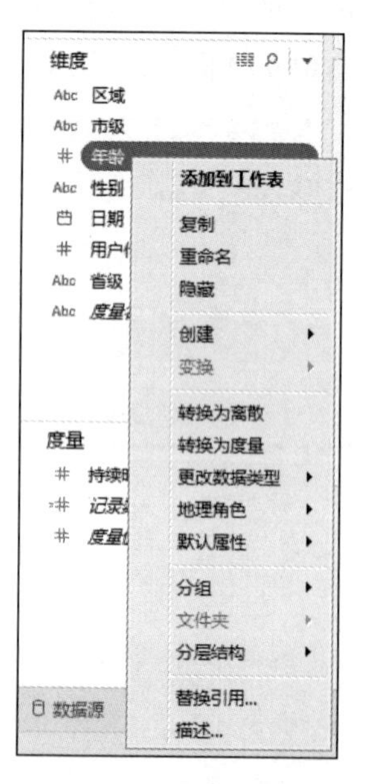

图 6-82　转换为离散

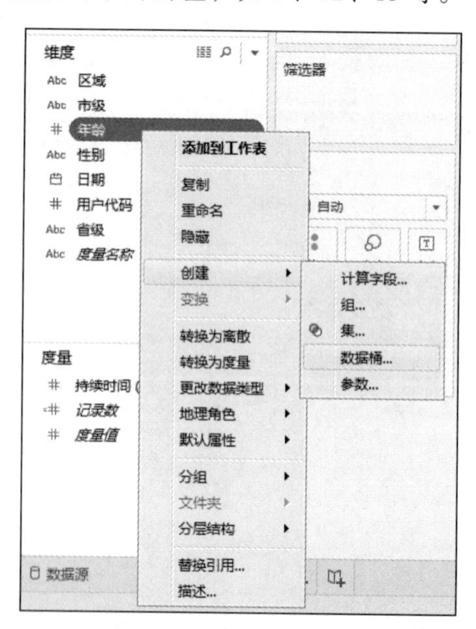

图 6-83　创建数据桶

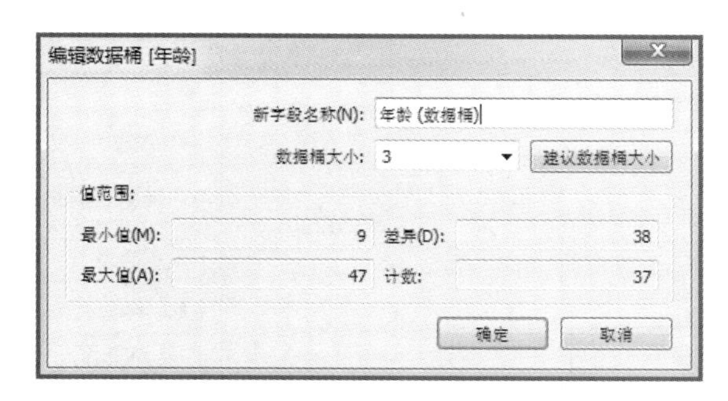

图 6-84 “编辑数据桶”对话框

- 将“用户代码”拖入“列”中，然后右击，选择“度量”→计数（不同），按住【Ctrl】键，同时选中列功能区中的“计数（不同）（用户代码）”向右拖动，复制一个相同的该字段。然后将“年龄（数据桶）”和“性别”两个字段拖入到“行”中。效果如图 6-85 所示。

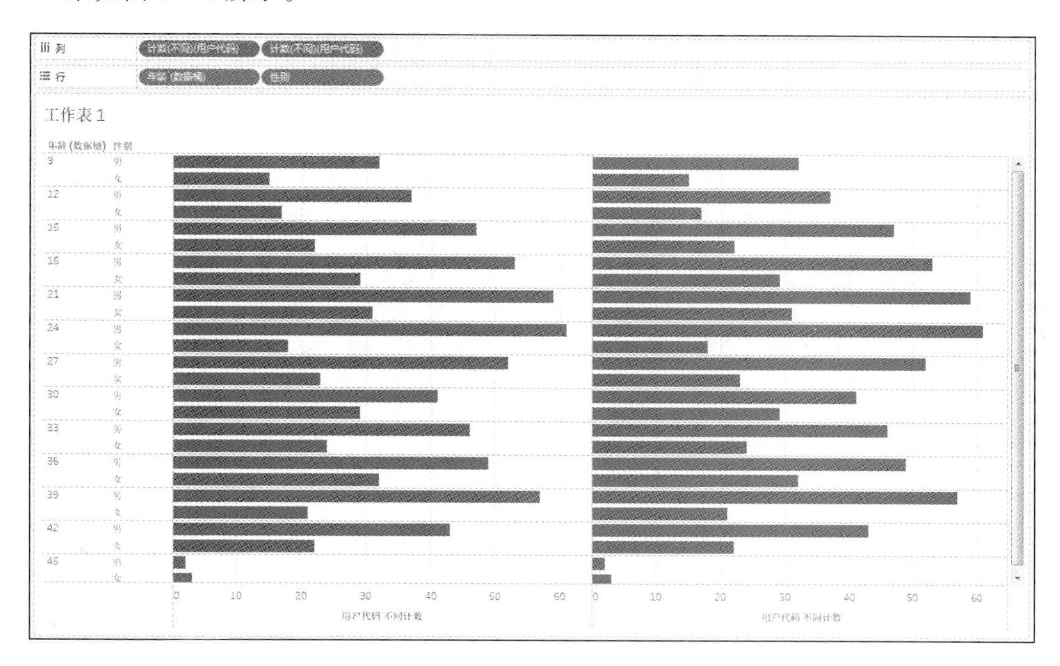

图 6-85 “行”“列”拖入字段的效果

- 分别设置视图中左右两个图形的标记卡相关信息，如图 6-86 所示。

对左边的图形进行操作，设置标记卡“计数（不同）（用户代码）”。首先，单击图 6-86 中的“计数（不同）（用户代码）”，然后单击“自动”旁边的下拉按钮，在弹出的子菜单标记类型中选择“形状”，如图 6-87 所示。其次，从维度中选择“性别”分别放入到“形状”和“颜色”框中。最后，点击“形状”，在打开的“编辑形状”对话框的“选择形状板”选项下选择“性别”的“人”图标，如图 6-88 所示。同时，选择数据项中“男”和“女”并分别设置为“男”图标和“女”图标。设置完成后，单击“确定”按钮，得到的效果如图 6-89 所示。

图 6-86 标记卡的状态

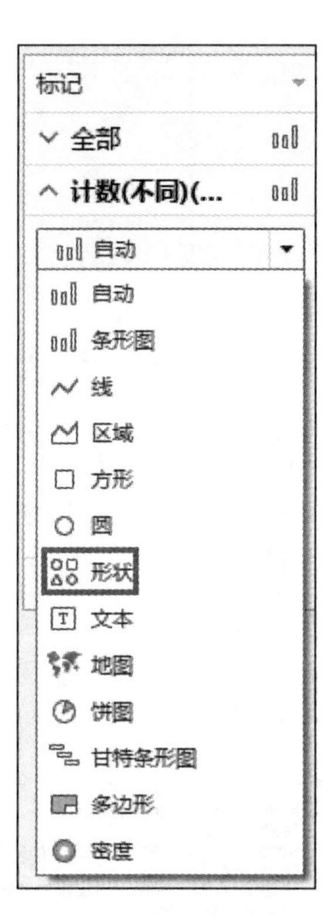

图 6-87 设置标记类型

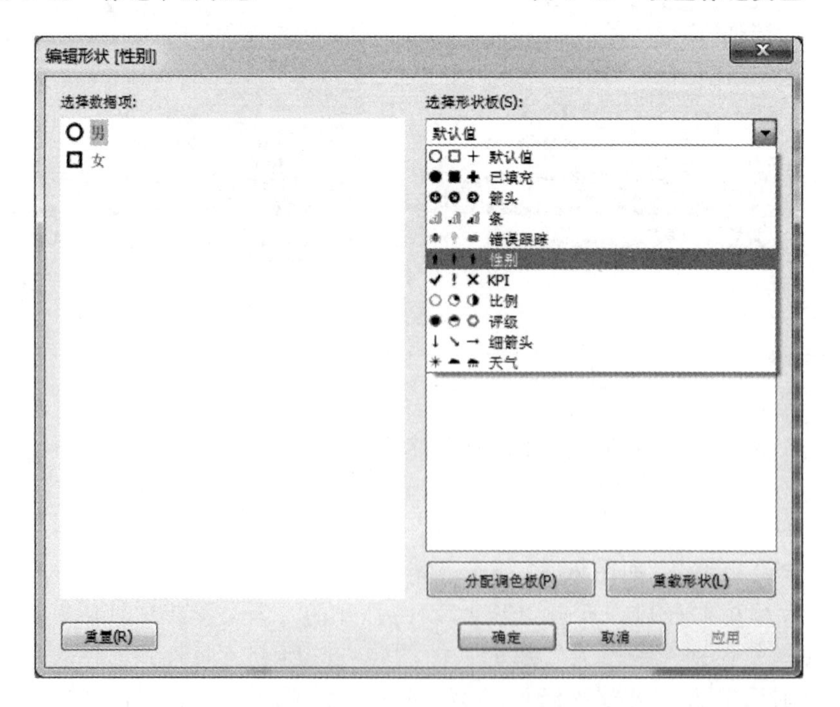

图 6-88 编辑形状对话框

对右边的图形进行操作，设置标记卡“计数（不同)(用户代码)(2)”。首先，单击图 6-86 中的“计数（不同)(用户代码)(2)”，然后单击“自动”旁边的下拉按钮，在弹出的子菜单标记类型中选择“条形图”，如图 6-87 所示。其次，从维度中选择“性别”放入到“颜色”框中。设置完成后，得到的效果如图 6-90 所示。

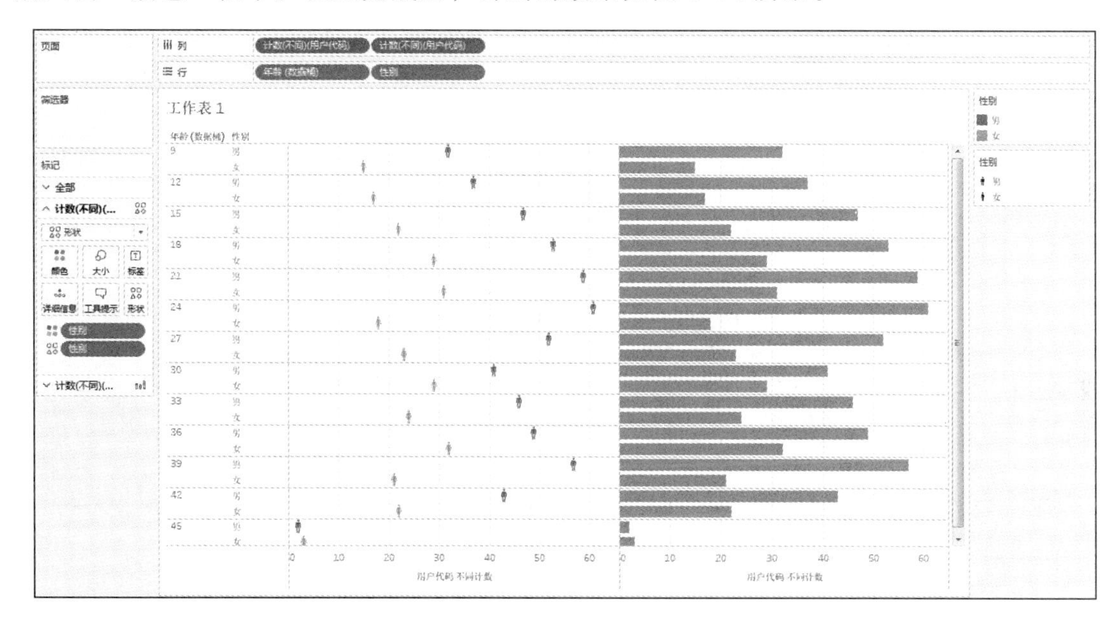

图 6-89　左图的标记卡设置后的效果

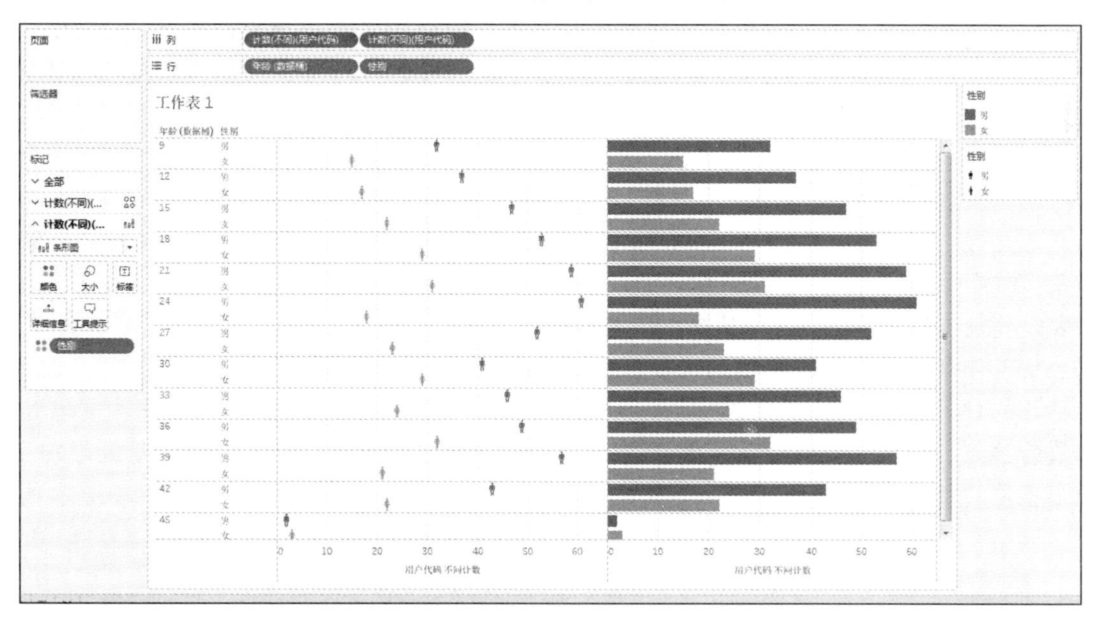

图 6-90　右图的标记卡设置后的效果

- 将设置好的左右两图进行合并。选中列中第二个“用户代码”，右击，选择子菜单中的“双轴”命令，合并得到的效果如图 6-91 所示。

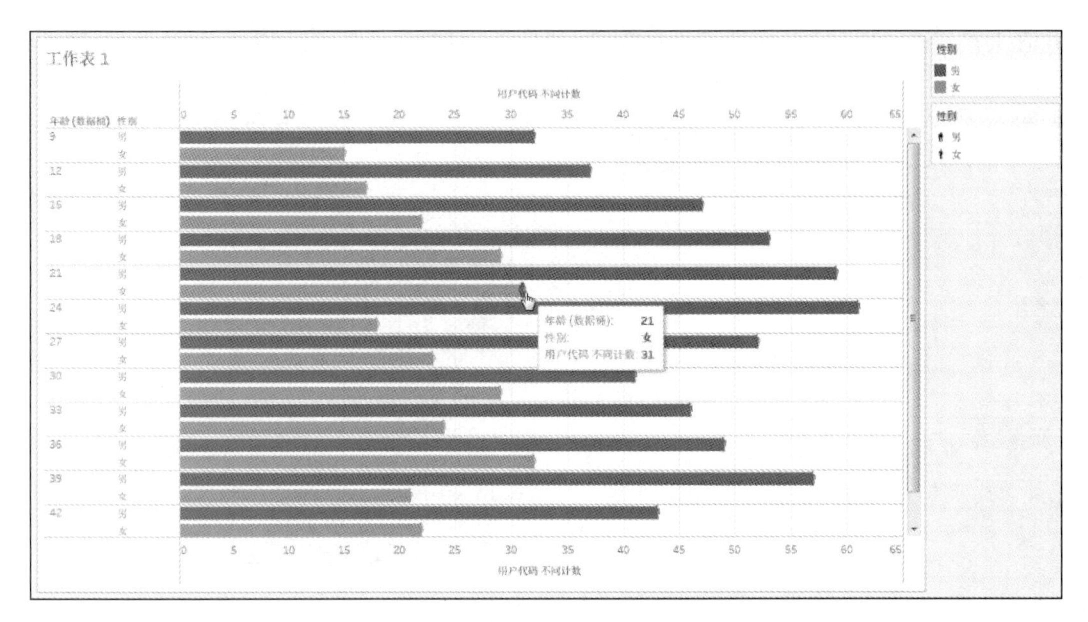

图 6-91 合并后的效果

（3）创建新字段

计算字段是使用函数和运算符构造公式，对数据源字段（包括维度、度量、参数等）进行重新定义的字段。它在原始数据源中没有，是由使用者创建出来的新字段。

这里使用“示例 - 超市”数据的“订单”表，该表将所有商品销售额按照从高到低进行可视化，现在需要统计各大类商品的销售额。各大类商品的销售额在订单表中没有，这时就要用到计算字段。操作步骤如下；

① 连接数据源。打开 Tableau Desktop，在左侧选择连接到文件 Microsoft Excel，在打开的文件选择对话框中选择 Tableau 提供的数据源“示例 - 超市.xlsx”，单击“打开”按钮。打开后进入 Tableau 的工作区，界面左侧显示了连接的 Excel 文件中包含的所有工作表。当前连接的“示例 - 超市.xlsx”文件中有 3 个工作表。然后，将工作表“订单”拖入到工作区。在工作区左侧的维度区中，右击“类别”，选择“创建”→“计算字段”，在打开的对话框中，名称输入“商品销售额”，函数选择 COUNT，把“类别”作为 COUNT 函数的参数，如图 6-92 所示，然后单击“确定”按钮。最后，就看到在度量处增加了一个字段“商品销售额”。

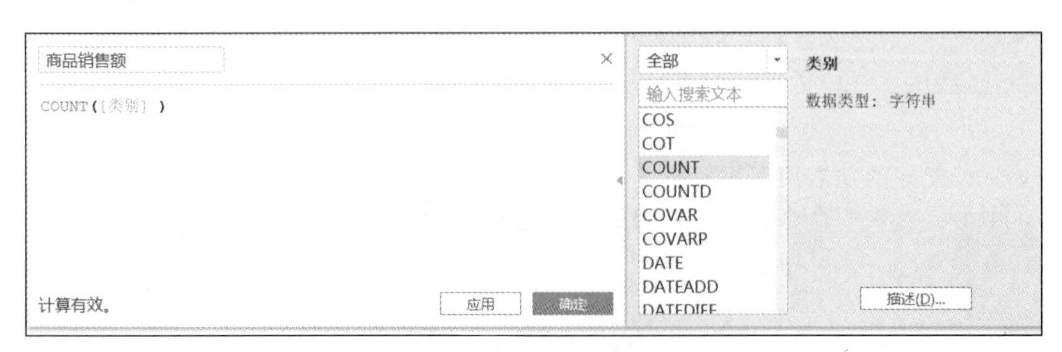

图 6-92 计算字段对话框

② 在维度中有 3 个字段具有层级关系，因此将这 3 个字段分层。首先，按住【Ctrl】键选中“类别”、“子类别”和“商品名称”3 个字段，右击，选择“分层结构”→“创建分层结构”，在打开的对话框中输入“商品”，单击“确定”按钮，如图 6-93 所示。

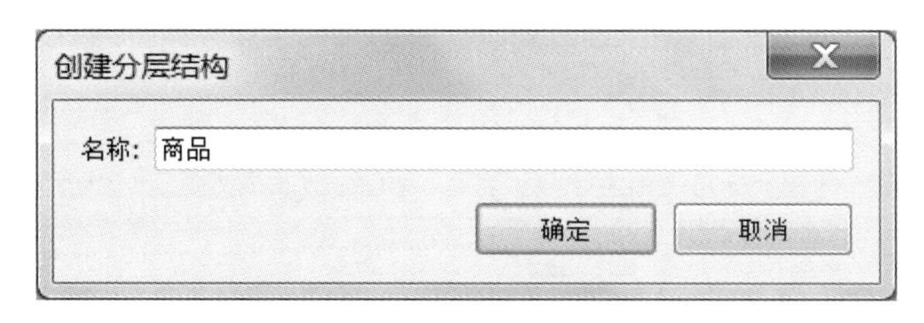

图 6-93　“创建分层结构”对话框

③ 在维度中，按照“类别”、“子类别”和“商品名称”3 个层级包含关系拖动调整，“类别”排第一，“商品名称”排第三。

④ 将左侧维度中的“类别”拖到右侧的行，度量中的“商品销售额”拖到右侧的列，默认图表为条形图，如图 6-94 所示。

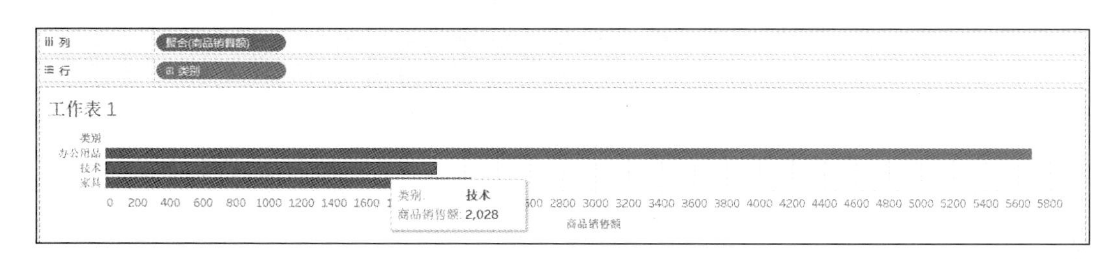

图 6-94　类别与销售额的关系

⑤ 通过条形图就能清楚地看到各大类商品的总销售额。类别是属于分层结构的一级，因此在行的“类别”前有一个“+”号，单击“+”号，可以看到某一大类下面类别的商品销售额情况，依此类推，直到最低级，如图 6-95 所示。

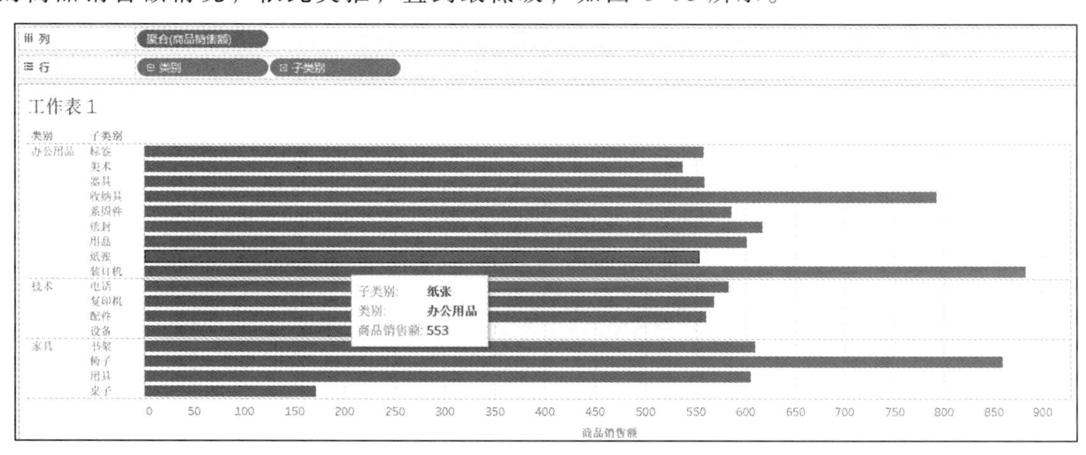

图 6-95　商品与销售额的关系

⑥ 根据商品销售额区分热销商品和非热销商品。要实现这个功能首先根据商品销售额创建一个计算字段，创建方法是右击“商品销售额”，选择“创建”→“计算字段”，在打开的对话框中，名称输入“商品类型”，编辑框中输入“IF [商品销售额]>500 THEN

"热销商品" ELSE "非热销商品" END”（把热销商品的标准定为商品销售额大于 500），单击“确定”按钮如图 6-96 所示。最后，就可以看到在度量区增加了一个字段“商品类型”。

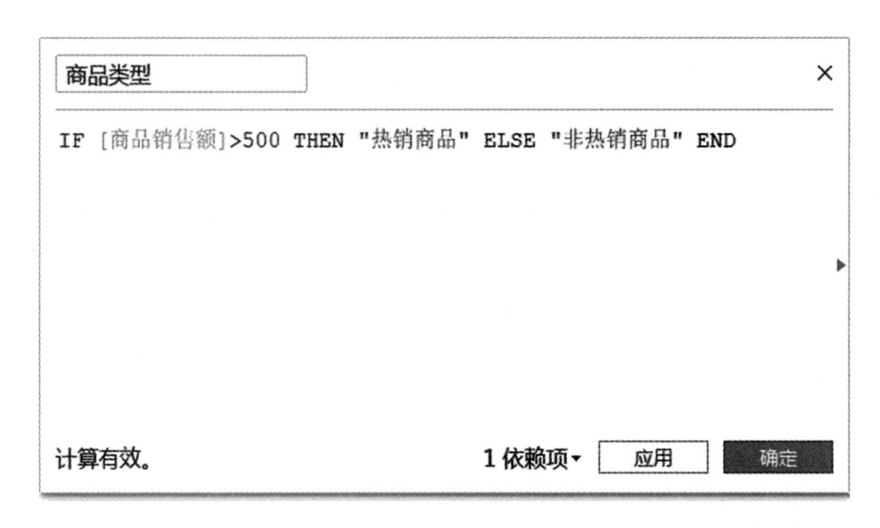

图 6-96　创建“商品类型”计算字段

⑦ 将“商品类型”拖到标记窗口的颜色标签上，用不同的颜色来区分热销商品和非热销商品，如图 6-97 所示。

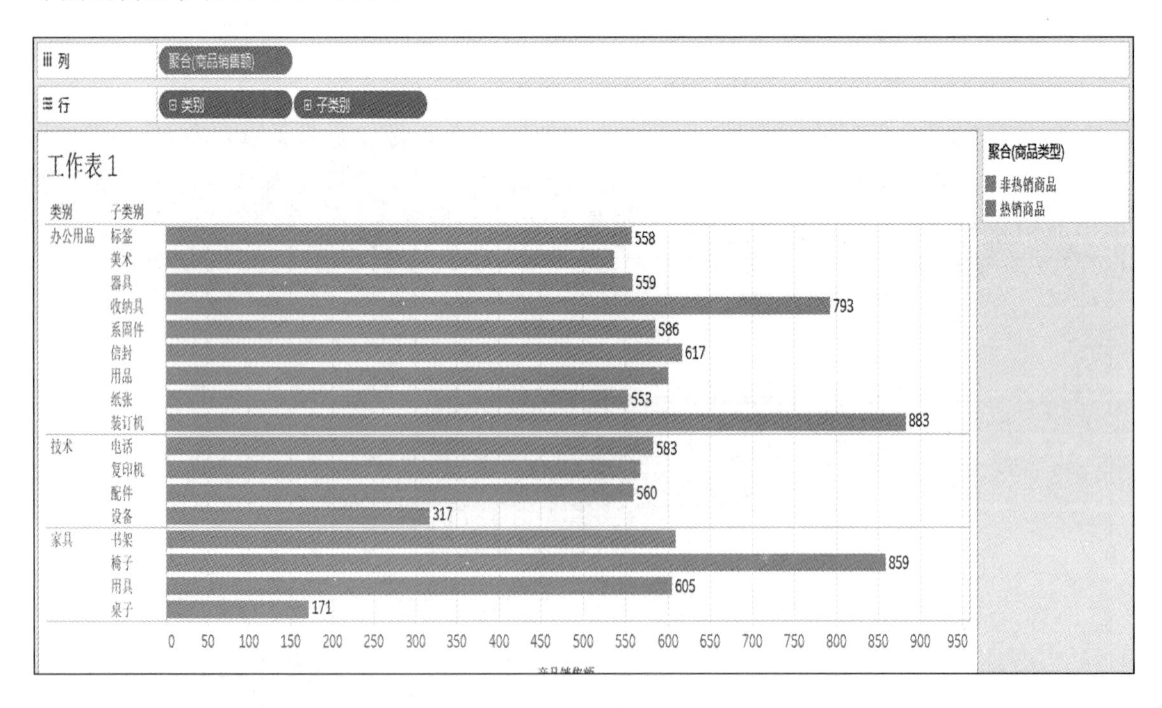

图 6-97　热销商品和非热销商品

6.2 水晶易表

水晶易表（Crystal Xcelsius）是全球领先的商务智能软件商 SAP Business Objects 的产品。该软件使用只需要简单的点击操作，就可以将静态的 Excel 电子表格进行生动的数据展示、动态表格、图像和可交互的可视化分析。

水晶易表产品有水晶易表个人版(SAP Crystal Dashboard Design Personal)、水晶易表部门版(SAP Crystal Dashboard Design, Departmental Edition)，同时提供 SAP Crystal Dashboard Design 入门包和 SAP Crystal Presentation Design。Windows 操作系统下，终端用户需要安装软件 Flashplug-inversion 7。

从 2002 年推出第一个版本，水晶易表至今已经有超过 6000 家客户，包括位居全球 100 强的 51 家知名公司，覆盖各行各业如航空、自动化、计算机科技、顾问服务、医药、保险、金融、零售、电信、交通、旅游、能源等，还有 IBM、英特尔、微软、思科、花旗银行、杜邦、可口可乐、惠普、壳牌等。水晶易表具有以下优势：

① Crystal Xcelsius 只使用简单的点击式界面就可导入 Excel 数据和公式。

② 将交互式可视化分析、图表、图像、财务报表和商业计算器直接嵌入到 Powerpoint、PDF 文件、Outlook 和 Web 上。

③ 凭借直观包含多种已建好的控件、外观、地图、图表的界面，即使非技术人员也可以进行全面的交互式可视化分析。

④ 多种经典的图形和交互方式制作引人注目并且易于理解的财务模型展示和商务展示。

⑤ 只需点击鼠标，就能制作滑尺、漏斗图、过滤器、数字输入工具等可视化模型，还具有其他的可视化控件可以迅速评估多种假设。

下面以水晶易表 Crystal Xcelsius Professional 4.5 版本为例，介绍下载、安装和使用方法。

6.2.1 水晶易表下载和安装

在正式安装水晶易表之前，保证 Adobe Flash Player 已经安装好。如果 Adobe Flash Player 没有安装好，在安装时会出现相应的提示框。Crystal Xcelsius Professional 4.5 下载和安装步骤如下：

① 在百度搜索水晶易表 Crystal Xcelsius Professional 4.5 并选择下载。

② 下载完成后解压水晶易表的安装包，找到 Setup.exe 文件，双击运行。

③ 打开语言选择的对话框，选择简体中文，单击“确定”按钮，如图 6-98 所示。

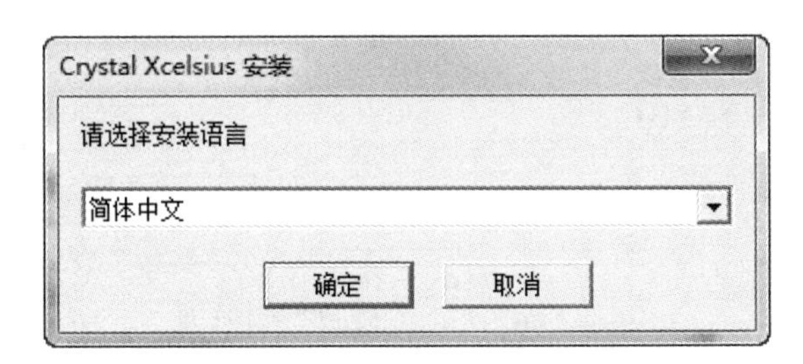

图 6-98　选择安装语言

④ 进入 Crystal Xcelsius Professional 4.5 安装向导界面，单击“下一步”按钮，如图 6-99 所示。

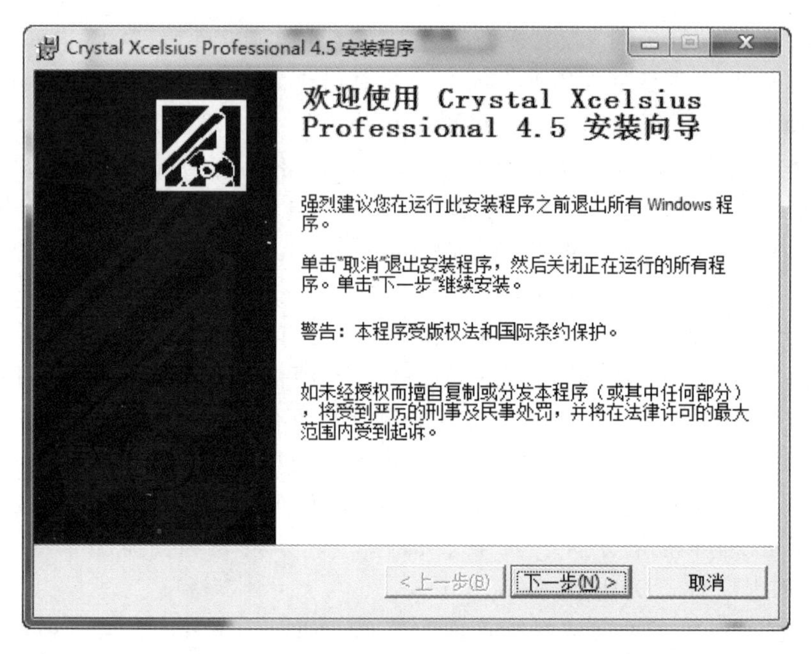

图 6-99　安装向导

⑤ 在“许可协议”对话框选中“我接受此许可协议”对话框，然后单击“下一步”按钮，如图 6-100 所示。

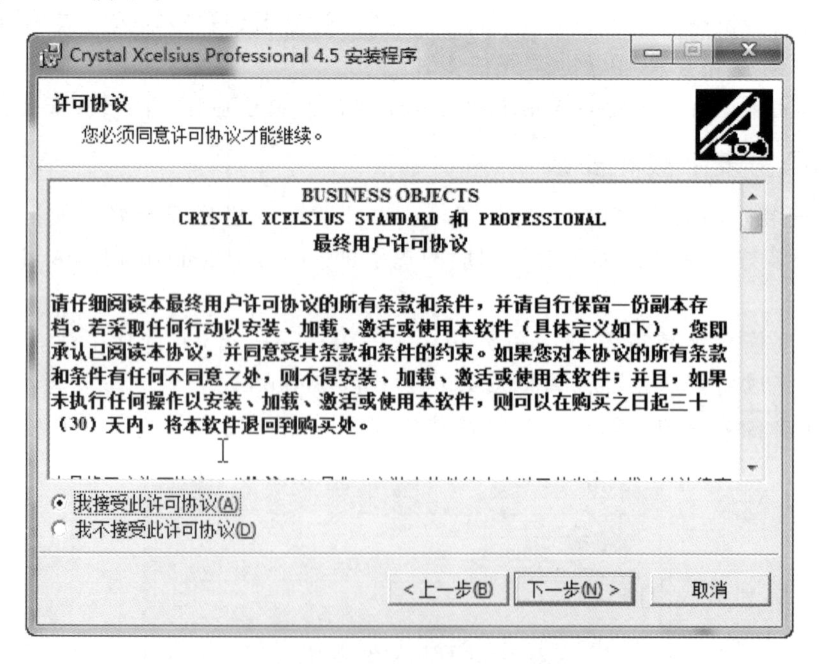

图 6-100　“许可协议”对话框

⑥ 在“目标文件夹”对话框单击“浏览”按钮，确定该软件的安装位置，然后单

击“下一步”按钮，如图 6-101 所示。

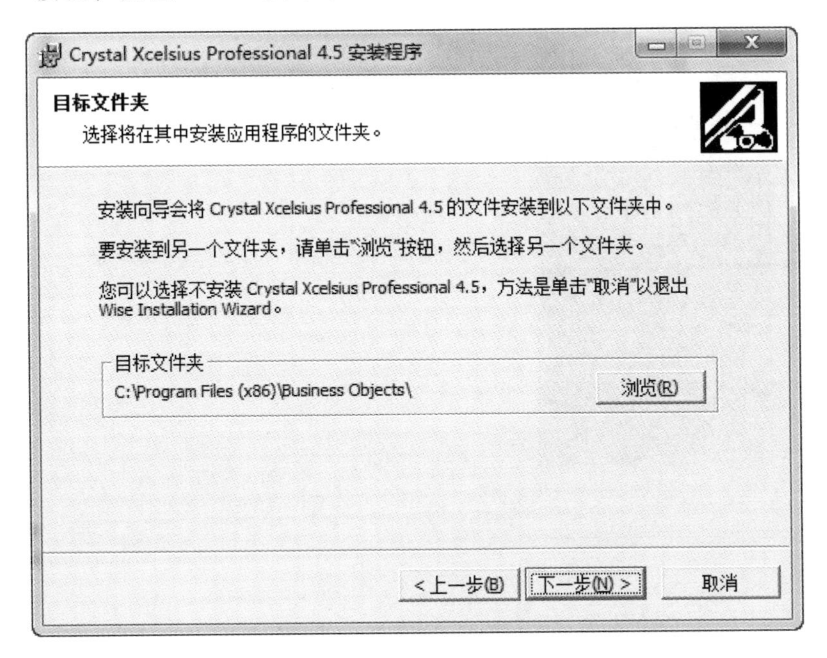

图 6-101　安装位置

⑦ 在“准备安装应用程序”界面，单击“下一步”按钮，进入安装过程，显示安装进度，如图 6-102 所示。等待 1~2 分钟安装完成。

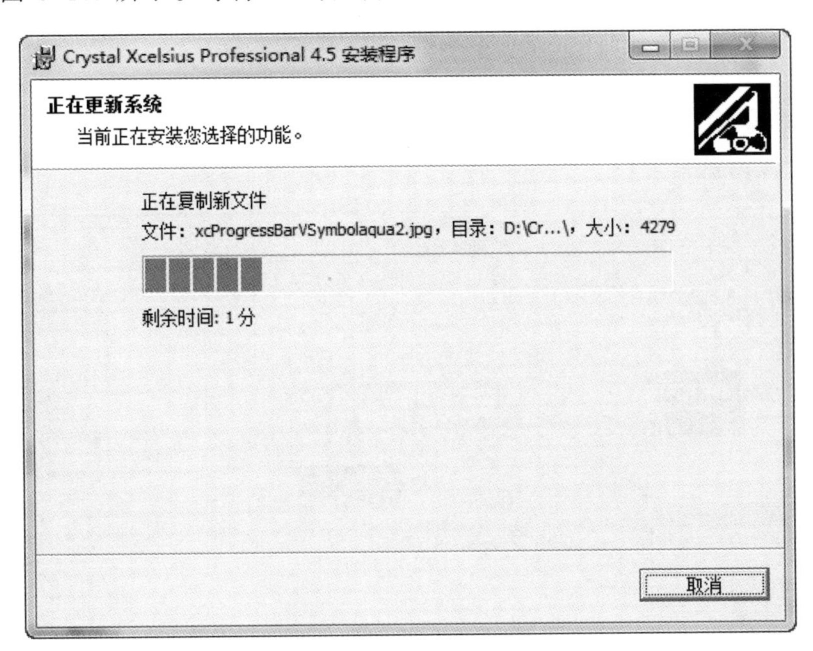

图 6-102　安装过程

⑧ 安装完成之后会出现“安装完成”对话框，单击“完成”按钮便可退出安装，如图 6-103 所示。

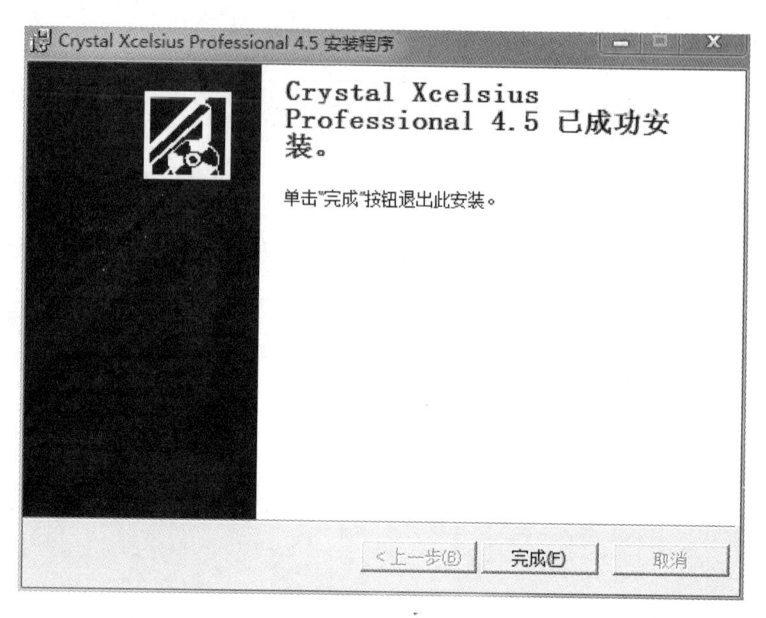

图 6-103 安装完成

⑨ 水晶易表安装完成在桌面上将会出现水晶易表的快捷方式，如图 6-104 所示。

图 6-104 水晶易表的快捷方式

6.2.2 水晶易表界面

水晶易表安装完后，就可以开始使用。双击桌面快捷图标或从“开始”菜单启动，其主界面如图 6-105 所示。

水晶易表主界面由六部分组成，分别是操作平台、部件窗口、对象浏览器窗口、学习帮助窗口、菜单栏和工具栏。

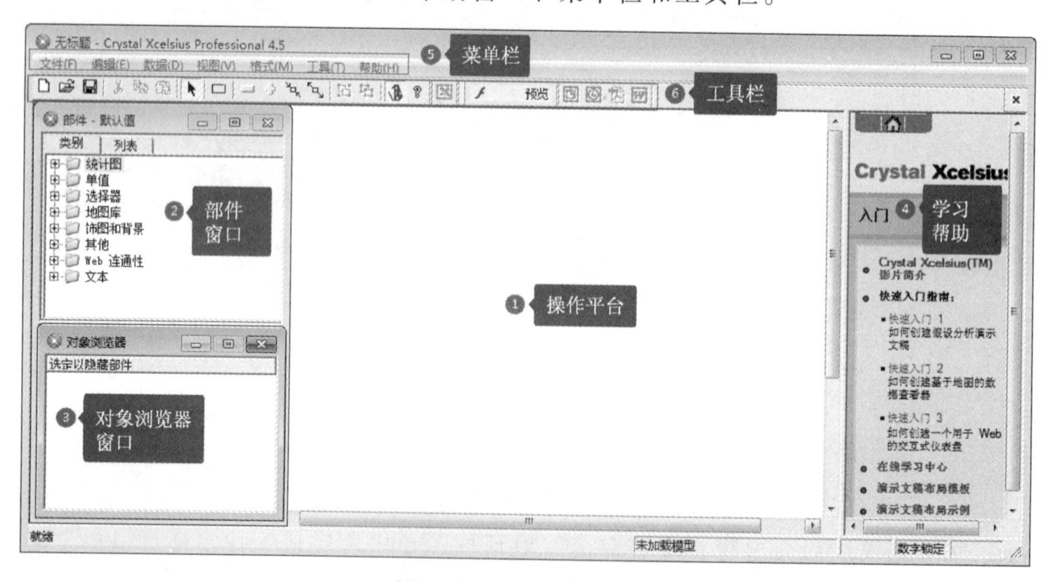

图 6-105 水晶易表界面

1. 操作平台

对报表中使用的部件进行操作与组合。

2. 部件窗口

部件窗口有 8 种不同类型的部件，分别为统计图、单值、选择器、地图库、饰图和背景、文本和其他、Web 连通性。

（1）统计图

统计图是水晶易表可视化的重要组成部分，如图 6-106 所示。Crystal Xcelsius Professional 4.5 中统计图共有 15 种，其中折线图、饼图、柱形图、条形图、组合图、散点图等图表在第 2 章 2.1 节已作介绍，这里主要介绍其他几种。

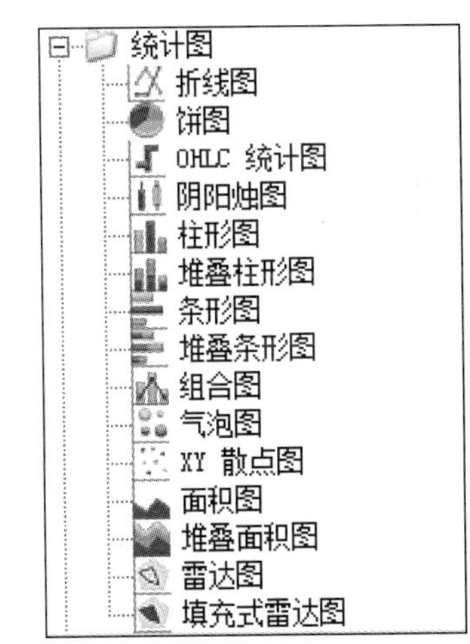

图 6-106　统计图

① OHLC 统计图和阴阳烛图：OHLC 统计图全称是“开盘（Open）—盘高（High）—盘低（Low）—收盘（Close）图”，该图和阴阳烛图主要用于显示股票数据。每个标记都对应值，这些值表示为 OHLC 统计图上附加到标记的线条，以及阴阳烛图上的颜色。“开盘”显示股票的开盘价格。“盘高”显示股票在该日达到的最高价格。“盘低”显示股票在该日的最低价格。“收盘”显示股票的收盘价格。

② 堆叠条形图：用于比较一段时间内的若干变量的统计图。堆叠条形图是将一个或多个变量与添加到总值中的每个系列进行比较。该统计图比较了一段时间内的几个变量，如市场推广成本和行政管理成本。每个成本构成要素都由一种不同的颜色表示，而每个条形则表示一个不同的时期。整个条形大小代表总成本。

③ 面积图：一种带有垂直和水平坐标轴的标准统计图。沿水平坐标轴排列的每个点都代表一个数据点。将倚靠垂直坐标轴绘制每个数据点的实际值。对于每个系列，通过将绘制的点与水平坐标轴相连来构成一个彩色区域，在强调趋势线的可视化文件（如股票价格或收入历史记录）中使用这种统计图。

④ 堆叠面积图：一种带有垂直和水平坐标轴的标准统计图。沿水平坐标轴排列的每个点都代表一个数据点。将倚靠垂直坐标轴绘制这些数据点的实际值，每个系列都加到总值中，可以使用堆叠面积图来比较多个产品的收入，以及所有产品的总收入和每个产品占该总收入的份额。

（2）单值

利用单值部件为可视化文件增加用户交互功能，共七大类，分别是进度条、滑块、量表、刻度盘、值、微调框和播放按钮。“单值”意味着部件链接到电子表格中的单一单元格。在运行可视化文件时，使用该部件修改或代表该单元格的值，如图 6-107 所示。

单值部件既是输入部件又是输出部件，可以在可视化文件中将任何单值部件用作输入或输出元素。

判断单值部件是输入部件（允许用户交互）还是输出部件是由该部件所链接到的单

元格决定。如果单元格包含任意类型的公式，则将部件解释为输出部件。如果单元格不包含公式，则将其解释为输入部件。

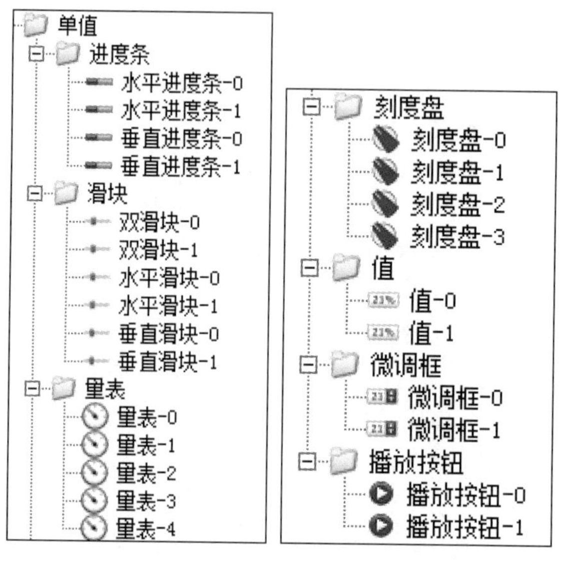

图 6-107　单值部件

例如，如果有链接到不包含公式的单元格的量表，则可以通过拖动量表指针来修改量表值，从而修改单元格的值。如果有链接到包含公式的单元格的量表，则无法修改量表值。

每个部件都可用于为可视化文件增加交互功能。每个部件的具体功能如表 6-5 所示。

表 6-5　单值部件功能

部件名称	功能
刻度盘	一种输入部件。刻度盘代表可进行修改以影响其他部件的变量。例如，代表单价
滑块与双滑块	一种输入部件。滑块代表可进行修改以影响其他部件的变量。例如，代表单价。双滑块允许用户调整最小值和最大值
进度条	一种输出部件。进度条代表会发生变化的值并依据此值填充进度条区域
量表	绑定到包含公式的单元格时为输出，绑定到包含值的单元格时为输入。作为输出，量表代表发生变化并移动指针的值。作为输入，量表代表可进行修改以影响其他部件的变量。用户可以通过拖动指针更改值，与量表进行交互
值	绑定到包含公式的单元格时为输出，绑定到包含值的单元格时为输入。作为输出，值代表发生变化的值。作为输入，值代表可进行修改以影响其他部件的变量。用户可以通过键入新值，与值进行交互
微调框	一种输入部件。微调框代表可进行修改以影响其他部件的变量。用户可通过单击上下箭头或在部件中键入值，与微调框进行交互
播放控件	一种输入部件。播放控件用于自动增大电子表格中某个单元格的值。例如，将播放按钮链接到包含人数的单元格。如果人数增加 1、2、3 或更大值，播放控件获取初始的人数值并自动按增量增大其值（请注意次部件与选择器中播放器的不同）

（3）选择器

选择器部件的功能，是通过多项选择来创建可视化文件。每种选择器都可与其他部件结合使用以创建动态可视化文件，选择器部件共有 15 种，如图 6-108 所示。

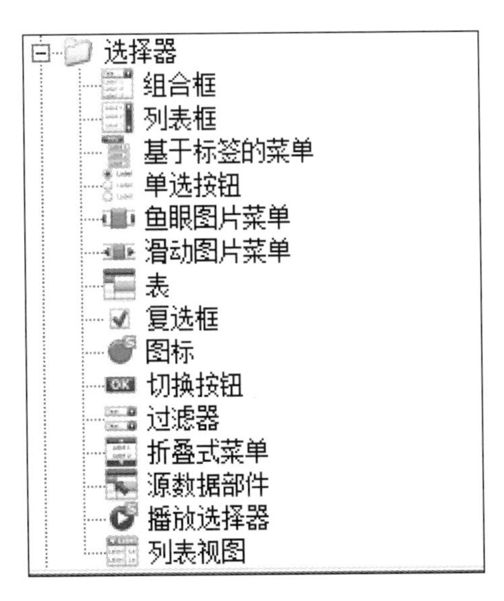

图 6-108　统计图

每个部件具体名称与功能如表 6-6 所示。

表 6-6　选择器部件功能

部件名称	功　能
组合框	一种标准用户界面部件，单击该部件时，将显示一个垂直下拉条目列表。然后，用户可从列表中选择条目
列表框	一种标准用户界面部件，它允许用户从一个垂直列表中选择条目
基于标签的菜单	标签式菜单允许用户从垂直或水平列出的一组按钮中选择条目
单选按钮	单选按钮部件允许用户从垂直或水平列出的一组选项中进行选择
鱼眼图片菜单	利用鱼眼图片菜单，用户可从一组图片或图标中进行选择。当鼠标移到菜单中的每个条目上时，条目将会放大。鼠标离条目的中心越近，该条目就放得越大。这将产生与鱼眼镜头类似的效果
滑动图片菜单	利用滑动图片菜单，用户可从一组图标或图片中进行选择。用户可以使用箭头滚动浏览图标，或者，也可以将菜单配置为在用户移动鼠标时滚动显示图标
表	电子表格部件以所见即所得方式呈现电子表格中的任意单元格组。注意：可将电子表格部件用作显示部件和选择器部件。作为显示部件，电子表格以图形方式呈现电子表格中的单元格范围。要使用电子表格作为显示部件，可单击“显示数据”单元格选择器按钮，并从电子表格中选择要显示的单元格范围。在“行为”选项卡下，单击“取消全选”，表行将无法选择。要将电子表格用作选择器部件，可在设置“显示数据”范围后将“插入选项”设置为行。
复选框	一种用户可在两种状态（选中和未选中）之间切换的标准用户界面部件
图标	图标可以用作选择器部件或显示部件。作为选择器，其功能类似于复选框部件。它可以代表包含在一个单元格中的实际值，并可与另一个单元格中的其目标值进行比较。图标还可以设置为根据与目标值的相对关系而改变颜色（即警报）
切换按钮	一种允许用户在两种状态（“按下”和“弹起”）之间切换的标准用户界面部件

续表

部件名称	功能
过滤器	过滤器部件查看某个包含多个数据字段的单元格范围，并按照唯一的数据条目对其进行分类。过滤器过滤该数据范围并插入与选定下拉条目对应的数据。过滤器部件接受带有包含重复数据条目的字段的一组数据，并将每个字段过滤到组合框中，使每个字段中仅有非重复的条目。过滤器部件可以表示大量的数据，并可用于创建最多可具有10个组合框字段的选择器。在过滤器部件上进行选择后，对应的数据将插入到电子表格中，并可用作统计图部件的源数据
折叠式菜单	折叠式菜单是一种两层的菜单，它允许用户先选择一种类别，然后再从该特定类别内的条目中进行选择
播放选择器	播放选择器可按顺序将定义范围中的一行或一列插入选定的“目标”单元格。可以将“目标”单元格链接到统计图，以使统计图数据在每次播放选择器插入新的行或列时发生更改。播放选择器部件可以用电影效果显示大量的数据，从而使用户无须单击每个选定项目即可查看数据
列表视图	列表视图部件具有与表部件相同的功能，但允许用户在导出的 SWF 文件中对列进行排序和调整列宽度

（4）地图库

地图部件用于创建包含地理示图（可按地区显示数据）的可视化文件，如图 6-109 所示。地图部件主要有两个特征：显示每个地区的数据且每个地区可以充当选择器。结合这两项功能，可以创建这样一种可视化文件：在该可视化文件中，每个地区的数据将在鼠标悬停时在该地区上出现。同时，每个地区可以插入包含附加信息的一行数据。这一行数据将显示在其他部件（如统计图部件或值部件）上。

通过使用地区代码，Xcelsius 可将数据与地图中的每个地区相关联。地图中的每个地区都有默认地区代码，也可以输入自己的地区代码。选择了地图上的某个地区后，部件将搜索该范围代码的第一行或第一列。与该代码对应的行或列中的数据将与该地区相关联。

在电子表格中，必须在“显示数据”和“源数据”的相邻单元格中输入地区代码和数据。

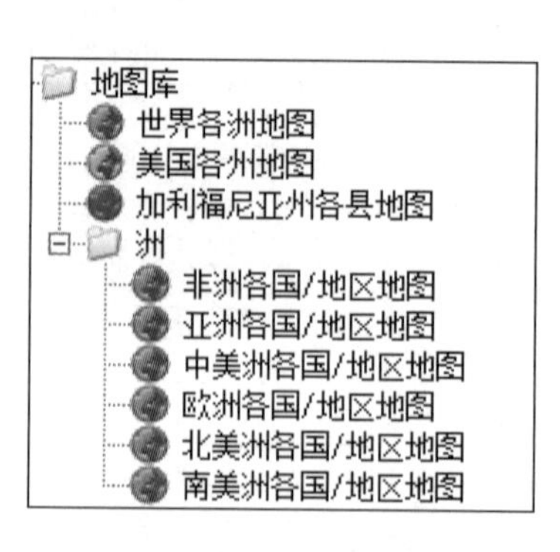

图 6-109　地图部件

（5）饰图和背景

饰图和背景用于增强可视化文件。背景部件用于将图像或 Flash 影片导入 Crystal Xcelsius Professional 4.5 可视化文件，如表 6-7 所示。

表 6-7　饰图和背景部件功能

部件名称	功　能
背景	背景是预先制作好的图片，可以添加到可视化文件中来帮助布局和改善设计。可以使用背景来创建分界线和指定相关部件组
图像部件	图像部件可用于显示 JPEG 图像或 SWF 文件。可以将自己的徽标或图片添加到 Xcelsius 可视化文件中。还可以通过导入 Flash 文件来添加视频、动画和其他交互式元素
矩形	可添加到可视化文件以标出、界定各部分轮廓或包含各部分的矩形
椭圆	可添加到可视化文件以标出、界定各部分轮廓或包含各部分的椭圆形或圆形
线条	可添加到可视化文件以标出、界定各部分轮廓或包含各部分的垂直线或水平线

（6）文本和其他部件

文本部件用于在可视化文件中放置标签和输入文本，其他部件用于增强可视化文件的一组杂类部件，如图 6-110 所示。

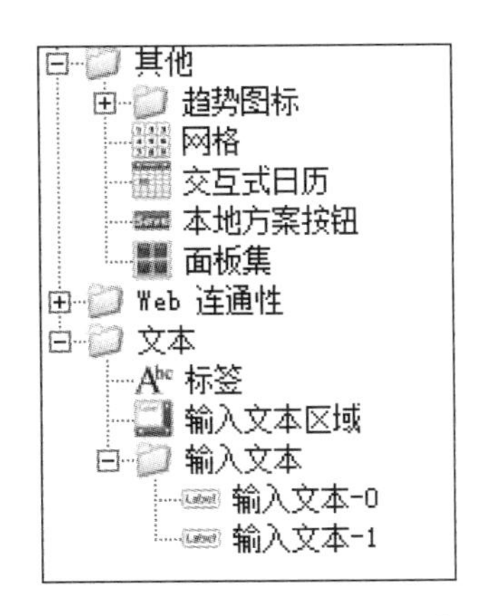

图 6-110　文本和其他部件

各子部件的功能如表 6-8 所示。

表 6-8　文本部件功能

部件名称	功　能
标签	利用标签部件，可以添加不限数量的文本来增强可视化文件。可以使用标签部件来创建标题、副标题、解释、帮助等诸多内容。用户不能更改标签文本
输入文本区域	输入文本区域允许用户在可视化文件中输入多行文本
输入文本	输入文本部件允许用户在可视化文件中输入文本
趋势图标	取决于趋势图标所链接的单元格的值，该图标会改变所指方向。如果值为正，箭头向上指；如果值为零，符号无指向；如果值为负，箭头向下指
网格	网格部件是一个动态表，代表内容的一组行和列。利用网格可以显示数据（就好像数据位于任何表上一样），也可以执行可能影响其他部件的数据修改操作
交互式日历	一种选择器，利用它可以在可视化文件中结合日期选择功能
本地方案按钮	使用户可以在本地计算机上保存并加载 Xcelsius 可视化文件的运行时配置
面板集	一系列框架选项，利用这些选项可以在演示中的各个文件间导航。可以将 JPEG 或 SWF 文件嵌入面板集部件的框架中，并调整各种格式设置功能，以自定义可视化文件中部件的外观

（7）Web 连通性

此类别包含的一组部件提供了用于将可视化文件链接到 Web 的选项。各部件功能如表 6-9 所示。

表 6-9 Web 连通性部件功能

部件名称	功能
URL 链接按钮	一种在按下时将链接到相对或绝对 URL 的按钮
外部幻灯片显示	以放映幻灯片的形式显示基于 URL 的图像和 SWF 文件。与需要先导入文件的普通图像部件不同，幻灯秀部件将在 URL 数据源中所指定的 URL 处加载图像。

3．对象浏览器窗口

浏览整个表中的部件，能方便地对对象进行锁定、操作隐藏、多部件组合及拆分、修改名称等设置。

4．学习帮助窗口

学习帮助窗口是为初学者提供基本操作学习的窗口，如图 6-111 所示。如果需要完整地学习该软件的操作，可选择“帮助”→“内容”命令，打开用户指南窗口，如图 6-112 所示。

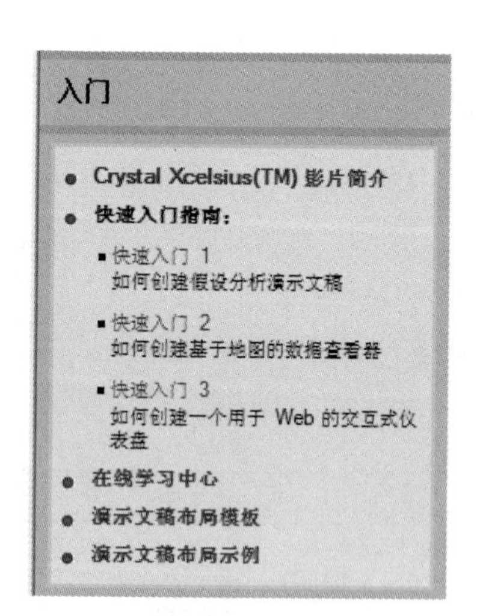

图 6-111 学习帮助窗口

图 6-112 用户指南窗口

5．菜单栏和工具栏

可对文件及部件进行操作。

6.2.3 水晶易表工作原理

水晶易表是一款直观、独立的 Windows 应用软件。通过以下简单的 3 个步骤，水晶易表就可以根据 Excel 电子表格得到交互式的可视化分析结果。

1．“数据”→“导入模型”

创建可视化文件的第一步是导入包含用以支持可视化文件数据的 Excel 文件。在此步骤中，Xcelsius 将复制 Excel 文件，并导入包括公式、值和单元格格式设置在内的电子表格。导入 Excel 文件后，其副本即嵌入到 Xcelsius 中。

2. 部件

导入 Excel 文件后，可以使用 Xcelsius 构建可视化文件。Xcelsius 包含从背景到统计图在内的各种部件，可以选择这些部件并将它们链接到嵌入电子表格中的一个或多个单元格。利用 Xcelsius，通过点击鼠标可创建动态的可视化文件，也可以组合两个或更多部件，并将它们链接到电子表格。

3. 工具栏

将分析结果通过工具栏按钮直接发送到 PowerPoint 文件、PDF 文件、Word 文件。

6.2.4　水晶易表的可视化实践

统计图是用于传达信息的最有效方法之一，也是在实际项目开发中使用的最主要的部件之一，向报表传达有真实感的数值。下面通过具体实例介绍水晶易表部件如何实现数据可视化。

1. 柱形图

柱形图用于显示和比较一段时间内或特定范围的值中的一个或多个条目。例如，在包含按区域显示的季度职员总数的可视化文件中，可使用柱形图。属性包含：常规、向下钻取、行为、警报、外观。操作步骤如下：

（1）添加电子表格数据

添加 Excel 数据源，选择"数据"→"导入模型"命令（见图 6-113）进行模型导入，打开如图 6-114 所示的对话框。在该对话框中选择要导入的文件，导入成功后，右下角状态栏中会出现"模型导入完毕"，如图 6-115 所示。

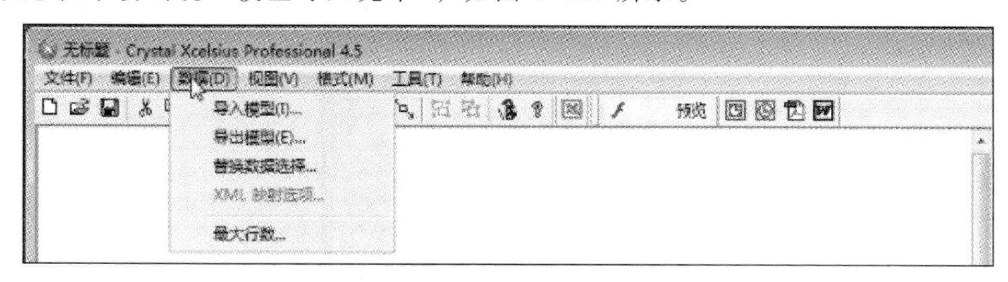

图 6-113　导入数据模型

图 6-114　"导入模型"对话框

图 6-115　状态栏

具体导入的源数据如图 6-116 所示。

	A	B	C
1	年份	公共预算收入	税收收入
2	2015年	12.92	11.05
3	2016年	14.04	11.92
4	2017年	15.23	12.49
5	2018年	15.96	13.03
6	2019年	17.26	14.44

图 6-116　源数据

水晶易表的基本部件的使用

（2）选择部件

① 在左侧统计图表中找到柱形图，按住鼠标左键拖到操作平台后松开，如图 6-117 所示。然后，双击柱形图，在右侧弹出该部件属性窗口，就可对该柱形图设置相关属性。每种不同的统计图形都可以对四方面进行设置，根据需要选择其中任一方面进行调整。柱形图属性设置窗口如图 6-118 所示。

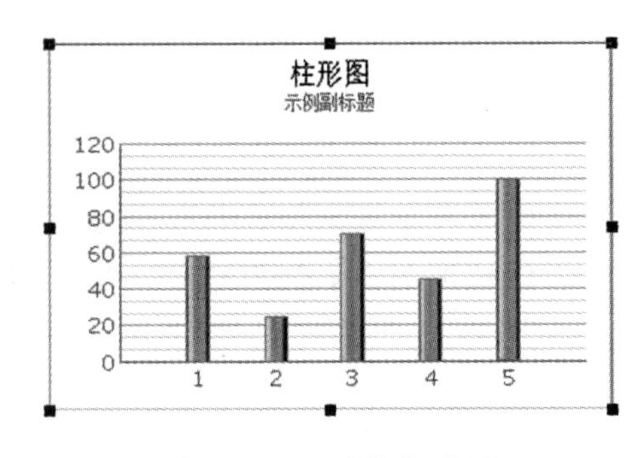

图 6-117　原始柱形图

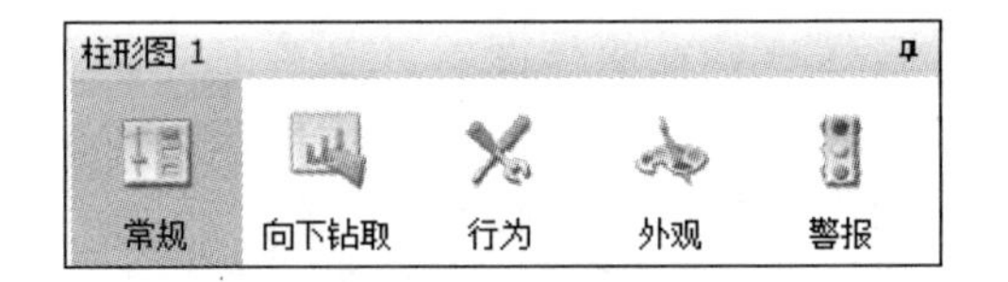

图 6-118　属性设置窗口

② 单击“常规”选项卡，打开常规属性设置对话框，如图 6-119 所示。

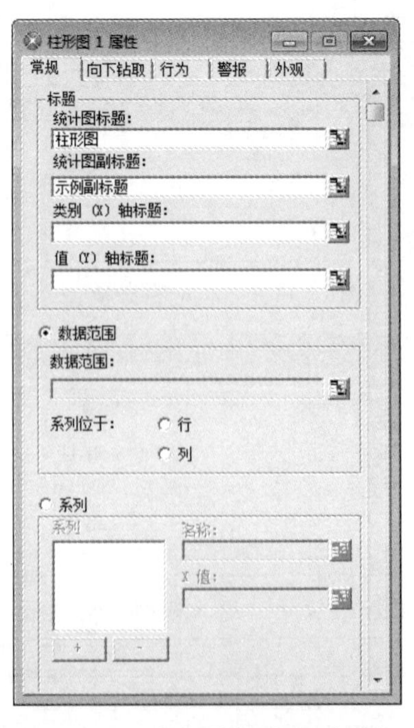

图 6-119　常规属性设置对话框

③ 如果需要修改某个属性，直接单击旁边的红色箭头按钮或者输入具体数据，会打开对话框，选中符合要求的数据区域后，单击“确定”按钮。常规属性中的各个属性设置如下：

- 统计图标题：直接输入“全国一般公共预算收入柱形图” 后按【Enter】键，也可以单击“统计图标题”单元格选择器按钮从导入的电子表格中选择统计图标题。
- 统计图副标题：直接输入“2015—2019 年”后按【Enter】键，也可以单击“统计图副标题”单元格选择器按钮从导入的电子表格中选择统计图副标题。
- 类别（X）轴标题：单击旁边红箭头按钮，在打开的对话框中点击数据源，选中 A1。
- 值（Y）轴标题：单击旁边红箭头按钮，在打开的对话框中点击数据源，选中 B1。
- 系列：选中“系列”单选按钮，单击加号按钮增加系列 1，然后单击名称选择器按钮，选中 A1，接着单击值选择器按钮，选中 B2:B6，如图 6-120 所示。
- 类别标签：单击名称选择器按钮，选中 A2:A6。

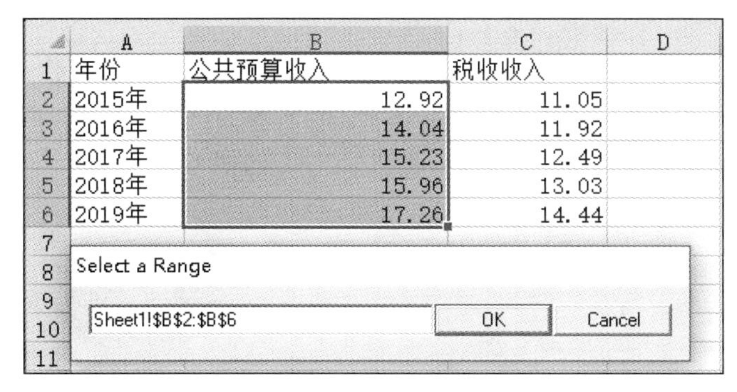

	A	B	C	D
1	年份	公共预算收入	税收收入	
2	2015年	12.92	11.05	
3	2016年	14.04	11.92	
4	2017年	15.23	12.49	
5	2018年	15.96	13.03	
6	2019年	17.26	14.44	

图 6-120　系列属性修改

④ 设置插入的柱形图的属性后，图 6-117 的柱形图变成的效果如图 6-121 所示。

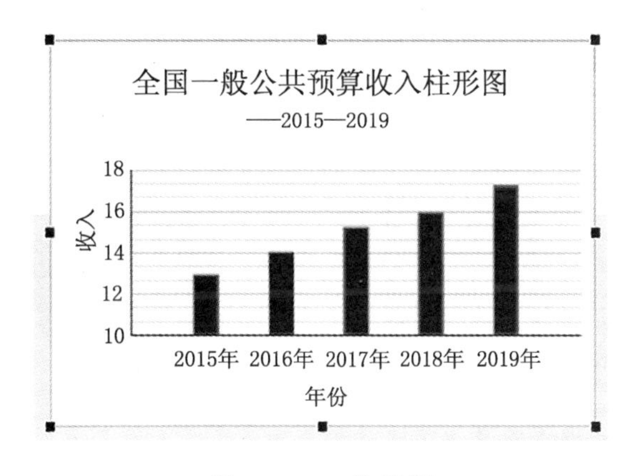

图 6-121　柱形图

（3）保存

制作完成后，可以预览实时可视化文件，测试模拟结果，生成包含可视化文件的 Flash 动画 SWF。然后，发布和分发可视化文件，也可以生成多种样式的文档，如 Flash（SWF）、

PPT、PDF、Word或者直接导入BOE平台。还可以文件形式保存下来，保存文件的扩展名为.tlf。

2. 饼图

该统计图用于表示各个条目（由切片表示）在特定总额（由整个饼的值表示）中的分布或份额。饼图适用于按产品统计的收入贡献之类的可视化文件。属性包含常规、向下钻取、行为、外观。操作步骤如下：

① 导入模型与柱形图操作步骤（1）相同，源数据参见图6-116。

② 选择部件。在左侧统计图表中找到所需部件饼图，按住鼠标左键拖到操作平台后松开。双击操作平台的饼图，在右侧打开部件属性窗口，对该饼图的常规属性进行设置。设置完成后如图6-122所示。操作平台得到“饼图”的效果如图6-123所示。

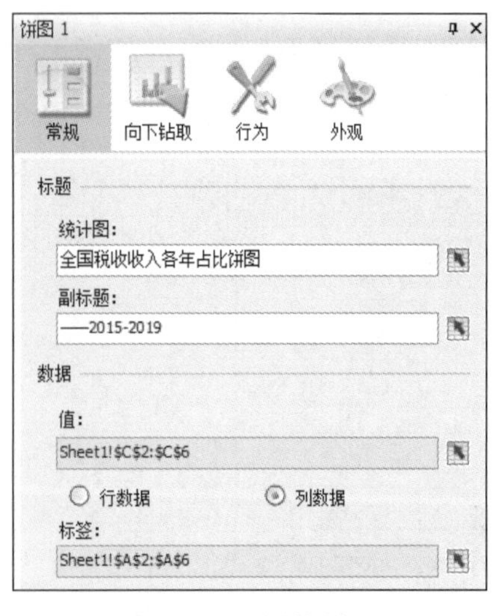

图6-122 属性设置

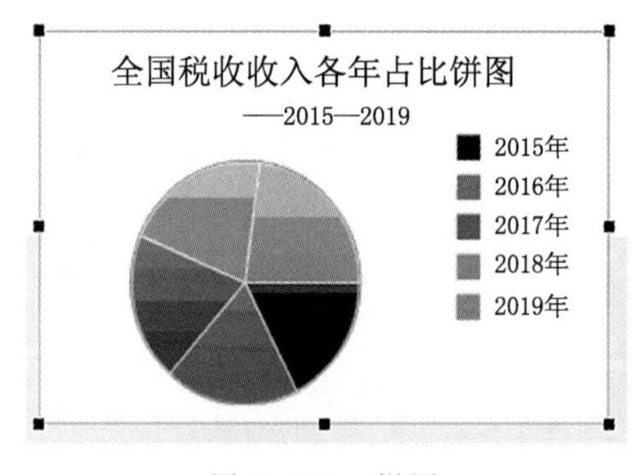

图6-123 饼图

综上所述，得到的柱形图和饼图结果如图6-124所示。

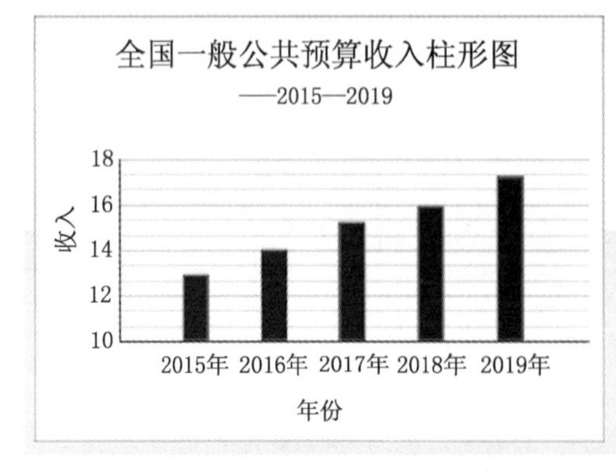

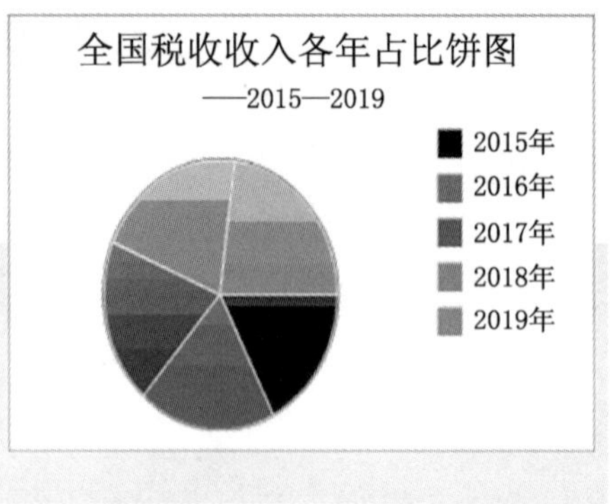

图6-124 柱形图和饼图

③ 其他设置。每个统计图表的外观属性可以进行设置，如图6-125所示。

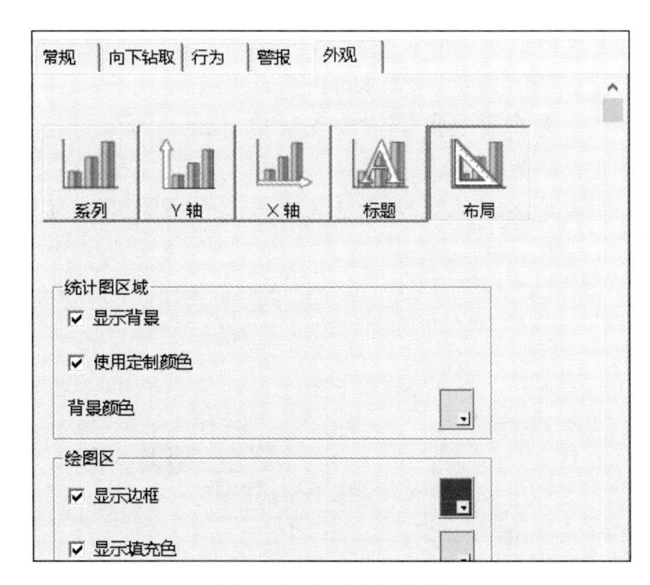

图 6-125　外观设置

设置完成后，最终效果如图 6-126 所示。

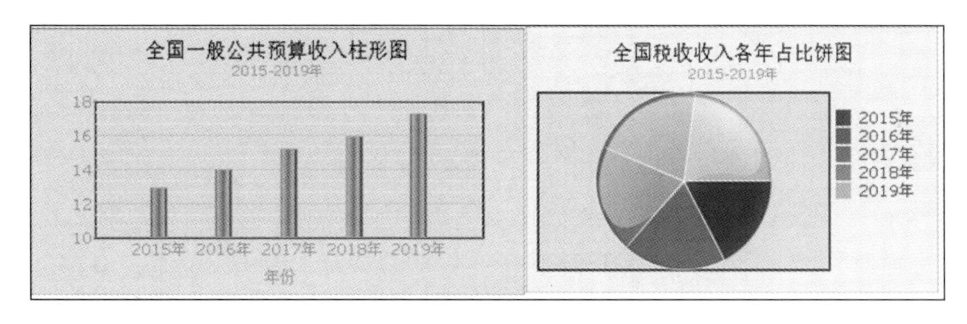

图 6-126　效果图

3. 组合图

组合图是一种特别适合于显示值范围和这些值的趋势线的组合柱形图和折线图，可以在分析股票的可视化文件中使用组合图。其中线条序列可显示一年以来的历史股价，而柱形图可显示该股票的成交量。属性包含：常规、向下钻取、行为、外观、警报。操作步骤如下：

① 导入模型与柱形图操作步骤（1）相同，源数据如图 6-127 所示。

	A	B	C
1	年份	公共预算收入	增长速率
2	2015年	12.92	10.2%
3	2016年	14.04	8.2%
4	2017年	15.23	8.6%
5	2018年	15.96	4.8%
6	2019年	17.26	7.4%

图 6-127　源数据

② 选择部件。在左侧统计图表中找到组合图，按住鼠标左键拖到操作平台后松开。

其中公共预算收入以柱形图显示，增长速率以折线图显示。下面主要介绍折线图的制作。

折线图是一种特别适合于显示一段时间内的趋势的单线折线图或多线折线图。在强调趋势或连续数据序列（例如股票价格或收入历史记录）的可视化文件中，使用该统计图。属性包含常规、向下钻取、行为、外观、警报。

双击折线图，在右侧弹出部件属性窗口并对该组合图的常规属性进行设置，效果如图 6-128 所示。

统计图:
公共预算收入和增长速率组合图
副标题:
——2015-2019
类别 (X) 轴:
年份
值（Y）轴:
公共预算收入
次值 (Y) 轴:

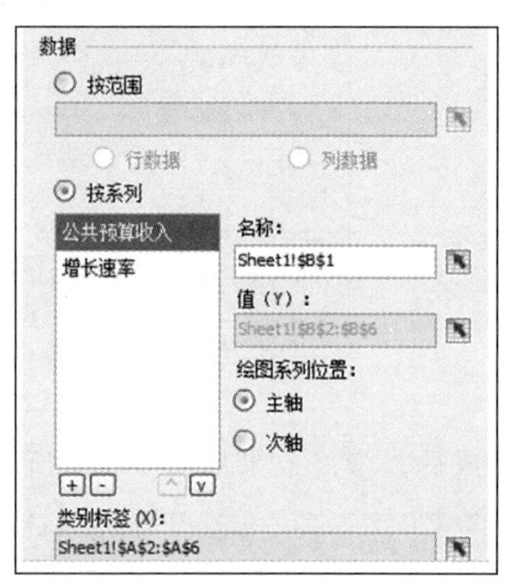

图 6-128 属性设置

设置完成后，得到的组合图如图 6-129 所示。

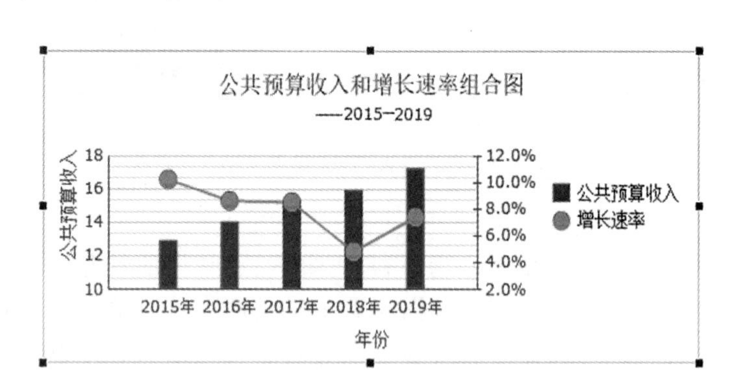

图 6-129 组合图

4. 向下钻取

① 导入模型与柱形图操作步骤（1）相同，源数据如图 6-130 所示。

	A	B	C	D	E	F
1		公共预算收入	卫生	教育	农业	工业
2	2015年	12.92	4.00	4.5	2	2.42
3	2016年	14.04	4.50	5.5	2.7	1.34
4	2017年	15.23	5.00	5.89	3	1.34
5	2018年	15.96	5.50	6.23	3.25	0.98
6	2019年	17.26	6.00	6.45	3.67	1.14

图 6-130 源数据

② 按照制作饼图的方法制作，结果如图 6-131 所示。

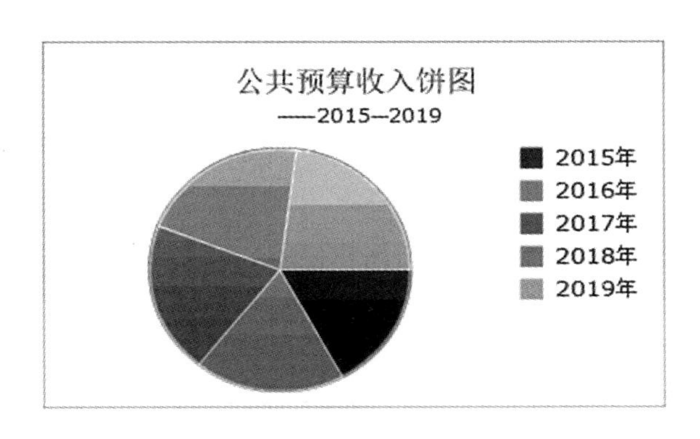

图 6-131 饼图

③ 向下钻取。当需要实现的功能为在饼图上单击某一个年份的数据时能显示该年份预算收入的组成情况，就需要用到“向下钻取”的功能。“向下钻取”对应的属性窗口如图 6-132 所示。

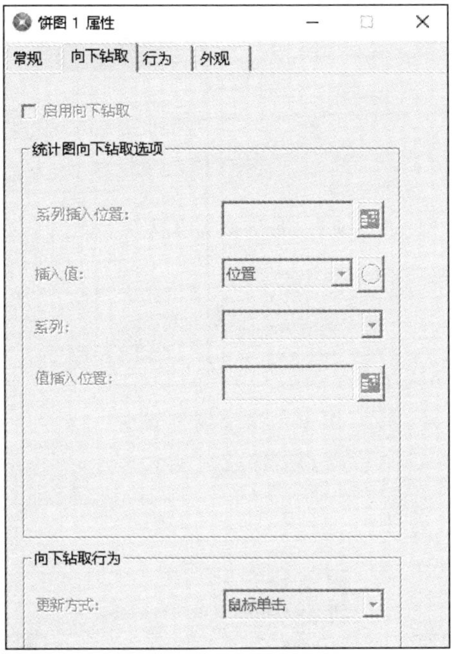

图 6-132 “向下钻取”属性设置窗口

向下钻取对应的属性设置如图 6-133 所示。源数据设置为 B2:F6，目标设置为 C8:F8。鼠标单击方式，插入类型为行。

④ 制作每年的预算图表。这里选择用柱形图，制作过程与之前一样，设置如图 6-134 所示。

然后，单击工具栏中的预览按钮，观察图形变化，如图 6-135 和图 6-136 所示。

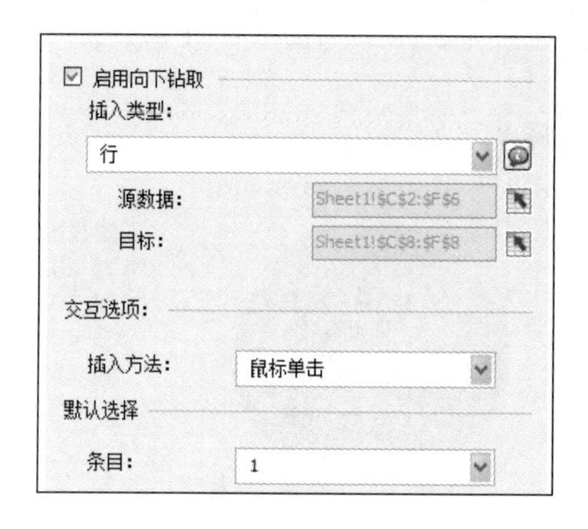

图 6-133 “向下钻取”属性设置

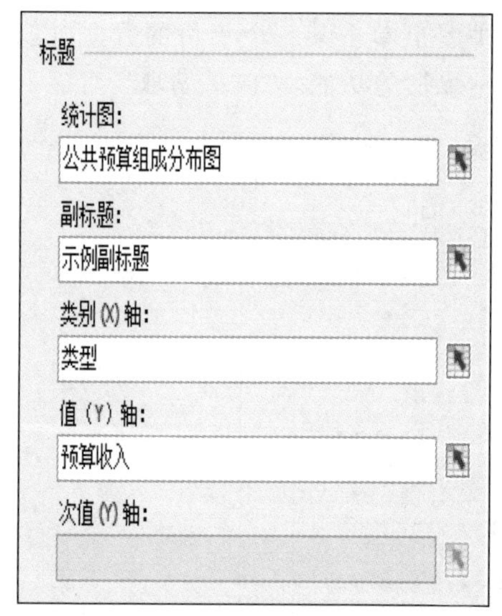

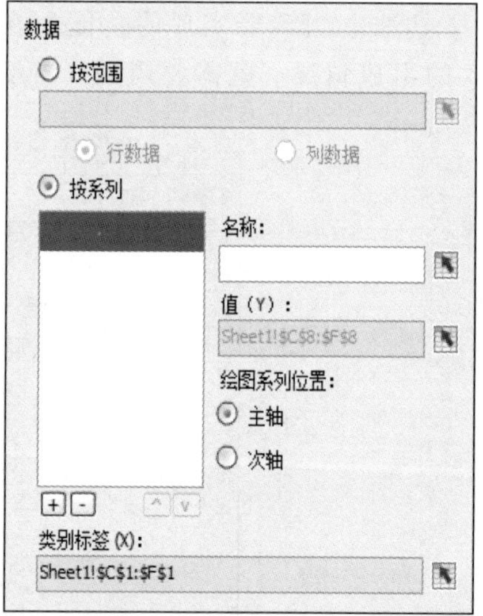

图 6-134 属性设置

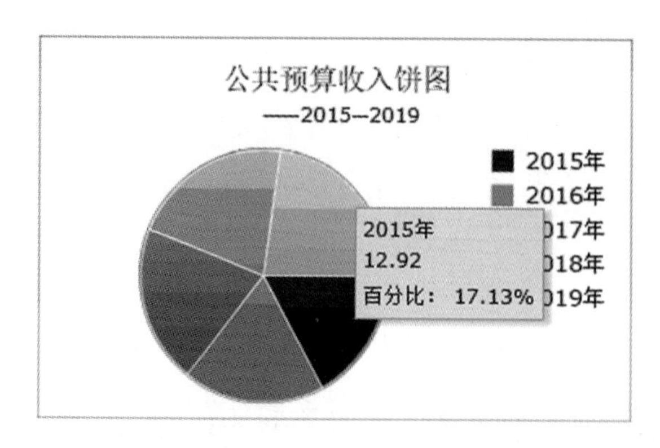

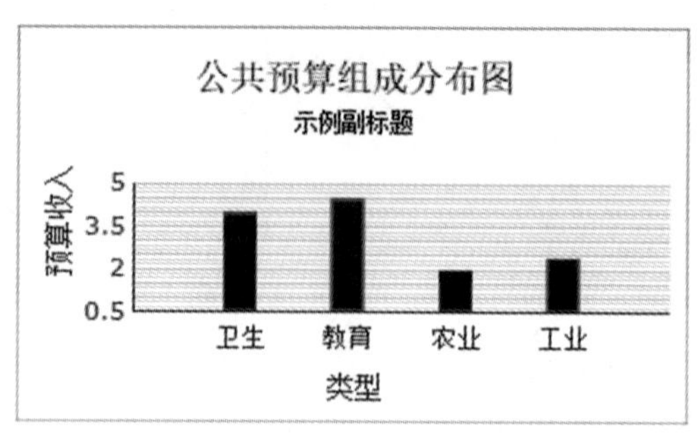

图 6-135 预览效果（一）

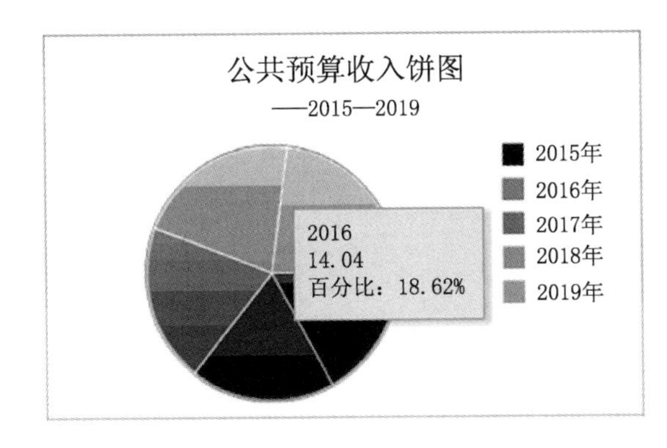

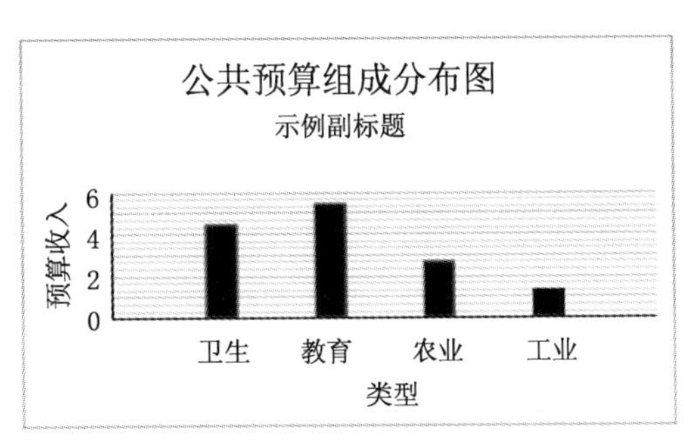

图 6-136　预览效果（二）

5. 综合实践

本实验中使用的部件有量表和刻度盘、下拉列表以及标签式菜单等。

（1）导入数据源

打开水晶易表软件，并导入源数据，如图 6-137 所示。

水晶易表的综合实践

	A	B	C	D	E	F
1		公共预算收入	卫生	教育	农业	工业
2	2015年	12.92	4.00	4.5	2	2.42
3	2016年	14.04	4.50	5.5	2.7	1.34
4	2017年	15.23	5.00	5.89	3	1.34
5	2018年	15.96	5.50	6.23	3.25	0.98
6	2019年	17.26	6.00	6.45	3.67	1.14

图 6-137　源数据

（2）选择部件

分别把本次实战中需要使用的组合框、条线图、量表、标签式菜单 4 种不同的部件分别拖动到工作台，部件排列位置如图 6-138 所示。

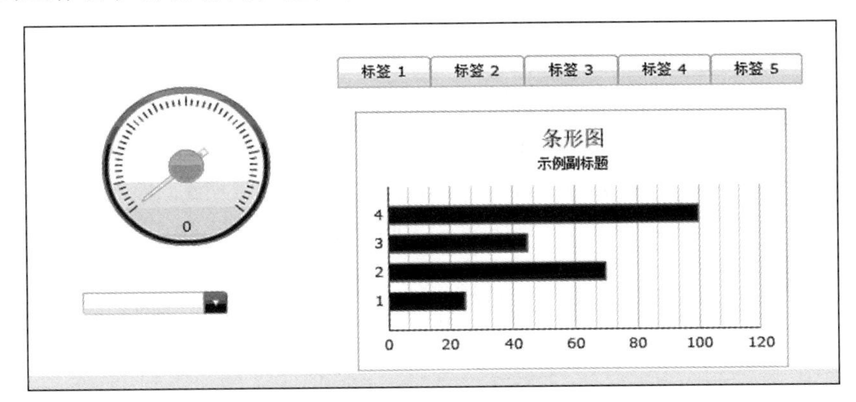

图 6-138　选择部件

（3）设置部件属性

① 设置部件——组合框的对象属性，包括标签、数据插入、源数据、目标等，和 Excel 表格中数据对应关系如图 6-139 所示。

在组合框部件中，标签设置为 Excel 表格中的 A2：A6，即 2015 年、2016 年、2017 年、2018 年、2019 年；插入类型选择“值”，表示当选择该部件时，该单元格数据会被插入到 Excel 中的指定位置；源数据为 Excel 表格中的 B2：B6，表示选择 Excel 中的公共预算收入作为交互数据；目标选择 B8，标明当选择该部件时，数据会被插入到 Excel 中的 B8 单元格位置。

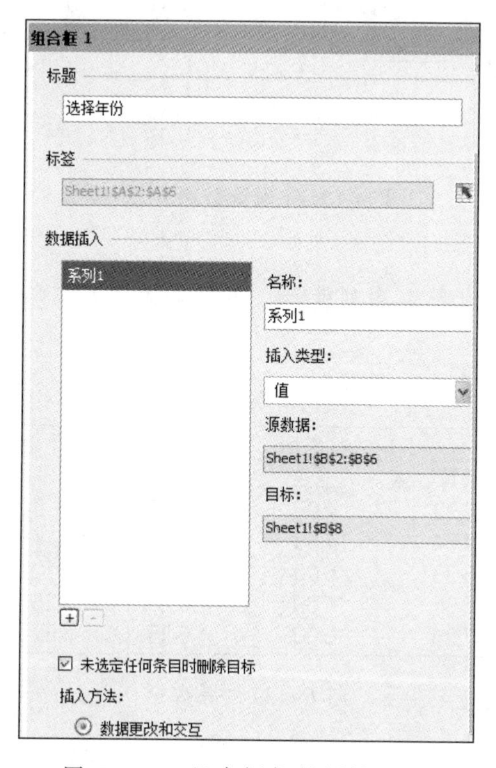

图 6-139　组合框部件属性设置

② 设置部件——量表的对象属性，包括数据值、值范围、警报器等，如图 6-140 所示。

在量表部件中，数据值设置为 B8，这是为了和组合框选择进行交互，当在单选按钮中选择不同的年份时，该数据会被插入到 Excel 中 B8 单元格，而年份对应公共预算收入存入 B8，这样只需要在量表中把数据同样设置为 B8，就会在两个部件间建立交互关系，例如在单选按钮中选择 2016 年，2016 年的公共预算收入 14.04 就会被显示在量表中。量表中的值范围设为 0～20，这是由于不同年份公共预算收入不同，最小为 2015 年 12.02，最大为 2019 年 17.26，所以范围设置为这个区间。也可自行调整，或者不设置范围，让系统自动基于值进行判断。

③ 设置部件——基于标签的菜单的对象属性，包括标题、标签、数据插入等，如图 6-141 所示。

在基于标签的菜单部件中，标签设置为 Excel 表格中的 C1:F1，即卫生、教育、农业、工业；插入类型选择列，表示当选择该部件时，该列数据会被插入到 Excel 中的指定位置；源数据为 Excel 表格中的 C2:F6，表示选择 Excel 中的每列数据作为交互数据；目标选择 C10:C14，标明当选择该部件时，数据会被插入到 Excel 中的单元格区域 C10：C14。

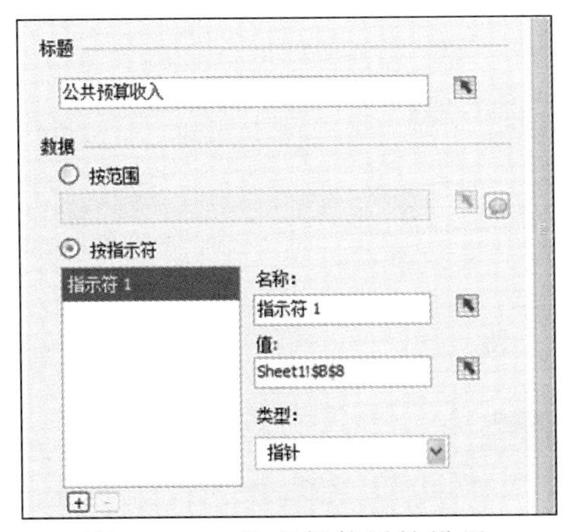

图 6-140　量表部件属性设置

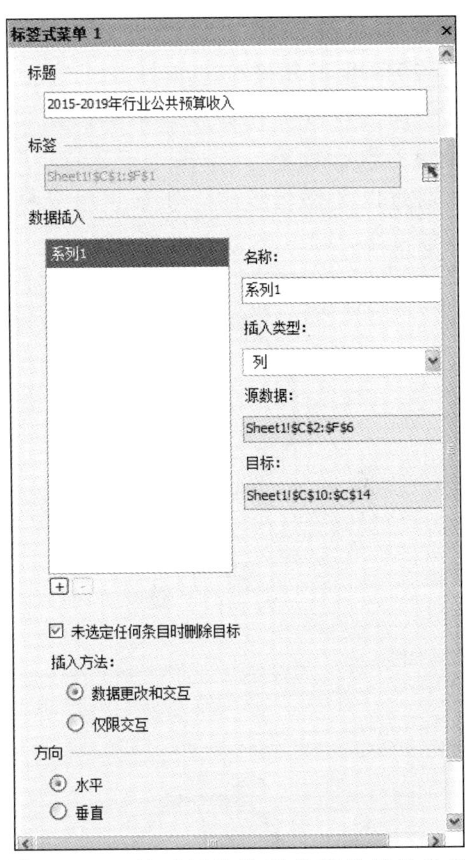

图 6-141　基于标签的菜单部件属性设置

④ 设置部件——条形图的对象属性，包括标题、数据值选择方式、X 轴数值、Y 轴类别标签等，如图 6-142 所示。

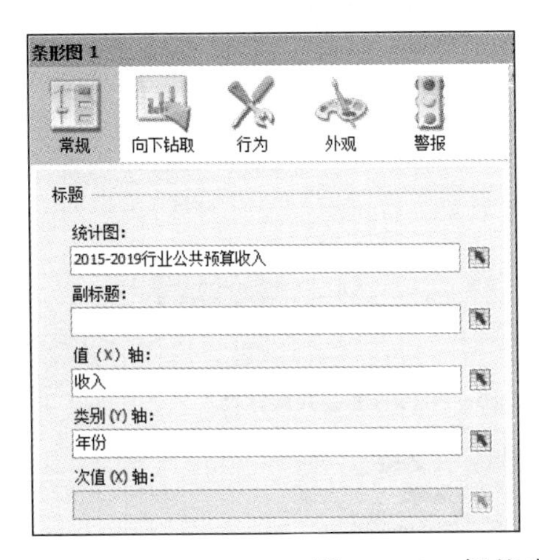

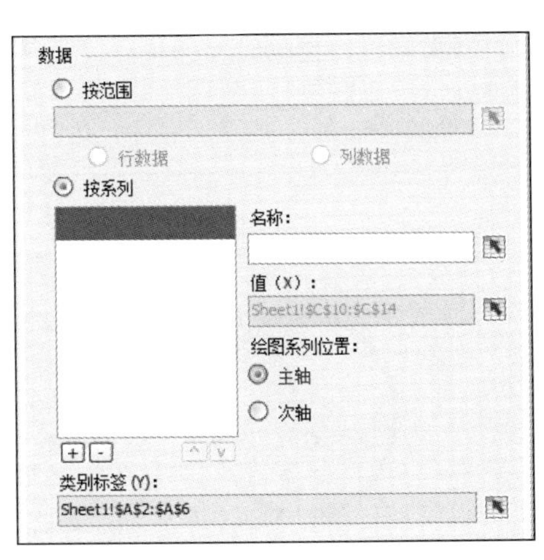

图 6-142　标签式菜单部件属性设置

在条形图部件属性中，标题设置为 2015—2019 行业公共预算收入，值（X）轴标题为收入，类别（Y）轴为年份；数据中选择按系列，数据的值选择 C10：C14，实现数据的交互，当在标签式菜单中选择某一行业，在条形图中设置 C10：C14 为数据，将在标签式菜单和条形图之间建立交互，即当选择菜单中的工业时，条形图会展现工业2015-2019年的年度公共预算收入情况；类别标签设置为A2：A6，即年份作为类别标签。通过上面的设置，在标签式菜单按钮和条形图两个部件之间实现了数据交互。

（4）预览效果

通过以上操作步骤，实现了组合框和量表、标签式菜单和条形图部件之间的数据交互，如图6-143～图6-145所示。

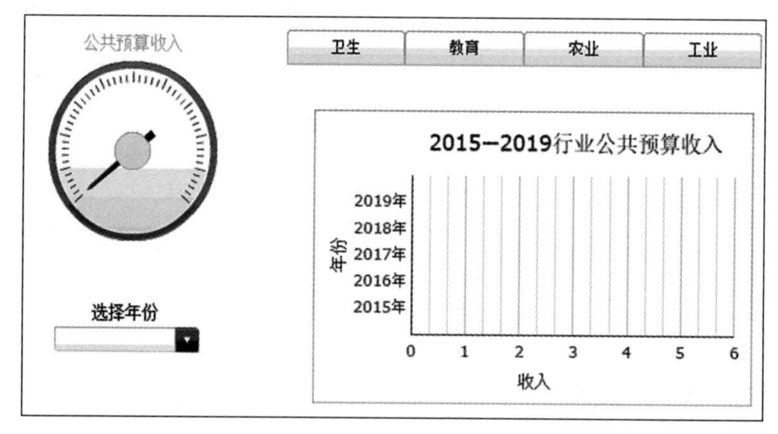

图6-143 设置效果图

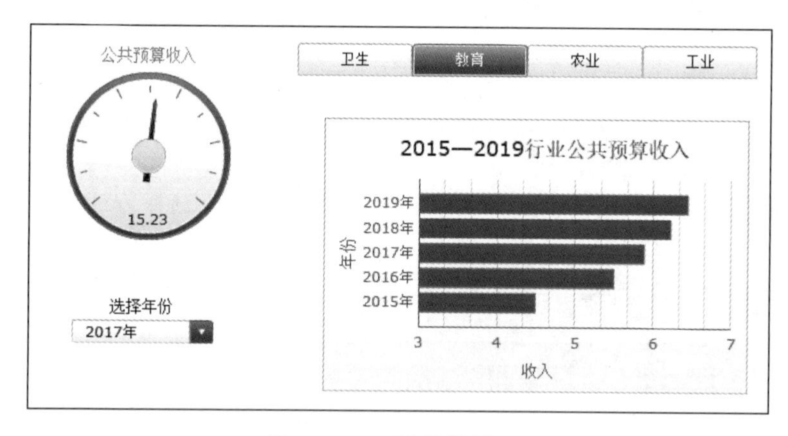

图6-144 预览效果一

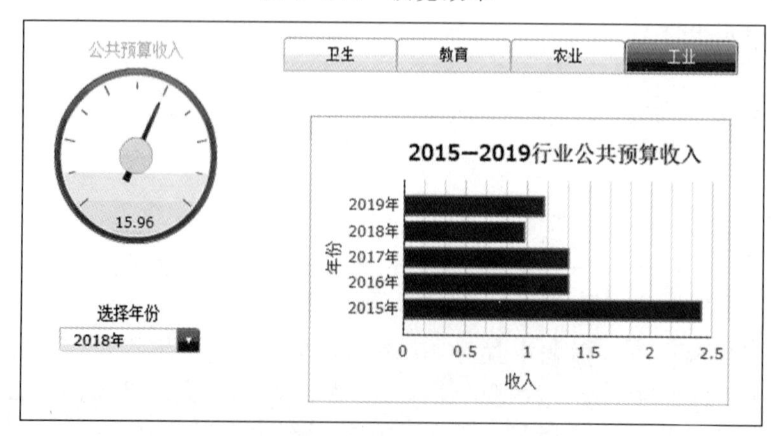

图6-145 预览效果二

6. 部件高级功能的介绍

（1）动态可见性

在大部分部件对象属性的外观中都会出现“动态可见性”，如图 6-146 所示。

动态可见性功能可以显示或隐藏可视化文件中的部件。例如，可以添加切换按钮以显示特定的统计图。可以对切换按钮进行配置，以便在选择该按钮时轮换将 showChart 和 hideChart 插入目标单元格。通过将统计图的状态链接到此目标单元格并将统计图的代码设置为 showChart，当切换按钮插入值 showChart 时，可以看见统计图；当切换按钮插入 hideChart 时，将隐藏统计图。

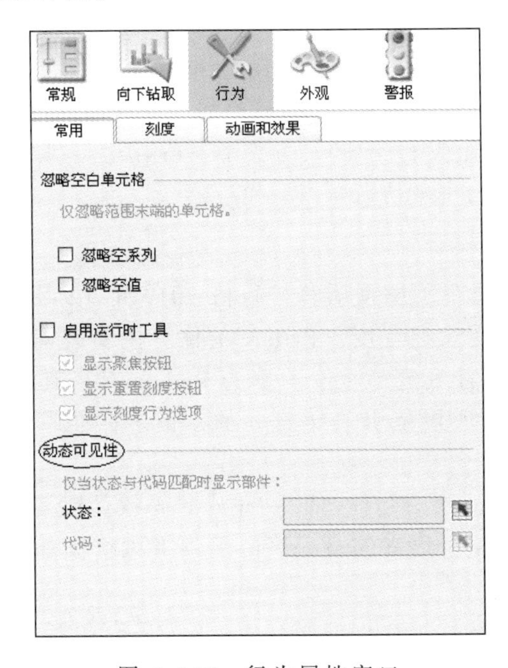

图 6-146　行为属性窗口

（2）忽略末尾空白

在大部分部件的对象属性的外观中都会出现“忽略空白值”，如图 6-147 所示。选中“忽略空系列”复选框以阻止在最后一个非空系列之后的所有空系列在统计图中显示。当需要在统计图中显示可变数量的系列时，此选项很有用。

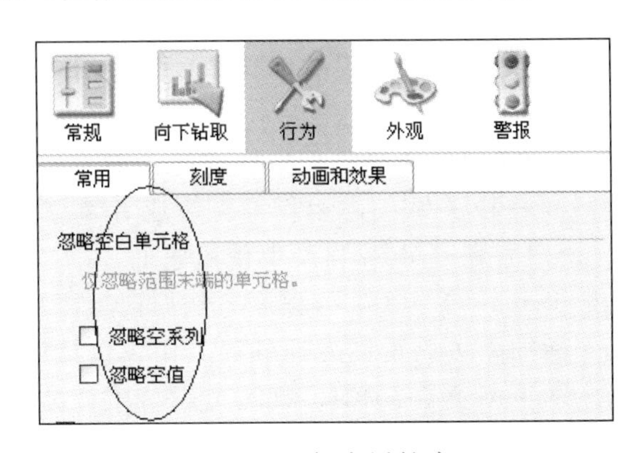

图 6-147　行为属性窗口

6.3 Python

数据分析初始阶段，通常都要进行可视化处理。数据可视化旨在直观展示信息的分析结果和构思，令某些抽象数据具象化，这些抽象数据包括数据测量单位的性质或数量。本章用 Python 的程序库 Matplotlib 来实现大数据可视化，Matplotlib 是建立在 NumPy 之上的一个图库。

6.3.1 Python 概述

1. 简介

Python 是一种集解释性、编译性、互动性和面向对象一体的高级程序设计语言。Python 由 Guido van Rossum 于 1989 年底发明，创始人为荷兰人吉多·范罗苏姆 (Guido van Rossum)，第一个公开发行版发行于 1991 年。像 Perl 语言一样，Python 源代码同样遵循 GPL(GNU General Public License)协议。

2. 优缺点

2020 年 1 月，Tiobe 公布了编程语言排行榜 2019 年 12 月的数据，Python 进入了前三名，可见其火热程度及受欢迎程度。Python 的优势主要表现在：

① 简单易学：Python 极其容易上手，因为 Python 有极其简单的说明文档。

② 速度快：Python 的底层是用 C 语言写的，很多标准库和第三方库也都是用 C 写的，运行速度非常快。

③ 免费、开源：Python 是 FLOSS(自由/开放源码软件)之一。

④ 高层语言：用 Python 语言编写程序时无须考虑诸如如何管理程序使用的内存一类的底层。

⑤ 可移植性：Python 被移植在许多平台上。这些平台包括 Linux、Windows、FreeBSD、Macintosh、Solaris、OS/2、Amiga、AROS、AS/400、BeOS、OS/390、z/OS、Palm OS、QNX、VMS、Psion、Acom RISC OS、VxWorks、PlayStation、Sharp Zaurus、Windows CE、PocketPC、Symbian 以及 Google 基于 Linux 开发的 android 平台。

⑥ 解释性：Python 语言写的程序不需要编译成二进制代码，可以直接从源代码运行程序。在计算机内部，Python 解释器把源代码转换成字节码的中间形式，然后再把它翻译成计算机使用的机器语言并运行，使得 Python 程序更加易于移植。

⑦ 面向对象：Python 既支持面向过程的编程，也支持面向对象的编程。在“面向过程”的语言中，程序是由过程或仅仅是可重用代码的函数构建起来的。在“面向对象”的语言中，程序是由数据和功能组合而成的对象构建起来的。

⑧ 可扩展性：如果需要一段关键代码运行得更快或者希望某些算法不公开，可以部分程序用 C 或 C++编写，然后在 Python 程序中使用它们。

⑨ 可嵌入性：可以把 Python 嵌入 C/C++程序，从而向程序用户提供脚本功能。

⑩ 丰富的库：Python 标准库可以帮助处理各种工作，包括正则表达式、文档生成、单元测试、线程、数据库、网页浏览器、CGI、FTP、电子邮件、XML、XML-RPC、HTML、WAV 文件、密码系统、GUI（图形用户界面）、Tk 和其他与系统有关的操作等。除了标

准库以外，还有许多其他高质量的库，如 wxPython、Twisted 和 Python 图像库等。

⑪ 规范的代码：Python 采用强制缩进的方式使得代码具有较好可读性。

虽然 Python 有很多优点，但也存在不足，不足主要体现在；

① 独特的语法：这也许不应该被称为局限，但是它用缩进来区分语句关系的方式还是给很多初学者带来了困惑。即使很有经验的 Python 程序员，也可能陷入陷阱当中。

② 运行速度慢：这里是指与 C 和 C++相比。

3. 常用库

（1）标准库

Python 拥有一个强大的标准库。Python 语言的核心只包含数字、字符串、列表、字典、文件等常见类型和函数，而由 Python 标准库提供了系统管理、网络通信、文本处理、数据库接口、图形系统、XML 处理等额外的功能。Python 标准库命名接口清晰、文档良好，很容易学习和使用。

（2）第三方模块

Python 提供了大量的第三方模块，使用方式与标准库类似。它们的功能覆盖科学计算、Web 开发、数据库接口、图形系统等多个领域。第三方模块可以使用 Python 或者 C 语言编写。常用与数据分析密切相关的第三方模块主要有 5 个，分别是 NumPy、SciPy、Pandas、Matplotlib、Scikit-learn。

① NumPy：NumPy 是应用 Python 进行科学计算时的基础模块。它是一个提供多维数组对象的 Python 库，除此之外，还包含了多种衍生的对象以及一系列的为快速计算数组而生的例程，包括数学运算、逻辑运算、形状操作、排序、基本线性代数、基本统计运算和随机模拟等。

② Scipy：Scipy 是专门用于科学计算的一个常用的库，需要通过 NumPy 作 SciPy 的基础，同时也需要通过 Numpy 数据来操控科学计算。

③ Pandas：Pandas 是 Python 的数据分析包，是基于 NumPy 的一种工具，该工具是为了解决数据分析任务而创建的。Pandas 纳入了大量库和一些标准的数据模型，提供了高效地操作大型数据集所需的工具。Pandas 为时间序列分析提供了很好的支持。Pandas 的名称来自于面板数据（Panel Data）和 Python 数据分析（Data Analysis）。

④ Matplotlib：Matplotlib 是基于 Python 语言的开源项目，旨在为 Python 提供一个数据绘图包，实现专业的绘图功能，只需几行代码即可生成图表如直方图、条形图、散点图等。在实际应用中主要用这个模块来实现数据可视化。

⑤ Scikit-learn（sklearn）：Scikit-learn（sklearn）是 Python 实现机器学习的算法库。Sklearn 基于 NumPy、SciPy、Matplotlib 模块，实现数据预处理、分类、回归、降维、模型选择等常用的机器学习算法。

4. 集成开发环境

开始学习 Python 编程，首先需要安装 Python 语言的开发环境。Python 开发环境有很多种，下面介绍常用的集成开发环境。

（1）Spyder

Spyder（前身是 Pydee）是一个强大的交互式 Python 语言开发环境，提供高级的代码编辑、交互测试、调试等特性，支持包括 Windows、Linux 和 OS X 系统，其主界面如图 6-148 所示。

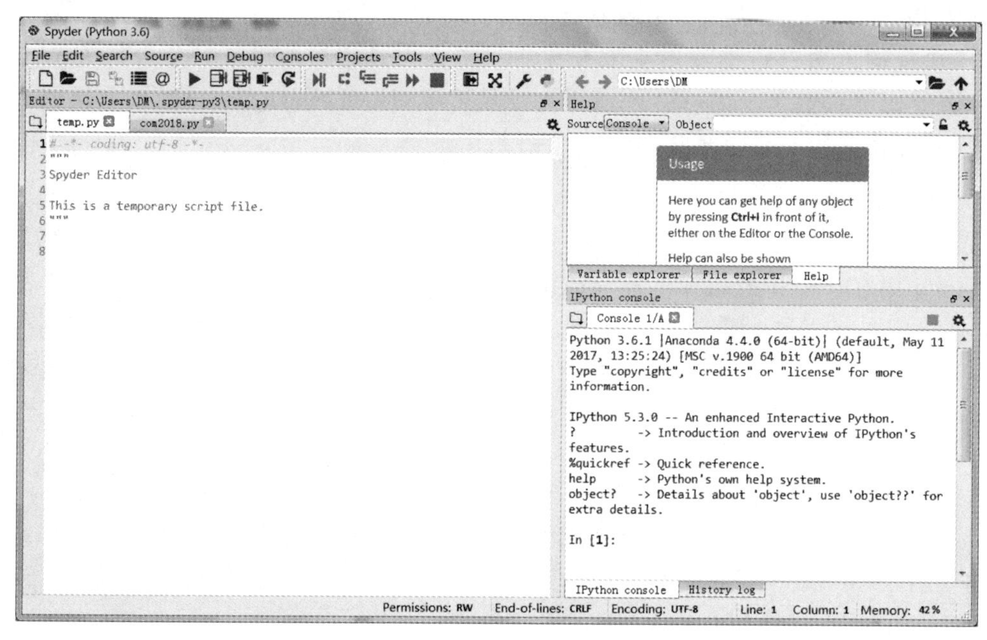

图 6-148 Spyder 界面

（2）PyCharm

PyCharm 是由 JetBrains 开发的一款 Python IDE。PyCharm 具备一般 IDE 的功能，如调试、语法高亮、Project 管理、代码跳转、智能提示、自动完成、单元测试、版本控制等。PyCharm 还提供了一些很好的功能用于 Django 开发，同时支持 Google App Engine，其主界面如图 6-149 所示。

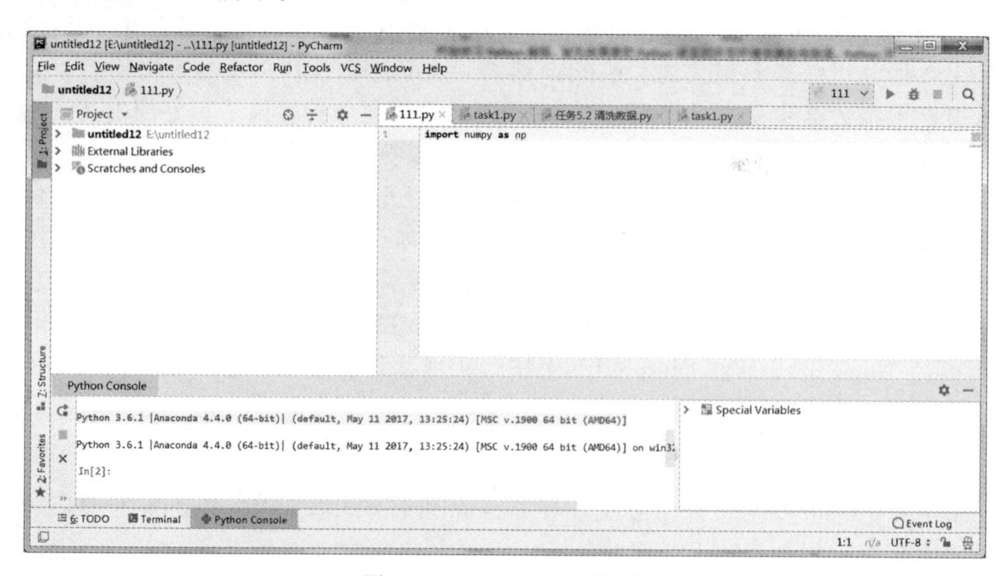

图 6-149 Pycharm 界面

（3）Python 解释器

从 Python 官方网站（http://www.python.org）下载 Python 对应版本的 64 位安装程序或 32 位安装程序，运行下载的 EXE 安装包，如图 6-150 所示。

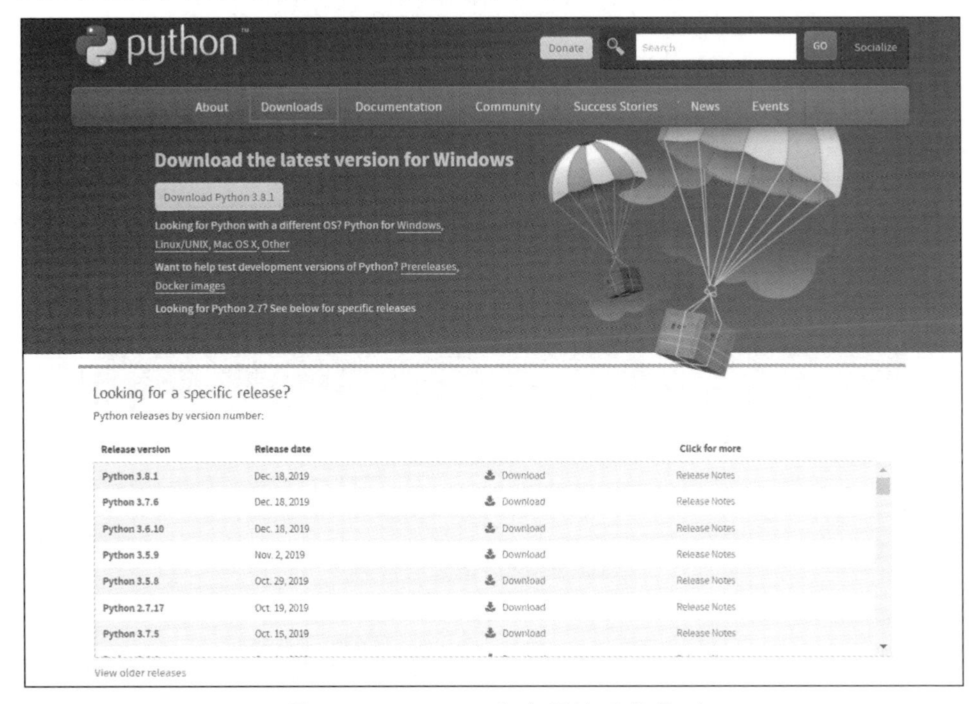

图 6-150　Python 官方网站下载界面

（4）Anaconda

Anaconda 是一个开源的 Python 发行版本，除了集成常用的包外，还拥有 Spyder IDE、IPython、Jupyter Notebook，可以满足多种使用环境并提高便利性。其包含了 Conda、Python 等 180 多个科学包及其依赖项，是一款集合软件。Anaconda 具有开源、安装过程简单、高性能使用 Python 和 R 语言、免费的社区支持、Conda 包、环境管理器、1 000 多个开源库等特点，如果日常工作或学习并不需要使用 1 000 多个库，可以考虑安装 Miniconda。

6.3.2 Anaconda 下载和安装

Anaconda 适用于 Windows、Mac OS 和 Linux（x86/Power8）平台，系统为 32 位或 64 位均可，下载文件大小约 500 MB，所需空间大小为 3 GB（Miniconda 仅需 400 MB 空间即可）。下面介绍 Windows 系统下 Anaconda 的下载和安装。步骤如下：

① 登录官方下载页面（https://www.anaconda.com/）进行下载，如图 6-151 所示。单击 Download 按钮，可以看到有两个版本可供选择：Python 3.7 和 Python 2.7，选择版本之后单击 64-Bit Graphical Installer 或 32-Bit Graphical Installer 进行下载，如图 6-152 所示。

② 完成下载之后，双击下载文件，启动安装程序。

③ 进入安装向导，单击 Next 按钮，如图 6-153 所示。

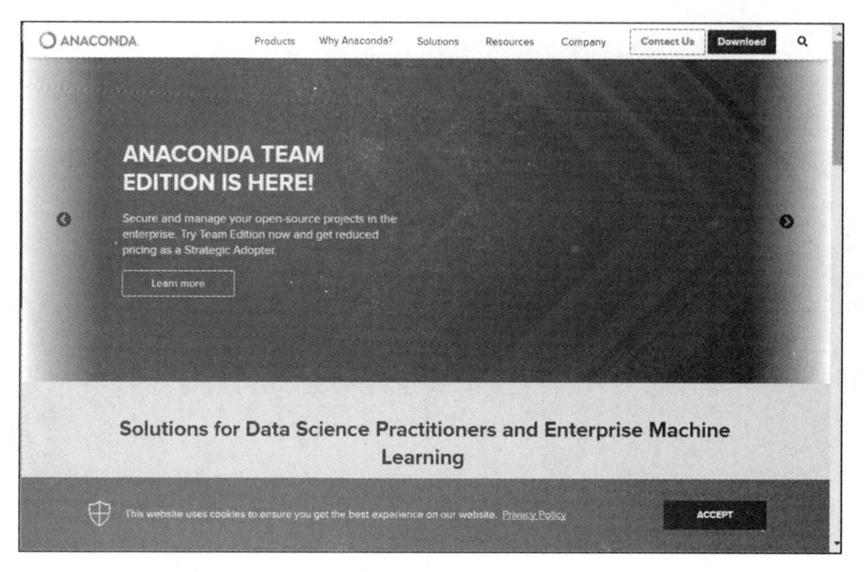

图 6-151 Anaconda 官网

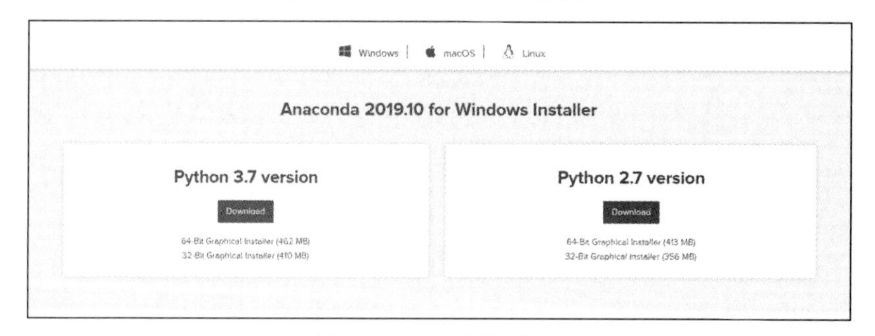

图 6-152 下载页面

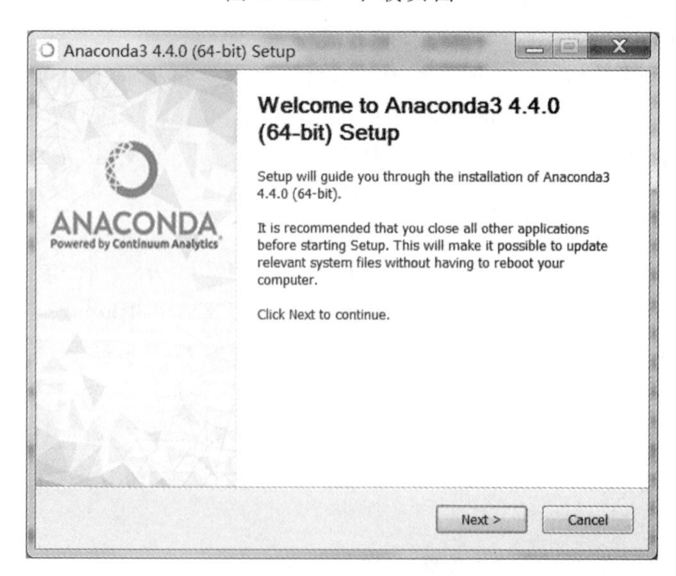

图 6-153 启动安装

④ 阅读许可证协议条款，然后单击 I Agree 按钮进入下一步，如图 6-154 所示。

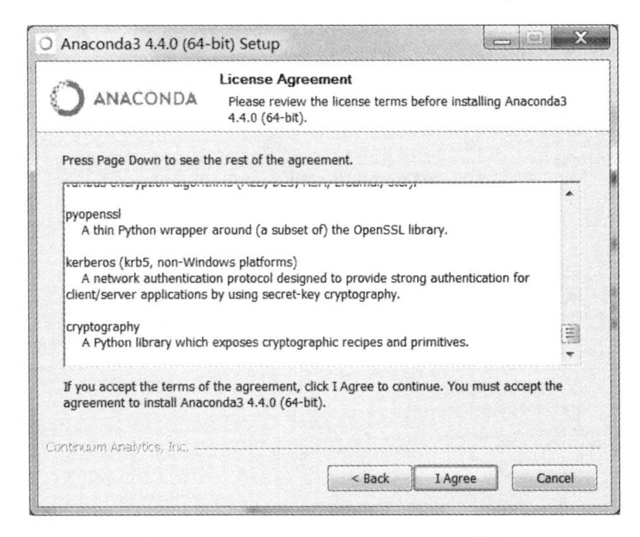

图 6-154 License Agreement 界面

⑤ 除非是以管理员身份为所有用户安装，否则仅选中 Just Me 单选按钮，然后单击 Next 按钮，如图 6-155 所示。

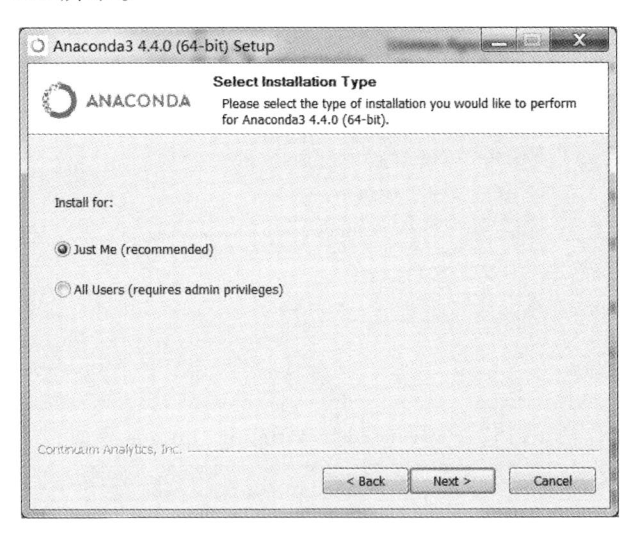

图 6-155 Select Installation Type 界面

⑥ 在 Choose Install Location 界面中选择安装 Anaconda 的目标路径，然后单击 Next 按钮如图 6-156 所示。

⑦ 在 Advanced Installation Options 界面中不要选中 Add Anaconda to my PATH environment variable 复选框，因为如果选中，则将会影响其他程序的使用。如果使用 Anaconda，则通过打开 Anaconda Navigator 或者在“开始”菜单中的 Anaconda Prompt（类似 Mac OS 中的“终端”）中进行使用。除非打算使用多个版本的 Anaconda 或者多个版本的 Python，否则便选中 Register Anaconda as my default Python 3.6 复选框，然后单击 Install 按钮开始安装，如图 6-157 所示。

⑧ 安装过程如图 6-158 所示，这个过程需要等 3~5 分钟。

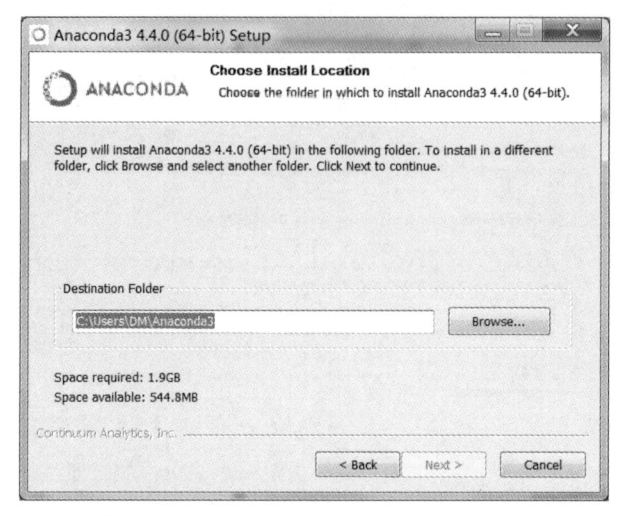

图 6-156 Choose Install Location 界面

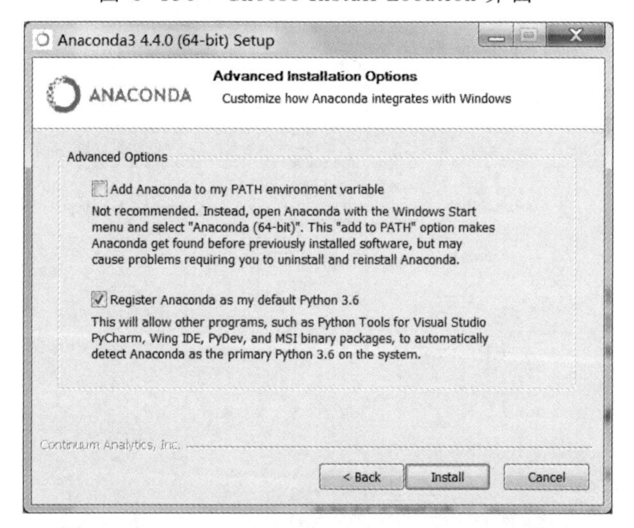

图 6-157 Advanced Installation Options 界面

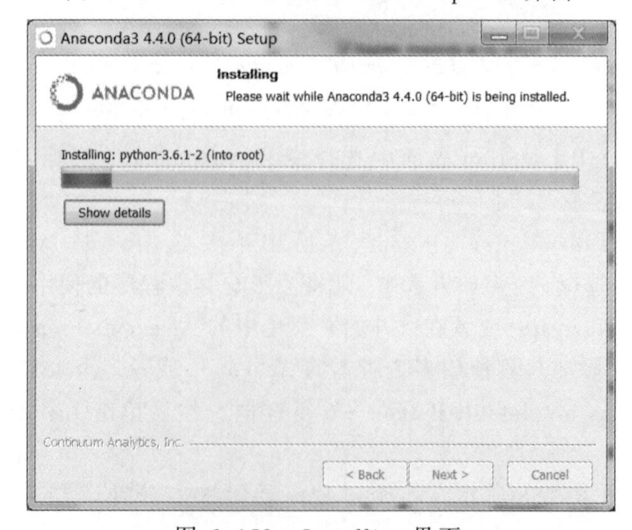

图 6-158 Installing 界面

⑨ 安装完成后，单击 Next 按钮，如图 6-159 所示。

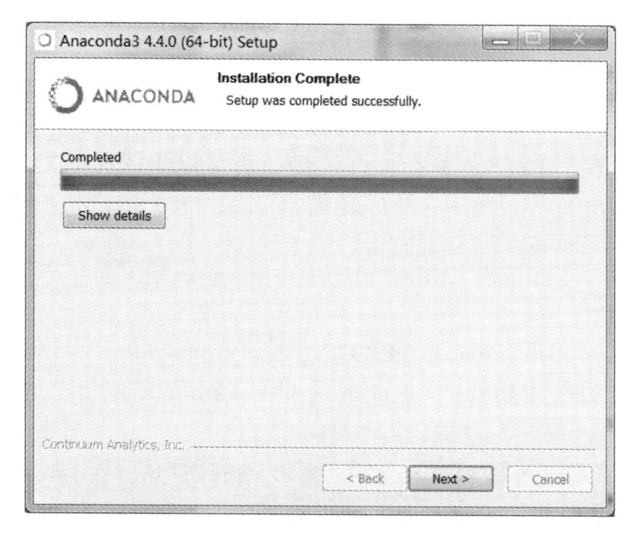

图 6-159　Installation Complete 界面

⑩ 进入 Thanks for installing Anaconda!界面则意味着安装成功，单击 Finish 按钮完成安装。如果不想了解“Anaconda 云和 Anaconda 支持”，则可以不选中 Learn more about Anaconda Cloud 和 Learn more about Anaconda Support 复选框，如图 6-160 所示。

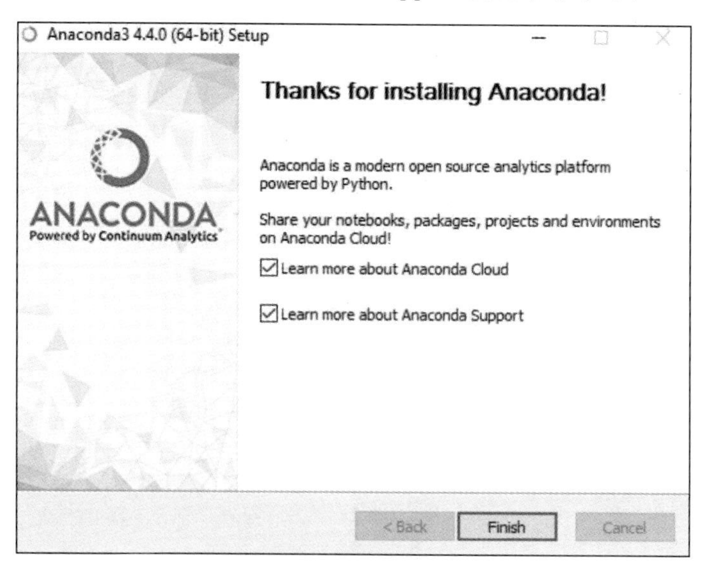

图 6-160　安装完成

⑪ 验证安装结果：

- 选择“开始”→“Anaconda3 (64-bit)”→“Anaconda Navigator”命令，若可以成功启动 Anaconda Navigator，则说明安装成功。
- 选择“开始”→Anaconda3 (64-bit)，单击 Anaconda Prompt，以管理员身份运行”，在 Anaconda Prompt 中输入 conda list，可以查看已经安装的包名和版本号。若结果可以正常显示，则说明安装成功。

6.3.3 Python的可视化实践

可视化是数据分析工作中最重要的任务之一，是数据分析过程中的重要部分。例如，发现异常值、必要的数据转化、得出有关模型的idea等，对进行更深层次的数据分析是关键环节。Python有许多可视化工具，本书主要介绍Matplotlib。Matplotlib是Python的绘图库。通过Matplotlib，用户仅需要几行代码，便可以生成可视化图表，如直方图、条形图、散点图等。Matpllotlib中应用最广泛的是matplotlib.pyplot模块。本节案例实现平台是已经安装好的Anaconda。

1. 启动Anaconda

① 选择“开始”→Anaconda3（64-bit），单击Anaconda Prompt，在打开的对话框中输入jupyter notebook后按【Enter】键，如图6-161所示。

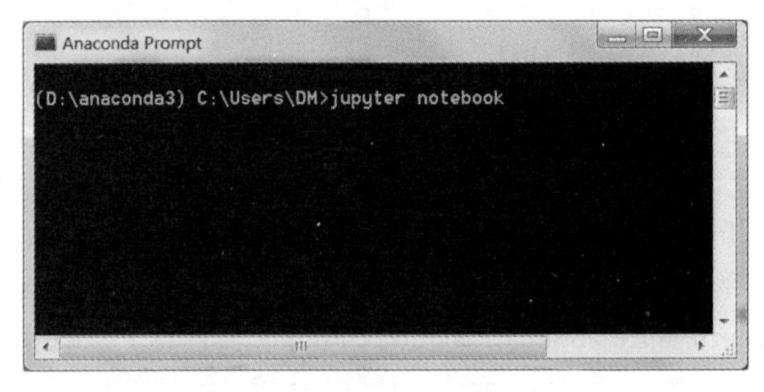

图6-161　Anaconda Prompt

② 进入jupyter notebook界面，单击右侧new下拉按钮选择Python3，如图6-162所示。jupyter notebook是以网页的形式打开，可以在网页页面中直接编写代码和运行代码，代码的运行结果也会直接在代码块下显示。如果在编程过程中需要编写说明文档，可在同一个页面中直接编写，便于及时进行说明和解释。

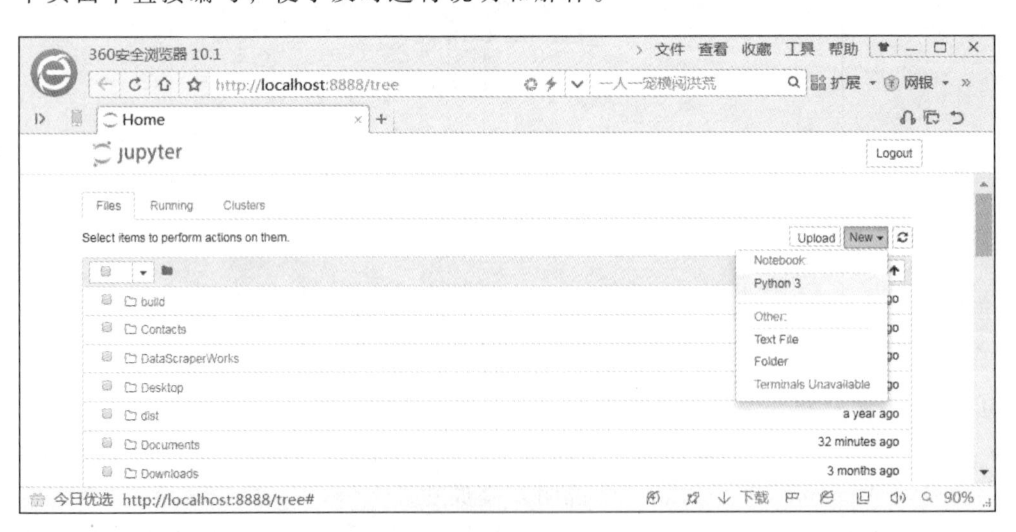

图6-162　Jupyter Notebook界面

③ 进入Python3控制平台，就可以开始输入代码。如图6-163所示。后台有个运行窗口，在使用时不能关闭，如图6-164所示。

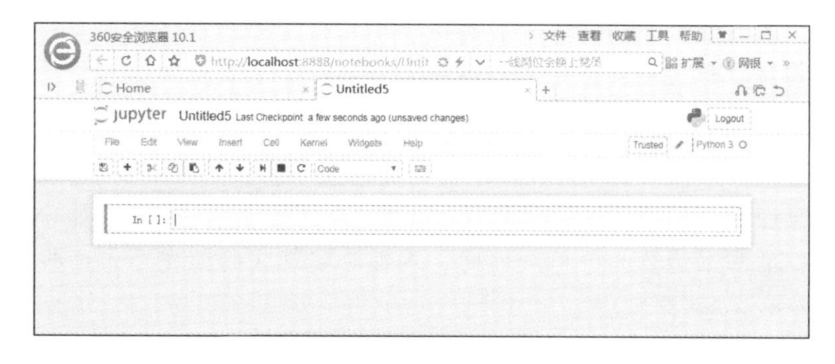

图 6-163　输入代码窗口

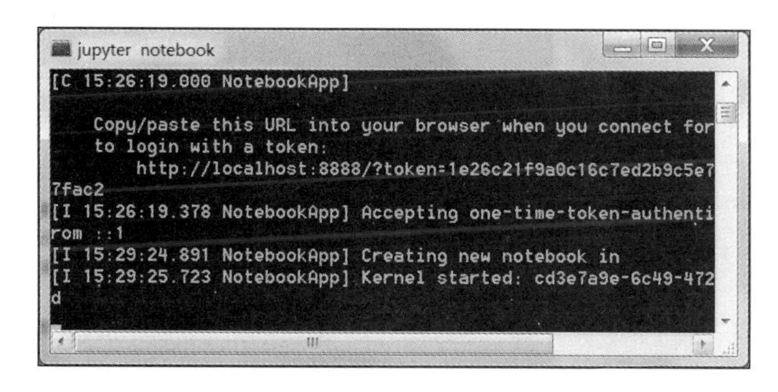

图 6-164　后台运行窗口

2. jupyter notebook 的基本用法

（1）修改新建文档的名称

进入 jupyter notebook 后，会为文档建立一个默认的名字，如图 6-165 所示。如果需要进行修改，单击该名称就会弹出一个对话框，在这个对话框中直接输入新的名字，输入完后，单击 Rename 即可，如图 6-166 所示。

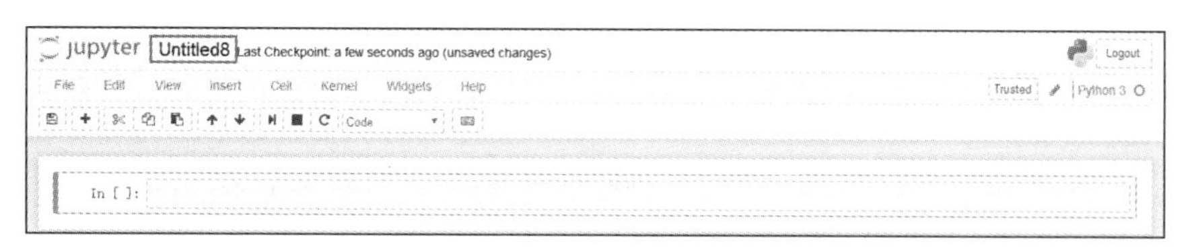

图 6-165　文档默认名

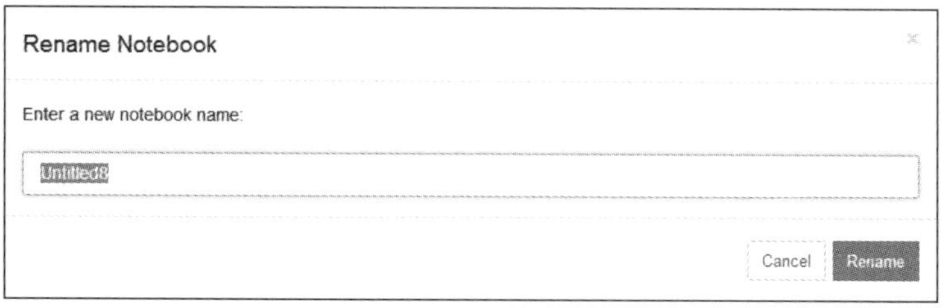

Rename Notebook

Enter a new notebook name:

Untitled8

Cancel　Rename

图 6-166　修改文档名

（2）单元格操作的基本方法

在单元格中输入完代码后，有 3 种方法可以执行代码：按【Ctrl + Enter】组合键执行单元格代码；按【Shift + Enter】组合键执行单元格代码并且移动到下一个单元格；按【Alt + Enter】组合键执行单元格代码，新建并移动到下一个单元格。

3．绘制图形的基本步骤

（1）导入绘制图形库 Matplotlib 和设置相关格式

在进行绘制图形过程中，会用到除 Matplotlib 外的其他第三方库，如 NumPy、Pandas 等，用于对数据的基本运算与分析。因此，在编制实现代码前先导入这些库。导入的方法如下：

```
import numpy  as  py                       #导入科学计算模块库并取别名为 py
import pandas as pd                        #导入统计分析模块库并取别名为 pd
import matplotlib.pyplot as plt            #导入绘制图形模块 matplotlib.
                                           #pyplot 并取别名为 plt
plt.rcParams['font.sans-serif']=['simhei']     #用于正常显示中文标签
plt.rcParams['axes.unicode_minus']=False       #用于正常显示负号
```

（2）创建画布与创建子图

创建画布是构建一张空白的画布，并可以将画布划分为多个部分，每个部分上所画的图称为子图。这些功能的实现都是通过函数来实现。具体函数如表 6-10 所示。

表 6-10　创建画布与创建子图

函数名称	函数功能
plt.figure	创建一个空白画布，可以指定画布大小、像素
figure.add_subplot	创建并选中子图，可以指定子图的行数、列数和选中图片的编号

① 创建画布的函数 plt.figure。

函数功能是创建一个空白画布，并可以指定画布大小、像素，该函数格式如下：

```
plt.figure(num=None, figsize=None, dpi=None, facecolor=None, edgecolor=
None, frameon=True)
```

其中各参数的含义如下：

- num：图像编号或名称，数字为编号 ，字符串为名称。
- figsize：指定 figure 的宽和高，单位为英寸。
- dpi：参数指定绘图对象的分辨率，即每英寸多少个像素，默认值为 0。
- facecolor：背景颜色。
- edgecolor：边框颜色。
- frameon：是否显示边框。

② 创建子图的函数 figure.add_subplot。

函数功能是创建并选中子图，可以指定子图的行数、列数和选中图片的编号，该函数的格式如下：

```
add_subplot(self, *args, **kwargs)
```

（3）添加画布内容

画布内容主要包括标题、坐标轴名称和绘制图形。具体函数如表 6-11 所示。

表 6-11　添加画布内容

函数名称	函数功能
plt.title	添加标题，包括名称、位置、颜色、字体大小等参数
plt.xlabel	添加 x 轴名称，包括位置、颜色、字体大小等参数
plt.ylabel	添加 y 轴名称，包括位置、颜色、字体大小等参数
plt.xlim	指定图形 x 轴的范围，只能确定一个数值区间，而无法使用字符串标识
plt.ylim	指定图形 y 轴的范围，只能确定一个数值区间，而无法使用字符串标识
plt.xticks	指定 x 轴刻度的数目与取值
plt.yticks	指定 y 轴刻度的数目与取值
plt.legend	指定图形的图例，包括大小、位置和标签

（4）绘制图形

Matplotlib.pyplot 包中包含了简单的绘图功能，基本的图形具体实现函数如表 6-12 所示。

表 6-12　绘制图形函数

函数名称	函数功能
plt.bar	绘制条形图
plt.plot	绘制线性二维图，折线图
plt.scatter	绘制散点图
plt.hist	绘制二维条形直方图，显示数据的分配情况
plt.pie	绘制饼图
plt.boxplot/plot.box	绘制箱线图

（5）保存与显示图形

保存与显示图形的函数如表 6-13 所示。

表 6-13　保存与显示图形

函数名称	函数功能
plt.savafig	保存绘制的图形，包括指定图形的分辨率、边缘的颜色等参数
plt.show	在本机上显示图形

4. 可视化实践案例

（1）利用 plot 函数绘制折线图

① 折线图数据：输出 1、2、3、4、5 的平方数列表。

② plot 函数格式：

```
plt.plot(x,y,format_string,**kwargs)
```

其中，x:x 轴的数据，y:y 轴的数据，format_string 为控制曲线的格式字符串，format_string 由颜色字符（见表 6-14）、风格字符（见表 6-15）、标记字符（见表 6-16）组成，**kwargs 为第二组或更多组(x,y,format_string)。

表 6-14 颜色字符

颜色字符	说明	颜色字符	说明
'b'	蓝色	'm'	洋红色 magenta
'g'	绿色	'y'	黄色
'r'	红色	'k'	黑色
'c'	青绿色 cyan	'w'	白色
'#008000'	RGB 某颜色	'0.8'	灰度值字符串

表 6-15 风格字符

风格字符	说明
‘_ ‘	实线
‘ _ ’	破折线
‘–.’	点画线
‘:’	虚线
‘’ ’ ’	无线条

表 6-16 标记字符

标记字符	说明	标记字符	说明
'.'	点标记	'1'	下花三角标记
','	像素标记（极小点）	'2'	上花三角标记
'o'	实心圈标记	'3'	左花三角标记
'v'	倒三角标记	'4'	右花三角标记
'^'	上三角标记	's'	实心方形标记
'>'	右三角标记	'p'	实心五角标记
'<'	左三角标记	'*'	星形标记
'h'	竖六边形标记	'D'	菱形标记
'H'	横六边形标记	'd'	瘦菱形标记
'+'	十字标记	'|'	垂直线标记
'x'	x 标记		

③ 输入代码过程中，每输入完一行按【Enter】键，#开头的语句代表注释。完整代码如下：

```
import numpy as np
import matplotlib.pyplot as plt
plt.rcParams['font.sans-serif']=['simhei']    #用于正常显示中文标签
plt.rcParams['axes.unicode_minus']=False     #用于正常显示负号
x=[1,2,3,4,5]
y=[1,4,9,16,25]
plt.plot(x,y,'r')
plt.title('折线图: y=x*x',fontsize=24)
plt.xlabel('x',fontsize=24)
plt.ylabel('y',fontsize=24)
plt.tick_params(axis='both',labelsize=15)
plt.show()
```

④ 输入完代码，按【Alt+Enter】组合键运行，得到如图 6-167 所示结果。

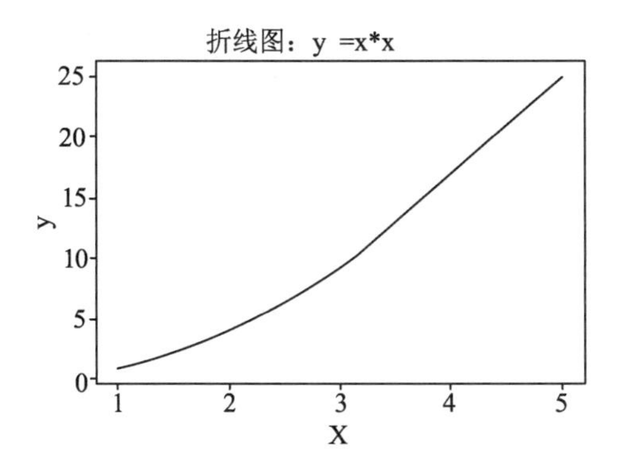

图 6-167　折线图

拓展练习：改变图形的参数如颜色、线形和标记字符及原始数据，观察一下折线图的变化。

（2）利用 scatter 函数绘制散点图

① 散点图数据：y=sin(x)，y=cos(x)。

② scatter 函数格式：

```
plt.scatter(x,y,s,c,maker,cmpa,norm,vmin,vax,alpha,linewidthsverts,hole)
```

其中各参数的含义如下。

- x、y 是相同长度的数组。
- s 可以是标量，或者与 x、y 长度相同的数组，表明散点的大小，默认为 20。
- c 即 color，表示点的颜色。颜色参数为 b-blue，c-cyan，g-greeen，k-black，m-magenta，r-red，w-white，y-yellow。
- marker 是散点的形状。其属性较多如.——点，o——圆圈，v——倒三角，*——星星等。

③ 输入代码过程中，每输入完一行按【Enter】键，#开头的代表注释。完整代码如下：

```
import numpy as np
import matplotlib.pyplot as plt
plt.rcParams['font.sans-serif']=['simhei']          #用于正常显示中文标签
plt.rcParams['axes.unicode_minus']=False            #用于正常显示负号
x=np.random.randn(100)                              #随机生成 x 轴数据
y=np.sin(x)                                         #根据 x 计算 y
z=np.cos(x)                                         #根据 x 计算 y
pic=plt.figure(dpi=120,figsize=(9,4))               #设置画布
pic.add_subplot(1,2,1)                              #添加子图
plt.scatter(x,y)                                    #绘制散点图
plt.title('正弦曲线: y=sin(x)')                     #添加标题
pic.add_subplot(1,2,2)                              #添加子图
plt.scatter(x,z)                                    #绘制散点图
x1=np.linspace(-3,3,100)                            #生成 x 轴数据
plt.plot(x1,np.cos(x1),'r')                         #画出图形
plt.title('余弦曲线: y=cos(x)')                     #添加标题
plt.savefig('C:/temp.png')                          #图形保存在 C 盘中，
                                                    #文件名为 temp.png
plt.show()                                          #图形展示
```

④ 输入完代码，按【Alt+Enter】组合键运行，得到如图 6-168 所示结果。

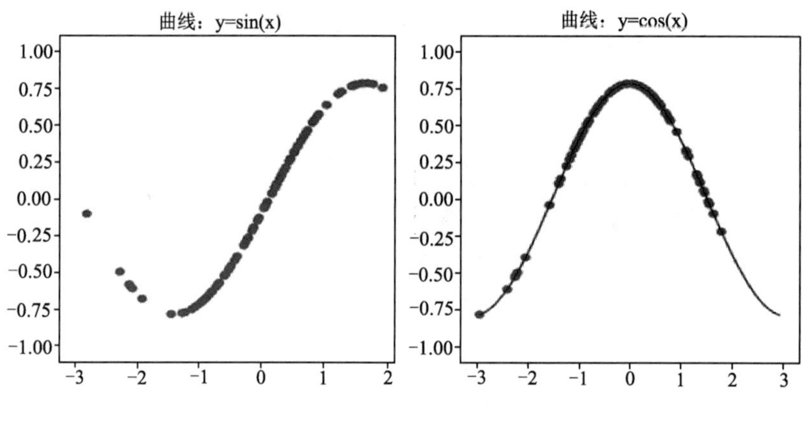

图 6-168 运行结果

拓展练习：改变图形的参数如颜色、线形和标记字符及原始数据，观察一下图形的变化。

（3）利用 bar 函数绘制条形图

① bar 函数格式：

```
bar(left, height, width, color, align, yerr)
```

其中，各参数的含义如表 6-17 所示。

表 6-17 bar 函数各参数的含义

参 数	含 义
left	x 轴的位置序列，一般采用 arange 函数产生一个序列
height	y 轴的数值序列，也就是柱形图的高度，一般就是需要展示的数据
width	柱形图的宽度，一般为 1 即可
color	柱形图填充的颜色
align	设置 plt.xticks()函数中的标签的位置
yerr	让柱形图的顶端空出一部分

② 输入代码过程中，每输入完一行按【Enter】键，#开头的语句代表注释。完整代码如下：

```
import numpy as np
import matplotlib.pyplot as plt
plt.figure(figsize=(10,4))
x=np.arange(20)
y=np.random.rand(20)
plt.bar(x,y,width=0.8,facecolor='red',edgecolor='black')
plt.show()
```

③ 输入完代码，按【Alt+Enter】组合键运行，得到如图 6-169 所示结果。

拓展练习：改变图形的参数如颜色、线形和标记字符及原始数据，观察一下图形的变化。

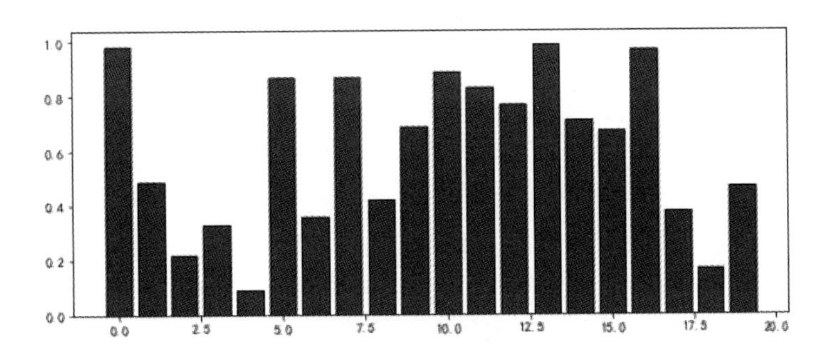

图 6-169 条形图

（4）利用 pie 函数绘制条形图

① pie 函数格式：

```
plt.pie(x, explode, labels, colors, autopct, pctdistance, shadow, labeldistance, startangle, radius, counterclock, wedgeprops, textprops, center, frame )
```

其中，各参数的含义如表 6-18 所示。

表 6-18 pie 函数各参数的含义

参　　数	含　　义
x	表示(每一块)的比例，如果 sum(x)> 1 会使用 sum(x)归一化
explode	表示（每一块）离开中心距离
labels	表示（每一块）饼图外侧显示的说明文字
colors	表示每一块的颜色
startangle	表示 起始绘制角度，默认图是从 x 轴正方向逆时针画起，如设置=90 则从 y 轴正方向画起
shadow	表示是否阴影
labeldistance label	表示绘制位置，相对于半径的比例，如<1 则绘制在饼图内侧
autopct	表示控制饼图内百分比设置,可以使用 format 字符串或者 format function '%1.1f'指小数点前后位数（没有用空格补齐）
pctdistance	类似于 labeldistance，指定 autopct 的位置刻度
radius	控制饼图半径

② 输入代码过程中，每输入完一行按【Enter】键，#开头的语句代表注释。完整代码如下：

```
import numpy as np
import matplotlib.pyplot as plt
import pandas as pd
s=pd.Series(3*np.random.rand(4),index=['a','b','c','d'],name='series')
plt.axis('equal')
plt.pie(s,explode=[0.1,0,0,0],labels=s.index,colors=['y','g','b','c'],autopct='%.2f%%',pctdistance=0.6,labeldistance=1.2,shadow=True,startangle=0,radius=2,frame=False)
print(s)
plt.show()
```

③ 输入完代码，按【Alt+Enter】组合键运行，得到如图 6-170 所示结果。

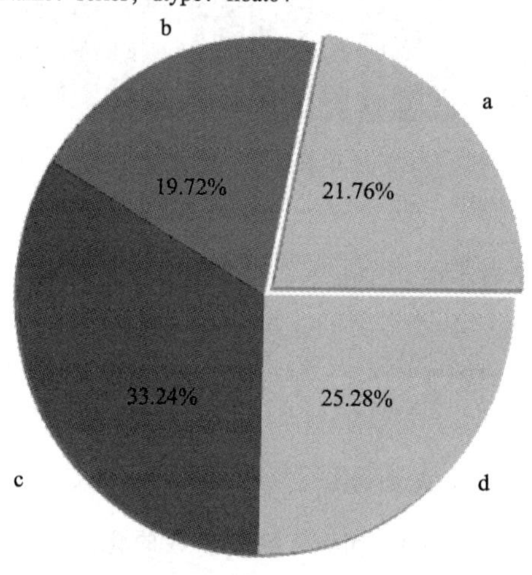

图 6-170 运行结果

拓展练习：改变图形的参数如颜色、线形和标记字符及原始数据，观察一下图形的变化。

（5）利用函数 boxplot 绘制箱线图

① boxplot 函数格式：

```
plt.boxplot(sym,vert,whis,patch_artist,meanline,showmeans,showbox,,
showfliers, notch, return_type )
```

其中，各参数含义如表 6-19 所示。

表 6-19 boxplot 函数各参数含义

参　　数	含　　义
sym	异常点的形状
vert	是否垂直
whis	IQR 默认 1.5，也可以设置区间比如[5,95]，代表强制上下边缘为数据 95%和 5%位置
patch_artist	上下四分位框内是否填充，True 为填充
meanline	是否有均值线
showmeans	是否显示其形状
showbox	是否显示箱线
showcaps	是否显示边缘线
showfliers	是否显示异常值
notch	中间箱体是否缺口
return_type	返回类型为字典

② 输入代码过程中，每输入完一行按【Enter】键，#开头的语句代表注释。完整代码如下：

```
import numpy as np
import matplotlib.pyplot as plt
df=pd.DataFrame(np.random.rand(10,5),columns=['A','B','C','D','E'])
plt.figure(figsize=(10,4))
f=df.boxplot(sym='o',vert=True,whis=1.5,patch_artist=True,meanline=
False,showmeans=True,showbox=True,showcaps=True,showfliers=True,notch=
False,return_type='dict')
for box in f['boxes']:
    box.set(color='black',linewidth=1)
    box.set(facecolor='y',alpha=0.8)
for whisker in f['whiskers']:
    whisker.set(color='black',linewidth=1)
for cap in f['caps']:
    cap.set(color='black',linewidth=2)
for median in f['medians']:
    median.set(color='black',linewidth=2)
for flier in f['fliers']:
    flier.set(marker='o',color='y',alpha=0.8)
plt.title('boxplot')
plt.show()
```

③ 输入完代码，按【Alt+Enter】组合键运行，得到如图6-171所示结果。

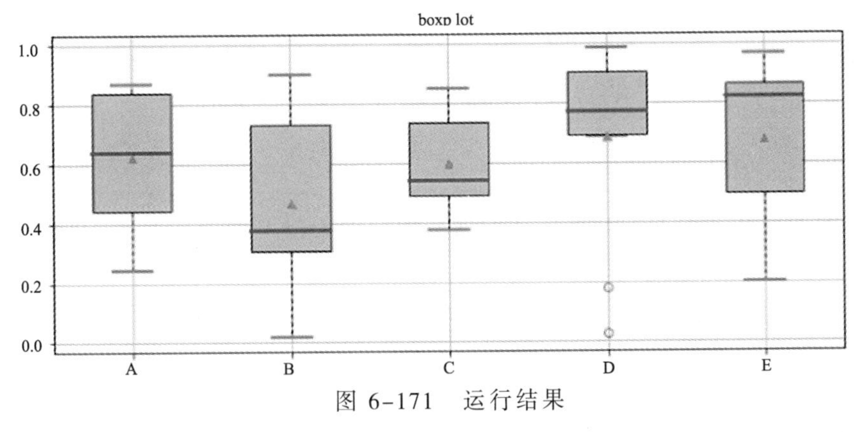

图6-171　运行结果

拓展练习：改变图形的参数如颜色、线形和标记字符及原始数据，观察一下图形的变化。

6.4　其他可视化工具概述

Tableau、水晶易表和Python是常用的可视化工具。其实，可视化工具很多，下面简单介绍其他可视化工具，如感兴趣可以深入去了解和学习。

1. Echarts

Echarts（http://echarts.apache.org）运用于散点图、折线图、柱状图等这些常用的图表的制作。Echarts的优点在于文件体积比较小，打包的方式灵活，可以自由选择需要的图表和组件，而且图表在移动端有良好的自适应效果，还有专为移动端打造的交互体验。

2. Highcharts

Highcharts 的图表类型丰富，线图、柱形图、饼图、散点图、仪表图、雷达图、热力图、混合图等类型的图表都可以制作，也可以制作实时更新的曲线图。

Highcharts 是对非商业使用免费，对于个人网站、学校网站和非营利机构可以不经过授权直接使用 Highcharts 系列软件。Highcharts 还有一个优点在于它完全基于 HTML5 技术，不需要安装任何插件，也不需要配置 PHP、Java 等运行环境，只需要两个 Java Script 文件即可使用。

3. 魔镜

魔镜（http://www.moojnn.com/）是中国最流行的大数据可视化分析挖掘平台，可帮助企业处理海量数据价值，让人人都能做数据分析。

魔镜基础企业版适用于中小企业内部使用，基础功能免费，可代替报表工具和传统 BI（商业智能），使用更简单，可视化效果更绚丽易读。

4. 图表秀

图表秀（https://www.tubiaoxiu.com/）的操作简单易懂，而且包含多种图表，涉及各行各业的报表数据都可以用图表秀实现，支持自由编辑和 Excel、csv 等表格一键导入，同时可以实现多个图表之间联动，使数据在软件辅助下变得更加生动直观，是目前国内先进的图表制作工具。

5. Domo

Domo 是在 2011 年成立，不仅是一个数据可视化工具，而且是一个完整的业务管理平台。它统一从该平台处理数据分析和报告，客户有 eBay、National Geographic 和 Sage 等。该工具支持数百种数据源（包括 Facebook、Salesforce 等），能够轻松将内部数据导入 Domo、以多种方式清除、组合和转换数据，使用自定义工具共享数据，移植与错误告警，自动生成报告和可定制的界面。

6. Microsoft Power BI

Microsoft Power BI 界面带给人一种熟悉感，使新用户易于上手和使用。为了便于操作，Power BI 提供了一个免费开源的基本版本。它有 Adobe、惠普和东芝这样的客户，主要提供了交互式界面与实时共享数据、用户自定义创建报告、简易获取数据与数据集共享、支持自然语言提问、基于云实现等功能。

7. Plotly

Plotly 是最丰富多彩的 BI 解决方案，巧妙地帮助用户创建易于理解的交互式图表。它的主要功能有根据输入定制的二维和三维图表、集成面向分析的语言(如 Python、R 和 Matlab)、用户 API 等。

8. Chartio

Chartio 是一个面向所有大小企业的 BI 和数据可视化工具。主要功能有实时分析与动态变化、对比分析、设置简单、支持多种图表格式。

9. Geckoboard

Geckoboard 提供 80 多个用于实时分析的预构建模型，用户轻松地进行数据可视化。它的主要功能是：自定义界面、与 Facebook、Twitter、Salesforce 等 API 丰富集成、数据挖掘技术、定制化的图表样式和展现模式。

10. Datawrapper

Datawrapper 具有简单、清晰和易于使用的界面，迅速成为像《财富》《琼斯妈妈》《泰晤士报》这样的非技术客户的首选。它的主要特点是：易于使用，不需要编码或设计技能，快速交互生成图表，打造不同的品牌风格。

11. Power Map

微软推出了 Power 系列产品，包括有 Power BI、Power Query、Power Pivot、Power View 和 Power Map。Power Map 是一款地图可视化 Excel 插件，主要实现数据在 3D 地图的展示。

习　题

操作题

1. 通过不同城市的不同学院学生考试分数及学生餐饮状况等多个维度来制作仪表板，通过分析，知道各城市在不同时期的教育水平状况。数据见附件 1，写一份教育水平数据可视化分析报告，工具用 Tableau。

2. 数据见附件 2，完成以下目标，工具用 Tableau。

（1）销售额、利润额在全国各省的地图展示。

（2）用条形图分析某公司各类产品的销量与利润情况。

（3）用线性图分析某公司近四年来的销售额变化趋势，各个类别产品各年的销售趋势。

（4）用饼图观察每种类别产品销售额占总体的百分比情况。

（5）用复合图分析某公司近几年各个区域的销售情况，其中销售额用线条图来表示，利润额用条形图来表示。

注：涉及的附件（可到中国铁道出版社有限公司网站 http://www.tdpress.com/51eds/ 下载）

3. 数据见附件 2，完成以下目标，工具用 Tableau。

（1）用热图分析该公司三大产品中哪类产品在全国哪个省的销售额或利润是最大的。

（2）用散点图分析各类产品的销售额与运输费之间是否存在某种关系。

（3）用甘特图分析在顾客下单后，公司经过多长时间才将订单货物发送出去。

（4）用标靶图分析各类咖啡及其他饮品的实际销售额是否达到了预定目标。

（5）用文字云来分析一下各类产品的销售情况，得出产品类别销售额、产品子类别销售额和产品子类别的销售额及利润额的文字云图。

4. 已知表 6-20 中指标数据，通过使用水晶易表的组合框、刻度盘、组合图、标签式菜单等工具完成交互可视化作品。

（1）当在组合框中选择不同年份时，可以在两个刻度盘分别看到当年所对应的全国一般公共预算收入和税收收入。

（2）当在标签式菜单选择一般公共预算收入或税收收入时，可以在下方的组合图看到 2013—2017 年预算收入与增长速率情况。

最终效果如图 6-172 所示。

表 6-20 历年公共预算收入与税收收入数据

种类	2013 年预算收入	2014 年预算收入	2015 年预算收入	2016 年预算收入	2017 年预算收入	2013 年增长率	2014 年增长率	2015 年增长率	2016 年增长率	2017 年增长率
公共预算收入	12.9	14	15.2	16	17.3	10.2	8.6	8.5	4.8	7.4
税收收入	11.1	11.9	12.5	13	14.4	9.9	7.8	4.8	4.4	10.7

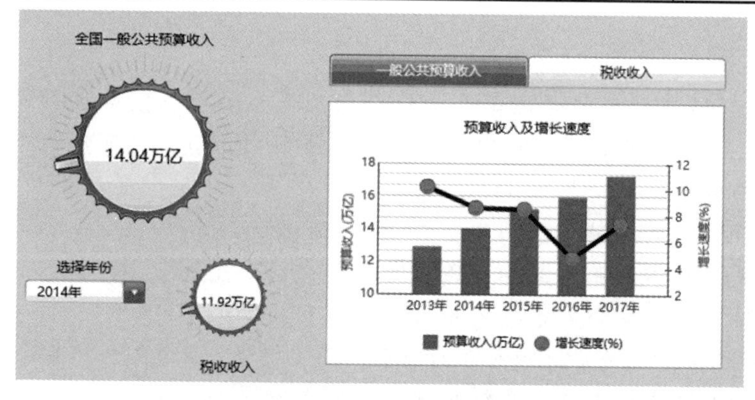

图 6-172

5. 输入以下代码，写出输出结果。

```
import matplotlib
import matplotlib.pyplot as plt
import numpy as np
import math
x = np.arange(0.0, 2.0, 0.01)
y = (np.sin(x-2)**2)*(math.e**(-x**2))
fig, ax = plt.subplots()
ax.plot(x, y)
ax.set(xlabel='x', ylabel='f(x)',  title='f(x) = [(sin(x-2))^2]*e^(-x^2)')
ax.grid()
plt.show()
```

6. 自设场景，使用动态气泡图在线制作工具 http://app.flourish.studio/完成一份数据的可视化。

参考文献

[1] 刘鹏，张燕. 大数据可视化[M]. 北京：电子工业出版社，2018.
[2] 吕峻闽，张诗雨. 数据可视化分析（Excel 2016+Tableau）[M]. 北京：电子工业出版社，2017.
[3] 黄红梅，张良均. Python 数据分析与应用[M]. 北京：人民邮电出版社，2018.
[4] 张文霖. 谁说菜鸟不会数据分析：工具篇[M]. 北京：电子工业出版社，2019.
[5] 陈为. 数据可视化[M]. 北京：电子工业出版社，2013.